江苏省农业科学院院史系列丛书

江苏省农业科学院
畜牧兽医研究所所志
1931 —— 2015 年

侯继波　何孔旺　主编

中国农业科学技术出版社

图书在版编目（CIP）数据

江苏省农业科学院畜牧兽医研究所所志：1931—2015 年／侯继波，何孔旺主编 . —北京：中国农业科学技术出版社，2017. 12

（江苏省农业科学院院史系列丛书）

ISBN 978-7-5116-3206-7

Ⅰ . ①江…　Ⅱ . ①侯…②何…　Ⅲ . ①江苏省农业科学院畜牧研究所-概况-1931—2015 ②江苏省农业科学院兽医研究所-概况-1931—2015　Ⅳ . ①S-242

中国版本图书馆 CIP 数据核字（2017）第 187480 号

责任编辑　李冠桥
责任校对　马广洋

出 版 者　中国农业科学技术出版社
　　　　　　北京市中关村南大街 12 号　邮编：100081
电 　 话　（010）82109705（编辑室）　　（010）82109702（发行部）
　　　　　　（010）82109709（读者服务部）
传 　 真　（010）82106625
网 　 址　http://www.castp.cn
经 销 者　各地新华书店
印 刷 者　北京科信印刷有限公司
开 　 本　880 mm×1 230 mm　　1/16
印 　 张　15.75　　彩插　12 面
字 　 数　450 千字
版 　 次　2017 年 12 月第 1 版　2017 年 12 月第 1 次印刷
定 　 价　128.00 元

《江苏省农业科学院畜牧兽医研究所所志（1931—2015 年）》
编委会

主　　编　　侯继波　　何孔旺

副主编　　顾洪如　　邵国青　　陈国平　　蒋兆春　　何家惠　　叶荣玲

　　　　　　张小飞　　施振旦

编　　委（按姓氏笔画为序）

　　　　　　叶荣玲　　师蔚群　　肖　琦　　何孔旺　　何家惠　　张小飞

　　　　　　张则斌　　汪恒英　　陈国平　　邵国青　　林继煌　　施振旦

　　　　　　侯继波　　顾洪如　　蒋兆春　　翟　频

编撰人　　林继煌　　蒋兆春　　叶荣玲　　师蔚群　　张则斌

校　　对　　戴　林

前　言

　　江苏省农业科学院畜牧兽医科研事业起步于 20 世纪 30 年代，至今已走过八十多年的辉煌历程。1931 年，国民政府在南京始建中央农业实验所，下设畜牧兽医系。抗战期间历经沧桑，辗转迁移于湘、桂、川、黔间。1941 年在广西桂林扩建成立中央畜牧实验所，1950 年迁回南京现址，更名为华东农科所畜牧兽医系，1977 年变更为江苏省农业科学院畜牧兽医研究所，2001 年分设成立畜牧研究所和兽医研究所。

　　八十年的薪火相传，培养出一代代出类拔萃、功绩卓著的科技精英。建所初期聚集了全国主要精英，以蔡无忌、程绍迥先生为代表的科学家开创了我国近代畜牧兽医科研事业。新中国成立后，涌现出蜚声海内外的著名兽医学家郑庆端、何正礼、吴纪棠、徐汉祥先生等。改革开放后，著名专家范必勤、葛云山、金洪效、林继煌和董亚芳等为我国畜牧兽医事业做出重要贡献。晚辈中不乏佼佼者，充分发挥了事业传承作用。

　　八十年的艰苦卓绝，书写出一篇篇可歌可泣、举世瞩目的华美乐章。建所初始至战乱时期，祖辈科学家研制成功并规模制造牛瘟、猪瘟疫苗和抗血清，开创了我国兽用生物制品与器械制造的先河，为消灭牛瘟和有效控制猪瘟做出重大贡献。新中国成立后，先辈科学家研制成功猪瘟结晶紫疫苗、多杀性巴氏杆菌菌苗，在全国范围内推广应用。改革开放以来，前辈科学家研制成功安全有效的猪丹毒弱毒菌株 G4T（10）、猪霉形体性肺炎弱毒活疫苗、水疱皮灭活苗和地鼠传代灭活苗、兔用系列灭活疫苗及其配套检测方法，成为我国当今畜禽疫病防控的当家产品和主流技术。据不完全统计，科研成果获奖 183 项，发表学术论文 2 000 余篇，出版专著、译著 100 余部，国家发明专利授权 173 件，获得国家新兽药注册证书 6 项。

　　为了总结我院畜牧兽医事业发展的光辉历程，缅怀老一辈科学家的丰功伟绩，教育和激励青年科研人员积极进取，决定编著所志。祖辈老所长蔡无忌、程绍迥先生主编《中国近代畜牧兽医史料集》，为我们提供了建所初期 20 年的历史脉络。前辈林继煌、蒋兆春所长数十年前就开始走访老专家，收集整理资料，为所志编著打下良好基础。所志编写委员会成立后，为深入挖掘史料，准确反映历史事实，奔走于中国历史档案馆、南京金陵图书馆、江苏省农业科学院档案室和中牧公司南京兽药厂，查阅了大量历史档案。所志编写工作得到广大科技人员的积极响应，提供了许多宝贵的素材资料。

　　物换星移，时过境迁，众多史实已被时光消磨殆尽，无从查考，加之水平所限，疏漏、谬误之处在所难免，敬请明鉴、见谅。

所志编写委员会

2015 年 11 月

目　录

第一章　历史沿革

1931 年 4 月 25 日，国民政府实业部部长孔祥熙签署政府训令，委派穆湘玥、钱天鹤、徐廷瑚、高秉坊、凌道扬、邹秉文、鲁佩璋、蔡无忌等 16 人组成筹备委员会，筹建实业部中央农业研究所（简称中农所）。

1932 年，中农所始建初期，主要工作是建造实验用房，购置土壤、病理、兽医等专业仪器设备，招聘专业人才。赵连芳、张心一、吴福桢、程绍迥聘为技正。程绍迥聘为畜牧兽医系主任。

1934 年，在邹秉文、钱天鹤等关心下，划拨较充足的开办费，兴建实验用房，购置仪器设备。仪器设备当时来说比较先进，配置有德国显微镜 5 台、万能显微镜 1 台、显微照相机、物体表面观察镜、微型电影机和普通显微镜等。与上海血清制造所合办兽防所，程绍迥兼任所长，开始沪宁一带牛瘟、猪瘟、口蹄疫的调查诊断和免疫接种。程绍迥、何正礼用培养基传代致弱牛肺疫，对黄牛、奶牛皮下或皮内接种获得免疫力，开创了我国牛肺疫苗的良好开端。举办兽疫防治人员训练班，培训 200 余名我国首批兽医专业技术人员。郑庚聘为技正，聘中央大学农学院畜牧兽医系毕业生何正礼、吴信法、易严、秦和生为技佐。

1935 年，程绍迥赴四川，在成都南门外浆洗街 63 号筹建四川省家畜保育所，兼任所长。聘兽医博士沈克敦为技正，中央大学毕业生吴纪棠、秦和生及西北农学院毕业生侯润民为技佐。

1936 年，在南京建成血清厂，布局主要参照美国健牲公司的抗猪瘟血清制造车间，年产 2 000 万毫升。可同时进行 6 头猪割尾采血，每头猪产血清 2 500~3 000 毫升。用吊轨传送胴体，容 70~80 头胴体高压消毒加工肉松，配置有提取脂肪的榨油机。断尾采血需要的小型马达震动机至抗战前夕才购到，采心血所需的真空抽气系统逐步改进完善。配套建有健康猪舍、病猪舍、高免猪舍和污水无害化处理设施。两年后血清厂因抗战迁址停办。

1937 年 7 月，抗日战争爆发。8 月，程绍迥赴长沙准备迁湘事宜，12 月人员集中湖南衡山，在火车站附近建临时试验室开展工作。四川广元、绵阳一带流行牛瘟，程绍迥等采用紧急防疫、停止牛市、设立隔离区、普遍注射康复牛血清和脏器疫苗，使疫情得到控制。1—5 月举办全国首届兽医技术人员培训班，培训县级在职技术人员 230 人，讲授 10 多种常见传染病防治技术。聘寿标博士任技正，张继先为技佐。其后，部分人员迁往广西沙塘，部分人员迁往四川家畜保育所。

1938 年，程绍迥、吴纪棠赴贵州省协助防治牛瘟，组建贵州省兽疫防治督导团，程绍迥任团长，吴纪棠任第一防疫队负责人。以程绍迥为领导成立四川防治牛瘟督导团，湖北第七区兽医防治督导团，开始在贵湘鄂免疫接种。在贵州与湖南交界处的贵州秀山县外回龙观，将古庙改建成临时血清厂，两年生产牛瘟血清 100 多万毫升，控制了西南大后方流行猖獗的牛瘟。

1939 年秋，畜牧兽医系从四川成都迁至荣昌。在宝城寺附近租用一个王氏大院，经过三四个月修缮，1940 年春开始生产牛瘟血清、牛瘟脏器疫苗和猪瘟血清。血清厂先由程绍迥负责，马闻天从法国归来后负责。

1940年，程绍迥调任农林部渔牧司长。

1941年7月1日，在广西桂林良丰，中央农业实验所畜牧兽医系扩并农林部兽疫防治大队，成立农林部中央畜牧实验所（简称中畜所）。人员增至50人左右，从事兽用生物药品研制、动物疫病防治和畜牧育种、品种改良及饲料饲养研究。

1941—1945年蔡无忌任所长，张范村任副所长，1945—1949年程绍迥任所长，许康祖任副所长。中畜所下设畜牧、兽医两个研究组。畜牧组组长由蔡无忌兼任，设有组务室、育种研究室、营养研究室、饲料作物研究室、羊毛研究室、畜产品加工研究室和畜牧试验厂；兽医组组长由马闻天担任，设有病毒性传染病、细菌性传染病、寄生虫病、生物药品制造、防治兽疫、兽病诊疗和组务7个部门。中畜所共有技正8人，技士18人，技佐13人，技师1人，设文书股、事物股、出纳股、图书馆、会计室和人事室。

1942年，农林部防疫大队扩充为10个分队，中畜所负责制造、供应防疫药品和器械。主要开展牛瘟、猪瘟、猪丹毒和仔猪副伤寒研究，批量制造牛瘟疫苗、抗猪瘟血清、抗牛瘟血清、抗猪肺疫血清、抗猪丹毒血清。抗牛瘟血清注射42万多毫升，脏器疫苗15万多毫升。1月建成畜牧兽医用具厂，制造金属注射器、针头、脏器疫苗磨碎机和各种畜禽模型。

1943年5月，广西战事告急，中畜所迁至四川荣昌宝山寺，建成血清制造厂，陈超人、马闻天任负责人。

1945年9月日本投降。马闻天前行北平，接收日本人建立的华北农事试验场，成立中畜所北平工作站，后以此为基础建成农林部华北动物防疫处。郑庆端（兽医、哲学双博士）、邝荣禄（兽医博士）、郑丕留、李瑞敏和潘锡桂等陆续到中畜所工作。

1946年，中畜所迁至上海虹桥路200号（日本侵华期间设立的一个兽医站）。全所职工和仪器设备先集中重庆，经水路运到上海，5—6月期间，大部分人员到达上海。因房屋少，只能开展部分工作，添建了制造抗牛瘟血清和猪瘟血清房屋。12月奉令迁回南京。由于孝陵卫原址破坏严重，部分工作人员暂在卫岗遗族学校（原畜牧兽医系附属卫岗奶牛场）办公。利用善后救济金，在中华门小行镇百余亩公地上，开始建设实验楼、种鸡场、种猪场、奶牛舍、兽用机械和模型厂房及职工生活设施。

1948年1月，新址建成搬入。接收联合国救济总署赠送的冻干机、细菌培养仪器、鸡胚接种仪器等。程绍迥任中畜所所长，许康祖任副所长，增挂东南兽医防治处牌子，中畜所所长兼处长。下属卫岗乳牛场（生产当时南京颇负盛名的马头牌冰棒、冰淇淋），奶牛是由联合国善后救济总署（下简称联总）分配给中国的，引入后经过留优去劣，饲养在南京市六合县（现六合区）。1948年在南京小行镇新建奶牛场，奶牛移养至该场，新中国成立后由南京市接管，现已形成奶业集团。种绵羊场搬至山东省昌乐县，建成昌乐种羊场。引进约克夏猪，开展与地方品种杂交改良及推广。

1948年下旬，为抵抗国民政府中畜所迁出南京命令，组织开展了护所迎解放活动，以搬迁经费不足理由拖延时间，将种畜、仪器设备和职工分散转移，囤积数月粮食设立公共食堂，成立护所小组日夜巡逻。

1949年4月23日南京解放。次日，南京军事管制委员会苏国勤来所任军代表，中共地下党员李瑞敏、傅沙丁为副军代表，接管中畜所。程绍迥等代表中畜所慰问解放军，将保存的价值三四万美元的金条、银元、港币和卡车、吉普车等捐献给解放军。程绍迥继续担任所长。

1950年2月，中央农业实验所、中央畜牧实验所、中央林业实验所合并成立华东农业科学研究所。中畜所部分人员调回南京孝陵卫现址，形成畜牧兽医系。郑庆端任系主任，何正礼任副主任，李瑞敏初为秘书，后任副主任。畜牧方面设有：猪、牛、鸡及饲料研究组，牧草并入土壤肥料系（牧草研究负责人：杨运生），兽医方面设有牛瘟、猪瘟、猪丹毒、仔猪副伤寒、猪肺疫及鸡新城疫研究组。

同年，中畜所部分人员留在南京小行镇，成立南京兽医生物药品厂（南京药械厂前身，初期郑庆端兼任厂长）。程绍迥、许祖康调至农业部工作，程绍迥后任中国农业科学院副院长。郑丕留、周泰冲、董伟、马闻天调至华北农业科学研究所工作，郑丕留后任中国农业科学院畜牧研究所所长，马闻天后任农业部兽医药品监察所所长。栗寿初等调至哈尔滨兽医研究所工作。中畜所留上海人员由华东行政委员会分配工作，蔡无忌任上海进出口商品检验局局长，吴纪棠任上海工作站主任，负责接收和分发联总物资，潘新权、张永昌、张宝昌均在上海相应部门任职。

1958年，随着国家大区体制的撤销，华东农科所改名为中国农业科学院江苏分院，划归中国农业科学院和江苏省政府双重领导。畜牧兽医系更名为畜牧兽医研究所，同年按照农业部部署筹建中国农业科学院家禽研究所。中共江苏省委常委会讨论认为，苏南地区文化科研机构较多，苏北相对较少，决定将家禽研究所地点设在苏北江都邵伯镇，由扬州地区负责行政管理，由畜牧兽医系负责技术指导。畜牧兽医系先后派陈锷、许翥云、方陔参与建设。1959年揭牌，挂中国农业科学院家禽研究所、中国农业科学院江苏分院家禽研究所两块牌子。1962年下放归中国农业科学院江苏分院管理，但中国农业科学院牌子不摘，印章不改。"文革"后改为江苏省家禽科学研究所，归属江苏省农林厅管理。

1958年起，先后聘请省内著名中兽医专家王绍先、周开国、王道福、潘道凤为特聘研究员，成立中兽医研究室，徐汉祥研究员任室主任。研究室归属江苏省农林厅管理，具体由畜牧兽医系负责管理，此事当时在国内兽医同行颇有影响。20世纪60—70年代我所中兽医研究室，长期在除州铜山兽医院、三堡兽医站、邳县兽医院、盱眙县畜牧兽医站等单位蹲点，主要从事兽医临床工作，总结各地临床经验，并进行临床验证。

20世纪60年代初期，牧医所拥有较大规模的动物试验设施，建筑面积约4 000米²。附属试验地130余亩，配套建有职工住房、农具房、仓库等。东猪场以饲养母猪为主，南猪场饲养育肥猪；所属牛场饲养奶牛近百头，建有鸡、兔、小鼠、大鼠、天竺鼠试验动物群。畜牧场场长先后由潘锡桂、阮德成、李春华担任。

1966—1969年，部分人员下放农村劳动改造，部分人员去五七干校。盲目精简机构，实行"以场带所"和农场领导农科所政策，科研工作呈现极度混乱状态。

1970年4月，江苏省革委会生产指挥组将中国农业科学院江苏分院与江苏省水产研究所合并，成立江苏省农业科学研究所，归口省革委会农业局领导。调到江苏省农业技术服务站及下放到五七干校的科技人员陆续回归研究所工作。

1971年，江苏省农业科学研究所党核心领导小组任命各专业组临时负责人。阮德成任畜牧兽医组组长，金洪效、范必勤任副组长；1973年，阮德成调研究所科管组后，戴世华任畜牧兽医组长，李瑞敏、黄天希、魏静波先后担任副组长。

1976年"四人帮"粉碎、"文化大革命"结束后，全所工作逐步转移到以科研为中心。

1977年9月11日，中共江苏省委（苏委组字［1977］159号文）决定成立江苏省农业科学研究院。

1978年5月25日，省委组织部（苏委组复［1978］26号文）批复院内部机构设置，下设粮食作物研究所、经济作物研究所、园艺研究所、畜牧兽医研究所、植物保护研究所、土壤肥料研究所、农业物理化学研究室、情报资料研究室。

畜牧兽医研究所科研人员达到70余人，畜牧方面下设养猪研究组、养兔研究组、养羊研究组、饲料饲养研究组、动物胚胎工程研究组、（小灵猫）经济动物研究组和生殖激素免疫研究组，兽医方面下设兔病研究组、猪轮状病毒研究组、弓形虫病研究组、鸭肝炎病研究组、猪气喘病研究组和中兽医研究组。附设建有猪场、兔场、鸡场、羊场、小灵猫场、牛场以及小动物室、试验猪舍、试验鸡舍、试验兔舍，形成了相当规模的试验动物群。

1980—2000年间，畜牧兽医研究所进入了大发展时期，在全国百强研究所评比中名列前茅。建成一批现代化的实验室、兽用生物制品中试车间、饲料添加剂厂和SPF实验动物场。其中，"畜禽疫病诊断实验室"和"农业生物学实验动物胚胎工程实验室"为农业部重点实验室，建成江苏省畜禽生物制品研究中心，兽用生物制品中试车间通过农业部GMP验收，由省农林厅颁发"兽药生产许可证"。"七五""八五"期间出国进修攻读学位、参加国际会议和技术考察人员达50多人次，赴美国、日本、菲律宾、加拿大、泰国、印度尼西亚、新加坡、尼泊尔等国进修合作研究达16人次，派出援外人员2人，与日本合作开展太湖猪种质特性和新品系选育研究。

2001年7月，经江苏省机构编制委员会批准（苏编办［2001］194号文件），畜牧兽医研究所分设为畜牧研究所和兽医研究所。畜牧研究所的业务范围为畜禽的品种资源保存利用、畜禽品种选育与繁殖、生物技术、饲料营养、畜禽生产安全性及配套措施和污染治理和先进生产设施研究、牧草育种与应用研究；兽医研究所主要开展畜禽重大传染病的流行规律、诊断、监测和控制技术研究、研制兽用生物制品、中西兽医结合防治技术和无特定病原动物实验研究。

2003年4月，兽医所整体进入南京天邦生物科技有限公司。职能管理上设有：行政部，人事部，财务部，生产部，品控部，采购部，营销部。研发部门设有：猪病一室（研究一室2004），猪病二室（研究二室2004），禽病一室（研究三室2004），禽病二室（研究四室2004），兔病研究室（研究五室2004），经济动物疾病研究室（研究六室2004），研究七室，研究八室。

2005年11月，恢复兽医研究所为非营利研究所。设有人兽共患病防控项目组，家畜重大疫病防控项目组，家禽重大疫病项目组，兔病与生物技术项目组，生物兽药研制项目组五个研究领域。

2006年4月，以兽医研究所为科研依托单位，江苏省农业科学院和南京天邦生物有限公司联合申报建立国家兽用生物制品工程技术研究中心，2007年4月获得国家科技部批准，同年9月开始建设，建设总投资为2 200万元，2010年通过验收后开始正式运行。2009年新建动物实验中心，占地面积10 340米^2，建筑面积1 907.03米^2，2010年5月通过江苏省实验动物管理委员会办公室验收。

2011年，兽医研究所增设动物卫生风险评估项目组和动物疫病诊断研究项目组。同年获批组建农业部兽用生物制品工程技术重点实验室。2011年江苏省农业科学院批准建设，2013年建成江苏省农业科学院动物品种改良与繁育重点实验室和江苏省农业科学院动物重大疫病防控重点实验室。

第二章　科学研究

第一节　始建时期（1931—1940 年）

1931 年设立实业部中央农业实验所，兽医专业开始实验室建设、人员招聘与培训，科学研究工作拉开序幕。1937 年抗日战争全面爆发后，随中央农业实验所先后辗转迁移于湘、桂、川、黔间，科研工作受到极大干扰。主要开展以下工作。

一、抗猪瘟血清研制

参照美国健牛公司抗猪瘟血清制造车间，建造了可同时进行 6 头猪割尾采血、容纳 100 头猪尸体处理的血清厂，年产 2 000 万毫升血清。对血清厂和实验楼排出的污水，设有消毒池进行无害化处理。同时还建有健康猪舍、病猪舍及高免猪舍。

二、专业人才培训

与上海血清制造所联合举办兽疫防治人员训练班，培养 200 余名我国首批兽医专业技术人员。

三、疫病防治研究

1934 年起程绍迥、何正礼用培养基传代致弱牛肺疫，对黄牛、奶牛皮下或皮内接种获得免疫力，开创了我国牛肺疫疫苗的良好开端。1937 年四川广元发生牛瘟，1938 年畜牧兽医系主任程绍迥、吴纪棠率队前往贵州、四川等地区，组织生产抗牛瘟血清 100 多万毫升，注射耕牛 6 000~7 000 头，举办牛瘟防治训练班，传授防治技术，组建督导团，有效控制了牛瘟的蔓延。1939 年在四川荣昌宝城寺附近租用一个王氏大院，经过三四个月的修缮，建成实验室和生活用房；1940 年春开始批量生产抗牛瘟血清、牛瘟脏器苗和抗猪瘟血清。参加人员有秦和生、周泰冲、李宝澄、侯润民、金惠昌、孙嘉志等。

第二节　扩建时期（1941—1949 年）

1941 年，中农所畜牧兽医系扩建成立中畜所。中畜所成立于抗战动荡年代，伴随解放战争的岁月辗转南北。在频繁搬迁的不利条件下，克服困难开展工作。

一、畜牧方面

1. 品种资源调研
调查粤、桂、湘、黔、滇、川六省区畜牧生产及畜禽、牧草资源情况，侧重调查畜禽地方品种、畜产品产销流通及屠宰率等。调查总结发表在中畜所出版的《中央畜牧兽医汇报》一卷一期。

2. 畜禽育种和杂交改良

中畜所从联合国救济总署接受绵羊，开展生态条件改变对绵羊发情影响和人工授精研究。绵羊杂交改良，利用4头纯种兰布里公羊与宣威本地羊杂交，培育第一代杂种羊50头，繁殖110多头。杂种羊体型比本地羊骨肢较实，初生重较大，产毛率较高。

3. 牧草研究

中畜所家畜营养系系主任王栋教授率领研究人员5人，技术工人4人，利用试验地10亩（15亩＝1公顷，全书同），实验室约20米²；开展牧草研究。课题和经费来源于联合国中国办事机构。一年多时间里，通过该机构从国外引进牧草优良品种50~60个，通过生长特性和华东地区适应性研究，选出紫花苜蓿、三叶草、多花黑麦草、苏丹草等十几个品种。

4. 其他工作

畜产品加工研究包括宣威火腿，腌鸭等。制作出多种良种牛、猪、羊的石膏模型及解剖、生理、病理等模型。

二、兽医方面

1. 牛瘟弱毒疫苗研究

1946年夏季，程绍迥到北平工作站了解华北农事实验场畜牧兽医接受情况时，获得日本人留下的中村Ⅲ系牛瘟兔化弱毒疫苗种毒，但安全性不够理想，后通过多代减弱，制成对黄牛、水牛安全有效的弱毒疫苗。联合国粮农组织兽医专家克时支奋博士带来牛瘟鸡胚化疫苗毒株，由周泰冲与美国兽医专家弗什曼（Fischman）进行鸡胚传代保存和制造冻干疫苗试验。鸡胚化牛瘟弱毒苗毒株接种继代，用绵羊和山羊传三、四代，用家兔传约180代，使毒力进一步弱化。开展了牛瘟疫苗的简易制造，牛瘟血清沉淀反应研究和牛瘟猪体致弱研究。

2. 猪肺疫菌苗研究

从荣昌、上海、成都分离菌株，福尔马林灭活制成菌苗，进行本动物免疫保护实验，取得初步结果。

3. 猪副伤寒研究

分离获得3个菌株，均属沙门氏猪霍乱菌变种，存在R和S型两种菌落。S型毒力强，其中P84菌株5个菌可致死家兔。

4. 猪瘟灭活疫苗研究

用自行分离的猪瘟强毒，采用病猪血液、脾和淋巴结，分别用石碳酸结晶紫、磷酸钠结晶紫、福尔马林灭活，发现石炭酸结晶紫淋脾苗效力最好。

5. 其他研究工作

1945年江浙地区猪丹毒病蔓延，研究所组织人员分离获得猪丹毒菌株，开始疫苗研制工作。开展奶牛布氏杆菌病和鸡新城疫的诊断研究。对牛梨形体病（焦虫病）、边虫病的血液学变化及血液病原体检查进行了系统研究。

第三节　中华人民共和国成立初期（1950—1966年）

1950年中农所、中畜所、中林所合并，成立华东农业科学研究所，下设畜牧兽医系。从此，畜牧兽医科研工作系统性展开，取得大量科研成果。

一、畜牧方面

1. 动物繁殖技术研究

（1）1954 年，组建淮猪联合调查小组，对淮北的淮猪进行调查研究。同年，李瑞敏与南京农学院陈效华、省农业厅曾华轩、陈维新等人，在淮阴种猪场进行约克夏猪与淮猪杂交试验，1955 年开始杂交组合试验。1956 年华东农科所、南京农学院和江苏省农业厅签订培育新淮猪品种合作协议书，华东农科所任组长，负责全部育种技术工作，江苏省农业厅任副组长，负责行政领导，南京农学院任副组长，经费各自负担，合作期限为 1954 年 3 月至 1964 年 12 月。确定研究项目名称"新淮猪的选育"，以淮阴种猪场为基地，选用大约克夏猪和淮猪为亲本进行育成杂交，育成脂肉兼用型新品种。1956 年、1958 年几次正反交、横交，提高基因纯度，1961 年建成理想型新淮猪核心群——59 头毛优良母猪。后因种种原因新淮猪育种工作基本停顿。

（2）1958 年，由省政府投资，开展山区水牛选育，创办盱眙县种畜场，杂交改良摩拉水牛，引进外血海子水牛进行杂交，以及严格的本种选育，从初期 168 头发展到 1987 年 622 头。1959 年在泗阳黄圩牧场进行荷兰牛与黄牛杂交改良，在丹阳练湖农场进行摩拉水牛与当地水牛杂交改良，以提高役用和产奶能力。1960 年后，六合、盱眙、东台等县引进印度摩拉水牛、巴基斯坦尼里水牛改良当地水牛。

（3）1955 年起，与苏北农学院协作，指导铜山种羊场，用引进的苏联美利奴羊、德国美利奴羊与本地小尾寒羊杂交，逐步培养出徐州细毛羊。

（4）1952 年，李瑞敏、陈锷、许骞云等人用澳洲黑鸡与狼山鸡导入杂交，1958 年培育成新狼山鸡。1959 年后，省农林厅又筹建如东、南通二个狼山鸡场，对狼山鸡整顿鸡群、择优定型、闭锁扩群选育，经过 26 年保种、选育、狼山鸡种质增强，外貌趋于一致，性能稳定，扩展到 20 多个省市，总数达 1 000 多万只。

（5）1954 年开始研究猪人工授精技术。20 世纪 60 年代初开展牛冷冻精液的研究。

2. 品种资源调查、品种志编著

由谢成侠任主编，张照、潘锡桂等任副主编，王庆熙、舒畔青、葛云山、潘锡桂、许骞云等参编的《中国畜禽品种志》和《江苏省家畜家禽品种志》，开始于 20 世纪 50 年代后期，省政府组织科研、教育、行政部门协作，对全省畜禽品种总体情况深入调研。20 世纪 60 年代初，省农林厅畜牧局和省畜牧兽医学会开展全省畜禽品种资源调查，因"文革"而搁置。1980 年秋，在江苏省畜牧兽医学会理事会上重提《江苏省家畜家禽品种志》的编写工作，并根据农业部（80）农业（牧）字 175 号文件精神，组建《江苏省家畜家禽品种志》编委会，1981 年 2 月 26 日在南京召开《江苏省家畜家禽品种志》编委会成立会议，推选主编、副主编和各专业组长，形成各畜种的编写提纲、进度和要求。会后按计划分头进行实地调查，搜集各地品种资料，参考全国畜禽品种志的调查方案，编写完成《江苏省家畜家禽品种志》，并附图谱。

3. 畜牧区划工作

1934 年中央大学胡焕庸根据农作物分布特点，将全省划分四大区域，这是国内最早的农业区划研究。江苏省农业区划调研从 20 世纪 50 年代开始，1963 年省委、省政府成立了农业区划委员会，组织全省农业部门和科研单位 30 多位专家学者，对全省自然条件、社会经济条件和农业生产的自身特点进行系统农业区划调查研究。李瑞敏、潘锡桂、舒畔青、蒋达明、沈锡元、阮德成、胡家骝、陆昌华等先后参加该项调查研究工作，1964 年编写完成《江苏省综合农业区划报告》。

二、兽医方面

1. 牛瘟兔化弱毒疫苗研究

郑庆端等主持牛瘟兔化弱毒疫苗研究，用3~5日龄健壮乳兔接种20~40倍稀释的新鲜兔毒脾乳剂，每侧臀部肌内注射1毫升，放置于清洁笼器内，20~30℃饲养36~40小时，取出冻死，无菌采集心、肝（剔除胆囊）、脾、肾、肌肉等含毒组织制备疫苗。接种疫苗的牛免疫持续期可达2年9个月。该疫苗与无毒炭疽芽孢苗同时接种牛，均可产生坚强的免疫力。

2. 猪瘟结晶紫疫苗研究

1949年，何正礼、方陔等引用美国联合实验室（Allied Laboratories）猪瘟种毒，研究分析影响疫苗效力的原因，确定制造程序，在国内首次制成安全有效的猪瘟结晶紫疫苗和组织苗。免疫后3周产生坚强免疫力，免疫持续期1年3个月。农业部兽医生物药品监察所方时杰等证实其免疫效力与石门系猪瘟种毒制造疫苗相同。该疫苗大量制造，在我国首次开展大规模预防注射，对控制猪瘟流行起了很大作用。该项成果1954年获华东农业科技二等奖。

3. 多杀性巴氏杆菌菌苗研究

1949年，何正礼研究发现，急性猪、黄牛、水牛、牦牛巴氏杆菌病分离获得的绝大多数为菌落Fg型（相当血清学B型，在折光下显蓝绿而带金光，边缘有红黄色狭窄反光带），散发性巴氏杆菌多为菌落Fo型。菌落型不同，生化反应、血清学反应、抗原性和致病力存在差异。在人工培养条件下，菌落型容易变异，可根据菌落型判断出致病力强弱和抗原性优劣。此后，连续选择猪肺疫巴氏杆菌Fg菌落型为制苗菌种，优化细菌培养和灭活工艺，配以铝胶为佐剂，研制成功猪肺疫甲醛氢氧化铝菌苗。此苗4℃货架期为2年，猪皮下注射5毫升，免疫持续期9个月。该菌苗亦可用以预防牛巴氏杆菌病，1954年获农业部爱国丰产奖。

4. 猪丹毒弱毒菌苗研究

1939—1950年间，郑庆端等人通过锥黄素血琼脂平板连续传代减弱，弱毒活菌苗对猪有90%以上保护力。但注射后出现轻度不同反应，据约7万头猪接种过弱毒菌苗的统计，反应死亡率0.89%~9.8%。1959年以后全部停止生产。

当时仅有的活疫苗需与高免血清共同注射，注射后猪反应率达7%，死亡率达0.29%。1955年，农林部召集兽医药品监察所、华东农科所畜牧兽医系和南京、四川、河南等3个兽医生物药品厂联合组成研究组。经试用多种培养基和不同方法制成菌苗，发现利用肉肝胃酶消化汤，而不加血清也可以制出效力良好的氢氧化铝菌苗。该菌苗安全有效，免疫期达6个月，1956年开始投入生产，在全国范围内推广应用。

5. 家禽巴氏杆菌（禽霍乱）活菌苗研究

1959年何正礼、方陔，仇家宏从健康牛鼻喉分离得到一株Fo型弱毒巴氏杆菌，用于2个月以上鸡、鸭、鹅免疫，皮下注射5亿~10亿个活菌/羽，加入铝胶可提高效力，5天后即有免疫力，免疫持续期3个月。亦可用于发病禽群，注射5天后病情显著减少，直至停止发病。注射后减食一天，甚至不减食，次日即可逐渐恢复，影响蛋鸡产卵2周，一般10天恢复。液体菌苗室温货架期仅为5天，4~8℃不超过10天。

6. 猪气喘病研究

1958年“大跃进”时期，全国上下兴建“万头猪场”，气喘病猪只吃饲料不长肉，长期咳嗽难治愈。该病给养猪业造成了巨大损失，因病因不明，国外报道为“猪病毒性肺炎”。何正礼提出了不同意见，认为抗生素对该病有治疗作用，所以病原不是病毒，未研究透彻之前，仍采用群众俗称的“猪气喘病”较为妥当。直到1965年才明确病原是支原体。又经过反复探索，到

1973 年终于能够分离猪气喘病病原，并发现病猪血清与猪肺炎支原体在显微镜下可见微粒凝集反应，在此基础上建立了猪气喘病诊断方法，汇集 12 个省市 400 多份病料，鉴定获得猪肺炎支原体 55 株，该项诊断技术 1980 年获农业部技术改进一等奖。

7. 其他研究

1957—1960 年，参与全国协作，开展猪副伤寒菌种选择、培养基和菌苗制造方法的广泛研究。虽然选出了较好的菌种和培养基，但制成的灭活菌苗效力实验不能令人满意。吴纪棠用毒力较强的菌株接种于半固体培养基，制成甲醛灭活菌苗，接种 3 次方可获得坚强免疫力。20 世纪 60 年代初，参加农林厅组织的盱眙水牛病（水牛类恶性卡他热）防治研究，通过牛羊隔离饲养、放牧等方式，该病得以控制。郑庆端主持，邱汉辉、丁再棣、张静敏参加，进行全省家畜寄生虫病调查，用敌百虫成功治疗猪蛔虫、猪肺线虫病和猪、牛肝片吸虫，用钉螺繁殖血吸虫尾蚴，尝试钴 60 射线致弱。吴纪棠研制鸡新城疫铝胶灭活苗，对雏鸡或成年鸡安全有效，免疫持续期达 2 年以上。何正礼应用新鲜山羊传染性胸膜肺炎病肺制成悬浮液，接种于山羊后肢皮内，安全且可获得坚强的免疫力。1958 年，成立中兽医研究室。1961 年，林继煌、董亚芳、郁国等参加蹲点铜山县兽医院，开展中兽医研究工作。

第四节　"文革"时期（1967—1977 年）

1966—1969 年，因"文革"动乱，科研工作处于极不正常状态。1970 年成立江苏省农业科学研究所，科研工作逐步恢复正常。

一、畜牧方面

新淮猪的选育和推广利用。

1973 年，李瑞敏、葛云山等恢复新淮猪育种工作，1974 年江苏省农业科学院和江苏农学院派员进驻淮阴种猪场着手恢复新淮猪育种工作。首先对猪群进行整顿，由于新淮猪混入了长白猪和巴克夏猪的血液，出现了类型的分化，根据血缘和外形、生产性能划分为多仔系、背宽系和体长系，进行品系繁育。同时根据农业生产的发展和肉食市场需求的变化，对原育种目标和方法做了相应的调整和修订，适度导入外血，进一步提高其性能，将新淮猪培育由脂肉兼用型改为肉脂兼用型猪种。制定了新淮猪选育标准和选种方法。淮阴地区多种经营局和商业局积极加入新淮猪育种协作组，对新淮猪的选育扩繁推广给予大力支持。在不到五年时间，淮阴地区 13 个县建立了 58 个国营和集体新淮猪场，形成全区新淮猪育种网，采用了边选边推广，群选群育，使新淮猪的数量和质量获得迅速的发展和提高。1975 年后，江苏省科委将新淮猪选育列入科研计划管理。随着新淮猪遗传性能的稳定，对其种质特性进行了系统研究，包括质量性状和数量性状的遗传特性、生长发育、生殖生理特点、育肥性能和育肥方法、营养水平和杂交利用研究，为进一步提高生产性能、猪肉品质、开发利用提供科学依据，同时丰富了养猪科学内容。1977 年 12 月江苏省科委组织了鉴定验收，宣布新淮猪基本育成。而后，采用顶交继续选育提高性能的同时，开展杂交利用研究，在淮阴地区建立新淮猪杂交繁育体系。据统计，1981 年淮阴地区新淮猪及其杂种猪有 150 万多头，纯种母猪 15 万多头。新淮猪的育成具有巨大的经济效益和社会效益，更有科学价值，为我国地方猪种的保种改良利用提供了宝贵经验。

二、兽医方面

1. 猪丹毒弱毒疫苗研究

1974 年，郑庆端、徐汉祥主持育成安全有效的猪丹毒弱毒菌株 ［G4T（10）］。采用哈尔滨兽医研究所的猪丹毒菌株 G_{370}，经 0.01%吖啶黄血琼脂斜面传 40 代，0.04%吖啶黄血琼脂斜面传 10 代，诱变培育成功，菌种命名为 ［G4T（10）］，完成猪丹毒弱毒菌苗研制工作。在北京朝阳区、江苏常熟、山东莱阳等地免疫猪 150 万头，反应率为 0.28%，6 个月免疫保护率为 96.43%。1979 年农业部批准为生产菌苗菌种，全国 10 个兽医生物药厂生产，年生产约 4 000 万头份，在全国 17 个省、市推广使用。

2. 猪霉形体性肺炎研究

1973 年，金洪效主持，何正礼指导，储静华、黄夺先等参加，用 Eagles 溶液、正常灭活猪血清、水解乳蛋白等为主要成分制成江苏 2 号培养基（KM2），将病肺细块接种 KM2，分离获得霉形体，确定江苏省气喘病病原为霉形体。霉形体在 KM2 培养基上生长旺盛，分离率高，为国内许多单位采用。同时，改进病肺均浆法，建立"病肺块接种法"，与江苏 2 号培养基配套分离病原霉形体，方法简便，分离率高达 95%，该分离技术后用于分离人肺炎霉形体。

3. 猪传染性水疱病研究

1969 年，何正礼率领范文明、潘乃珍、丁再棣、仇家宏、周元根、江学余、陈志森、陆昌华、蒋兆春等，进行一种新发猪传染病调查研究。经过大量的动物和血清试验，明确该病与口蹄疫病不同，1972 年将此病定名为"猪传染性水疱病"。随后研制成功乳鼠化弱毒苗，在南京地区免疫猪 960 头，在兴化免疫猪 3 万头，在注射疫苗的第 8 天，不再出现病猪。1973 年研制成水疱皮灭活苗和地鼠传代灭活苗，保护率 70%~90%，先后推广免疫 35 万头。

4. 仔猪腹泻病研究

1976 年，吴纪棠主持，丁再棣、吴叙苏、奚晋弗、常运生、林继煌、何家惠、王春香等，将仔猪腹泻病区分为"仔猪黄痢"和"仔猪白痢"，分别分离获得数十株大肠杆菌，逐个进行溶血性、肠毒素和血清型测定，明确其致病性。研究结果表明，大肠杆菌是仔猪黄痢的主要病原之一，同时在仔猪白痢中发现了"轮状病毒"。

5. 猪弓形虫病研究

1976 年，范文明主持，林继煌、周元根、江学余等参加，以病猪鲜血继代分离方法，成功证明弓形虫是高热病的病原。大量实验证实磺胺类药物有很好疗效，得到广泛应用，使该病得到有效的控制。

6. 耕牛吸虫病研究

1970 年 8 月，范必勤主持并参加的江苏省血防办公室和省农林厅联合组织"耕牛血防小分队"，与南京农学院相关人员在探明血吸虫卵、毛蚴、尾蚴和成虫生物学特性的基础上，成功探索了影响粪孵法检出率的因素，建立了治疗方法，在全国推广应用。

7. 中兽医研究

1975—1977 年，王道福、周开国等采用电针牛肚角、脾俞穴位，促进瘤胃运动，增加瘤胃发酵强度，治愈瘤胃积食 55 例。应用胃管内芯装置气球法观察证实，电针牛瘤胃运动强度明显提高。中兽医研究组总结各地临床经验，进行验证，羊角钩藤汤治疗牛马惊风病，鼠疮丸治疗牛瘰病病，中草药治疗牛眼结膜外翻（角膜炎）均取得较好成果，编写成册推广应用。

8. 实验室诊断技术研究

吴纪棠、丁再棣主持，董亚芳、施善清、奚晋弗等参加，研制成功猪瘟反向间接血凝技术，但特异性不是太高，故未曾推广。

第五节 改革开放时期（1978—2000 年）

1977 年成立江苏省农业科学院，1978 年明确下设畜牧兽医研究所，科研事业进入了大发展时期，科研成果大量涌现，在全国行业的学术地位不断提升。

一、畜牧方面

1. 养猪研究

（1）中国主要地方猪种种质特性研究。改革开放初期，葛云山作为主要完成人参加了农业部重点科技项目，中国主要地方猪种种质特性研究。由东北农学院主持，江苏省农业科学院等十个科研院校承担，对全国十个有代表性的主要地方猪种质特性进行系统研究。本所承担太湖猪（二花脸）种质特性的研究。通过对母猪生产前期胚胎发育和出生后的生长发育、遗传特性、染色体组型和 G 带型、遗传参数、性行为、母猪分娩前后行为和断奶仔猪群行为特征以及生理生化常值等性状进行了测定和分析研究，获得了大量科学数据。丰富了猪的遗传、生理、饲养和行为等学科的内容（详见成果介绍）。

（2）黄淮海（江苏）商品瘦肉猪生产和配套技术的研究（国家六五重点攻关项目）。江苏省黄淮河中下游地区素有养猪习惯，但当时当地饲养的猪多为脂肪型或兼用型猪种，育肥方式多为传统的吊架子阶段育肥模式，还具有养大肥猪的习惯，致使长期以来商品猪的出栏率低，饲料转化率低，瘦肉率低，为改变这一现状，江苏省农业科学院畜牧兽医研究所葛云山主持，徐筠遐、杨锐、吴翔、蒋达明等参加，与徐州市多种经营局共同承担黄淮海（江苏）商品瘦肉猪生产和配套技术的研究项目。该项目始于 1983 年，历经四年，在调查研究的基础上，以县原种猪场为核心建立杂交繁育体系，以饲料加工厂为龙头建立饲料加工体系，以畜牧兽医站和人工授精站为中心建立猪疫病防治体系和人工授精网等基础建设。同时开展猪种杂交、科学饲养技术等试验研究和推广应用，形成了该区域商品瘦肉猪生产基地的模式，建立了一整套商品猪生产技术，使当地传统模式得以改造，养猪科学水平大大提高。该项目 1986 年获江苏省农业科技改进三等奖，受到国家计委，经委等表彰。

（3）中国瘦肉型猪新品系选育。由农业部畜牧兽医司主持，本所葛云山参加主持，徐筠遐、林志宏、张顺珍、黄素琴、孙有平、吴翔、许鹤倩、徐小波、刘铁铮等参加完成的中国瘦肉型猪新品系选育"七五"期间国家重点攻关项目，在全国 11 个院校场承担中国瘦肉型猪 11 个新品系选育，其中父系 4 个，母系 7 个。本所承担瘦肉型猪 D1 系的选育，于 1986 年开始，止于1990 年。在对二花脸进行杂交组合试验，筛选出以长白猪为父本，二花脸猪为母本的最佳组合基础上，制订了 D1 系的选育方案，确定了育种目标，培育高产优质母系猪 60 头，经产母猪产仔数 14 头，活产仔数 13 头，180 日龄体重 80 千克，增重耗料 1：3.4 以下，胴体瘦肉率 54% 以上；筛选优秀配套系 1 个，杂优猪 170 日龄体重 90 千克，胴体瘦肉率 58% 以上，增重耗料 1：3.2。历经五年，首先精选亲本二花脸猪和长白种猪，前者公猪 3 头，母猪 47 头，后者公猪 12头，母猪 2 头，进行杂交。在杂一代种中选育组建基础群，公猪 12 头，母猪 22 头，进行一代杂种自交，在其后代中组建零世代，并进行性能测定，根据 16 头育肥测定，25～90 千克，日增重681 克，180 日龄体重平均 90 千克以上，增重耗料 1：3.67，胴体瘦肉率 49.37%，肉质 pH 值为6.46，肉色评分 3.22，大理石纹评分 2.75。零世代初产母猪产活仔数 10.7 头，45 日龄断奶窝重80.70 千克。1990 年零世代母猪自繁产仔 578 头，经选择留后备公猪 60 头，母猪 104 头，组建一世代猪群。至此，该项目已完成"七五"阶段研究目标。从对零世代猪的性能测定可见生长、发育、繁殖性能和育肥性能基本接近育种指标，为D1系的育成奠定了良好基础，下一步将进入闭锁繁殖，进行群体继代选育。

（4）太湖猪（梅山）种质特性及杂交利用。经国家科委同意，农业部委托、江苏省政府批准，1988年4月，江苏省农业科学院与日本农林水产种畜牧场、畜产试验场签订合作研究项目书。主要是根据太湖猪（梅山猪）的品种特性进行种质特性、杂种利用，系统选育等方面进行研究，旨在达到确立改良适合于瘦肉猪生产的基础技术及其体系。合作组由中方专家13人，日方7人组成。主持人分别是：葛云山（中方）、小松田厚与原宏（日方）。

合作研究分为几个阶段，日方派专家组负责人常驻江苏农业科学院工作，其他专家根据研究进程来华工作。中方先后派遣8位科研人员赴日本学习。日方提供一定经费用于购置设备器材，提供在华日方专家的食宿以及赴日方学习费用，中方提供研究实验室、动物试验场、试验用猪以及饲养管理等。

经过历时四年的合作研究，取得了预期的成果：以梅山猪及其杂交品种为对象，进行了染色体核型的分析，利用日方提供的国际标准抗血清进行红细胞抗原的免疫应答和标准血清制备，取得了梅山猪血型的基因型和基因频率的数据；采用不同的蛋白水平的日粮，取得了最适蛋白水准；先后分别进行了梅山猪两品种杂交和三品种杂交的重复试验，筛选最优组合，在杂种试验基础上筛选了最佳杂交组合，子建组建了系统选育的基础群，确定了育种目标，制订了选育方案和合理饲养管理方式，为以后苏钟猪的繁育打下基础。（详见国际合作研究项目介绍）

（5）种猪数据档案库和若干软件的研制。由曹巨生、葛云山主持，陆昌华、刘燕等参加的种猪数据档案库和若干软件的研究始于1982年，止于1984年。种猪在养猪生产和育种过程中具有重要地位，是养猪生产和育种的重要物质基础。种猪资料是生产管理和指导育种的重要依据。数量遗传学的发展加速了动物育种工作的进程。数量性状的遗传参数是育种工作重要的依据。利用人工记录、统计分析和查阅种猪资料的传统方法，费时费事，工作量庞大，十分烦琐，常易出错。应用电脑进行数量遗传的研究和生产管理可节约大量的时间，精确度大大提高。该项目经过两年多的研究，完成了种猪资料数据存储和检索软件、猪近交系数计算软件和估测猪的表型值和遗传参数的软件的研制。应用于江苏省海安县种猪场等七个场取得满意结果，实现了种猪资料管理的现代化，为制定生产指标，选育指标和选择指标等方面提供了科学依据，有利于育种和生产工作，为进一步提高畜牧场的管理现代化奠定了基础。本成果为国内首批取得的成果之一，为今后开展这方面工作做出了有益的探索，具有很好的经济效益、社会效益和科学价值。1985年获省农牧科技成果四等奖。

（6）SF-450饲料配方专用电脑的研制与应用（省科委项目）。由冯成文主持，葛云山指导，师继芬、林爱英、葛宁焰等参加的饲料配方专用电脑的研制与应用，采用电脑计算畜禽日粮配方可降低饲料成本，节约饲料资源，提高饲养效益。江苏省农业科学院于1987年在调查的基础上，承担了畜禽饲料配方专用电脑项目的研制。1989年通过省级鉴定验收。一致认为本专用电脑是国际上首次应用8031单片机求解线性规划，筛选畜禽最佳饲料配方的专用电脑。依据畜禽多种营养物质的需要量，参与配合饲料原料的分析数据，市场价格，以及高档、缺档、含毒原料的控制等信息，电脑进行综合运算，筛选出一组成本最低的最佳配方。结构紧凑，主机、显示器、打印机、记忆单元合为一体，无须装接外部设备，插上电源即可工作。操作简单，无须用计算机语言操作。内存资料丰富，可存350种饲料原料分析数据，猪、牛、鸡等饲养标准70例。功能多，有判别、检索、记忆、库房管理、扩展、四则运算、顺序显示等功能。运算速度快而准确，价格低廉等优点。与人工手算配方比较，SF-450计算结果的饲料成本一般可下降10%左右，饲养效果明显提高，受到广大养殖场（户）和饲料加工厂的欢迎和好评，取得较好经济效益和社会效益。1992 年获饲料业新技术新产品金奖。

2. 养羊研究

（1）毛用羊的研究。1955 年起，华东所畜牧兽医系潘锡桂、褚衍普等与苏北农学院协作，指导铜山种羊场，用引进的苏联美利奴羊、德国美利奴羊与本地小尾寒羊杂交，经过近 30 年努力，逐步培养出徐州细毛羊。培育出的徐州细毛羊，毛品质、产毛量达生产高档毛要求。

1980 年，褚衍普等在湖羊人工引产提高羔皮质量的研究，丘陵地区山羊饲养繁殖技术研究等开展多方面研究，取得较好成果（详见成果介绍）。

（2）山羊简易输精技术（省内协作项目）。由蒋达明主持羊人工授精等方面取得了成功并加以推广。1988 年获江苏省农林厅科技进步三等奖和江苏省农牧科技进步三等奖，1989 年获外贸部科技进步四等奖。

（3）波尔山羊的纯繁和杂交利用研究。针对国内肉用山羊生产发展迅速、但无专门肉用品种的局面，农业部于 1995 年 3 月首次从德国引进了 25 只波尔山羊。其中分配给南京市 10 只（3♂,7♀），饲养在溧水县家畜改良站。1996 年，江苏省农业科学院畜牧兽医研究所钟声、钱勇等与溧水县多种经营管理局合作，承担了江苏省"九五"农业科技重点攻关项目"波尔山羊的纯繁和杂交利用研究"，分别在波尔山羊的纯繁、杂交利用和配套饲养管理技术、精液冷冻技术及人工授精技术等领域开展了大量研究和技术推广工作，并取得了显著进展。

①在国内开创了波尔山羊引进和饲养成功的先例。探索出了适合本地气候特点的科学饲养管理规范，创建了以羊群系统档案为基础的科研和生产数据环境。使引进波尔羊的生长发育指标达到或接近了国际水平。

②获得了波尔羊纯繁效率的突破。创建了以血统和性状为依据的选配计划表，有效地保证了纯繁后代的遗传质量；应用早期妊娠诊断、人工催情、羔羊早期断奶等技术，使波尔羊的繁殖率达到 200%以上，五年共纯繁波尔羊 300 多只。

③高效贮存和利用了波尔山羊的遗传资源。建立了江苏省第一个山羊冷冻精液保存实验室，制定了"波尔山羊精液冷冻操作技术规程"；贮存波尔羊冻精 20 多万粒，解冻后精子活力达 0.5 级以上，冻精情期受胎率 44%~68%，达到了国内领先水平。除本省溧水、江宁、江浦、六合、睢宁、滨海、宿迁、南通和海门等县市外，还向安徽、山东、陕西、四川、江西、福建和黑龙江等省区输出冻精 8 万多份。

④通过波尔羊与本地羊杂交试验，证明了杂交一代六个月龄的体重比本地羊增加 105%，屠宰率达 50.16%，比本地羊提高 9.54 个百分点；在全省范围内开展了山羊杂改综合配套技术推广，技术覆盖率达 60%以上。改良本地羊 1 000 多万只，产杂交羊 120 多万只。

⑤协助完成了溧水、睢宁、丰县、通州、盐城等波尔羊扩繁育基地建设；1999 年 10 月，依托江苏省农林新品种更新项目"肉用波尔山羊的引进"，畜牧兽医所从澳洲引进了纯种波尔山羊 50 只，并在院内建设了繁育实验场，挂牌为"江苏省肉用山羊繁育中心"。

3. 养兔研究

（1）1979 年，在范必勤研究员的提议下，畜牧研究增加了以兔的繁殖、育种，兔病防治为主的研究学科。相应成立了兔育种组，当时沈幼章、朱瑾佳首先到无锡、上海等地进行兔的生产调查。并先后从上海引进了肉用型新西兰兔、加利福尼亚兔、法国公羊兔、德国花巨兔和我国无锡地区青紫蓝兔，分别进行不同品种的生产性能测定，同时研究如何提高肉兔的产肉性能和不同品种杂交组合等多项研究。还建立了新西兰兔和加利福尼亚兔的纯种繁育，并在全国各地推广 4 万余只，为各地发展养兔提供优良品种。1980 年，将对兔场的管理有丰富经验的王庆熙调入该研究组担任组长，花费了很大的精力组建兔育种场。

（2）德系长毛兔的选育和饲养配套技术研究。德系长毛兔以其产毛量高、毛质好、毛密、不易缠结而闻名。1980 年，德系长毛兔引入本所后，针对其生活能力抗病能力较弱，外貌体型不一致，后代分离现象较严重等状况，王庆熙、沈幼章等用了十多年时间重点进行了德系长毛兔的选育和优化提高，使该品种兔产毛量、生长发育繁殖率等性能明显提高（详见成果介绍），给养兔企业和养殖户带来较大的经济效益。

（3）20 世纪 80 年代中后期，我国兔毛市场非常兴旺，在世界市场上兔毛的出口总量，我国占 95% 以上，而且价格昂贵。在全国各地掀起了饲养长毛兔高潮。为了提高德系长毛兔的纯系繁育，研究组采用了人工授精的方法和冷冻精液颗粒在面上推广运用，加快了良种的繁殖。兔育种研究组成员有：王庆熙、沈幼章、朱瑾佳、王永忠、董柯岩、沈明贤、许燕杰、冷和荣、张振华、翟频、李保全等，兔的研究工作取得较好的研究成果。

（4）粗毛型长毛兔培育研究。沈幼章、张振华等在德系安哥拉兔中导入粗毛型基因，经过 8 年研究培育出苏 I 系粗毛型长毛兔。该兔具有德系安哥拉兔高产毛量的特性，又兼备法系安哥拉兔高粗毛率的特点，同时增大了兔体型，提高了繁殖率和适应性。深受广大养殖户欢迎，该成果 1995 年获外贸部科技进步一等奖（详见成果介绍）。

（5）中国粗毛型长兔新品系培育。1991—1995 年本所承担了农业部科技司重点攻关项目"中国粗毛型长毛兔新品系培育"，由江苏省农业科学院畜牧兽医研究所兔育种组牵头，浙江农业科学院牧医所兔育种组和安徽省农业科学院牧医所兔育种组共同承担，江苏省农林厅畜牧局参加。

经过 5 年时间，分别培育出苏系粗毛兔、浙系粗毛兔、皖系粗毛兔新品系。江苏的苏系粗毛型长毛兔在 2010 年被国家列入品种志。浙系和皖系粗毛型长毛兔也分别列位地方品种。该项目于 1996 年获农业部科技进步三等奖，沈幼章排名第一，赵力知（浙江农业科学院）排名第二，朱秀柏（安徽农业科学院）排名第三。本所获奖人员还有翟频、董柯岩、张振华、李保全等共 15 人。

4. 饲料及饲养研究

（1）饲料资源调查及常用饲料营养价值评定。1980—1984 年，由曹文杰主持，包承玉等参加的项目，对江苏省饲料资源进行全面调查，基本摸清了全省 65 个县、市饲料资源的品种、数量、分布及利用现状，分析了 286 种次常用饲料营养成分，部分通过动物实验评定营养价值。完成江苏引种常用饲料的营养评定，汇编成册全省饲料资源的品种、数量、分布及利用现状，完成了江苏引种常用饲料的营养评定汇编成册，于 1985 年分别获江苏省科技成果二等奖，商业部科技成果二等奖。

（2）兔饲料添加剂研究。由沈幼章主持，梁美丽、王庆熙、唐玉华等参加长毛兔饲料添加剂研究，研制出兔毛生长添加剂，平均增加兔毛 20.75%，增加体重 15.58%。深受用户欢迎。

（3）微量元素缺硒调查与补硒试验。1982 年，省协作项目，本所包承玉等与丹阳县多种经营管理局共同对仔猪水肿病防治研究。该地区曾在 1968—1974 年间平均死亡猪 2.5 万头，死亡率高达 82%，经中国农业科学院畜牧兽医研究提示，疑似为营养代谢障碍性疾病。首先在当地取饲料样品 41 个进行测试，测试结果为：麦类含硒（0.03±0.008）毫克/千克，碎米 0.023 毫克/千克，表明仔猪的能量饲料含硒极低。继续做补硒试验。在同一高蛋白质水平下（18.7%）设低硒日粮（0.037 毫克/千克），高硒（0.177 毫克/千克）饲喂 3 个月，后者增重提高了 11%，剖解低硒组肝脏明显肿大，色泽暗淡，血硒组前者 0.053（微克/毫升），后者 0.16（微克/毫升），经生化、病理等取材比较高硒组均为优势。又设低硒日粮（0.035）下的三种蛋白质水平（18.7∶16.9∶14.3）饲喂 3 个月日增重却以低蛋白质组最高，剖解高蛋白组肝脏肿大，色泽暗淡，其表面 10 多处有灰白色斑，胸腹腔等有少量积液。因此论证了缺硒是诱发水肿病的主要病因，以及硒与蛋白质的结构关系，为大面积补硒根治水肿病提供了科学依据。

（4）猪、鸡复合添加剂配方研究。1984—1986年，由包承玉主持，蒋达明、黄素琴、谢云敏、刘明智参加的省科委、南京市科委项目，研制猪、鸡复合添加剂配方研究，以突出每一畜种对微量元素、维生素系列需求。经过三年研究，共设96个组合，并对优化配方进行中试，扩大示范推广，1986年年底通过技术鉴定，公认增重幅度大，生产效率高，成本低，收益显著，此后由南京市饲料公司生产，推向市场。该技术1987年获江苏省科技进步四等奖，1990年获江苏省农牧科技成果二等奖。此后畜牧兽医研究所以该项研究成果，研制成功"紫金牌"403猪鸡系列饲料添加剂，在畜牧业生产中广泛应用，对提高生产性能发挥了积极的作用。

（5）包承玉主持和参加的国家星火计划项目"30万只笼养鸡机械化半机械化综合配套技术开发研究"和国家重点项目"饲料原料标准29项"的制定均获得较好成果（详见成果介绍）。

（6）树木生物活性物质的制取和在畜牧生产上的应用。1987—1990年商业部立项，包承玉主持，谢云敏、邵春荣、刘明智、张顺珍、孙有平等参加的树木生物活性物质的制取和在畜牧生产上的应用研究，由畜牧兽医所与中国林化研究所协作，由林化所提取生物制品，在南京军区西村部队猪场、汤山鸡场、徐州市农科所等单位参加的天然饲料添加剂开发实验，经过四年的中、小试验21次，在确定桉叶提取物安全性后，继续进行浓度筛选，与喹乙醇杆菌肽添加剂进行一系列比较试验，得出结论是：该提取物优于化学物添加剂，尤其对肉猪具有稳定的促生长效果，日增可提高11%~28%，平均19%，蛋鸡在产蛋高峰期产蛋率实际高出2.2%，死淘率由7.8%降至4%。同时检测生化生理，消化指标均无异常，畜产品检验无毒无残留。该提取物主要包含黄酮类24%~29%，有抗菌促进生产性能的作用，可替代部分化学合成的抗菌物质。

5. 动物胚胎工程研究

1982—1983年，范必勤作为农业部派出留美访问学者，在密西根州立大学内分泌研究中心研究建立了牛、猴卵母细胞和仓鼠胚胎的体外受精、体外发育和重复冷冻技术等6项胚胎工程研究成果。

回国后范必勤曾先后主持国家863高科技课题、国家"七五"科技攻关项目、国家自然科学基金、农业部"七五"生物技术重点等省部级重大研究项目14项。主要承担的科研项目有：

（1）家兔胚胎移植和胚胎保存研究。通过多年的试验研究，建立了家兔的同期发情、超数排卵、胚胎移植和胚胎低温冷冻保存技术。并将德国引进的安哥拉长毛兔的胚胎移植系统技术推广到太湖地区、徐州市、如皋县，四川省、浙江省、福建省等地使用。到1990年，通过胚胎移植生产安哥拉兔2 369只，获得较好的经济效益。

（2）动物体外受精研究。与美国、日本等国家知名学者开展多项合作研究，在研究和应用家兔超数排卵、胚胎移植和胚胎冷冻长期保存系统技术的基础上，于1986年研究成功我国首例哺乳动物体外受精后代——"试管兔"，对促进我国试管动物和的研究和应用起到了先导作用。又于1989年研究成功我国首例冷冻体外受精胚胎移植"试管牛"，1990年研究成功第一批"试管猪"。在此基础上，1993年，为当时在读硕士研究生罗军选定研究课题："家兔显微受精研究"。利用显微操作仪器，用自制口径5微米的玻璃针吸取单个兔精子注入卵母细胞中，经体外培养发育，移植到受体母兔，获得4只显微受精仔兔，这是继日本之后世界第二例研究成功哺乳动物显微受精后代。

（3）羊胚胎分割研究。采用自行设计和加工的刀片，在解剖镜下对准胚胎的中轴下切，使内细胞团、滋养层和透明带均分为两半，建立了高效胚胎分割技术，获9对同卵孪生和5只半胚羔羊。

（4） 兔胚胎细胞周期影响核移植重组胚核质作用的机理。将 32-细胞期胚胎分离的卵裂球作为供体核，移入去除雌核的受体卵母细胞，用电融合法融合成重组胚，移植至受体母兔的输卵管中，获得我国首例无性繁殖的细胞核移植克隆兔。

（5） 动物转基因研究。建立了高效显微注射转基因系统技术，将构建人生长激素基因和抗猪瘟病毒核酶基因注入受精卵的原核中，经体外发育后移植到受体，经妊娠产仔和检测后，获得整合人生长激素基因的小鼠 7 只，兔 8 只，猪 24 头，个体的生长速度显著快于对照组，其中 202 号转基因兔在 7 日龄时体重超过一倍于对照组。日本京都大学入谷明教授认为这是世界上首例超级家兔。转入猪瘟病毒核酶基因结果获 4 只国际首例整合表达具抗病性可传代的转基因兔，为转基因抗病育种提供了依据。

（6） 家兔冷冻精液的研究及推广应用。由胡家骊主持的家兔冷冻精液研究和推广工作，研制出新的稀释配方，并进行推广应用。（详见成果介绍）

6. 激素免疫研究

由黄夺先主持，侯继波、周元根、朱建辉、赵伟、孙益兴、吴美珍等参加的激素免疫学研究主要开展以下 4 个方面研究。

（1） 乳汁孕酮酶免疫测定法及其在母牛早期妊娠诊断上的应用研究。为了克服放射免疫测定法检测牛乳孕酮以来，难以在生产现场推广使用的问题，成功建立了牛乳孕酮液相酶免疫测定法，快速、灵敏、重复性好的足以与放射免疫测定法媲美。采集母牛配种后 21 天的乳样 120 例，以脱脂乳孕酮浓度 1 毫微克/毫升为指标作早期妊娠诊断。经产犊记录考核结果，妊娠确诊率为 81%（78/96）；未孕确诊率为 92%（22/24）。妊娠与未孕母牛乳汁孕酮浓度差异十分显著，因此，在定性鉴别时不需要用特殊仪器，只凭肉眼观察显色反应的颜色深浅即可判断妊娠与否，这在我国生产现场易于推广普及，有很高的实用价值。

（2） 生长抑素主动免疫肉猪的增重效果研究。用戊二醛法将生长抑素和甲状腺球蛋白相偶联，经分离纯化，制备成免疫原主动免疫断奶仔猪，16 周时免疫猪增重速度比对照猪提高 14.5%（$P<0.05$），免疫后最初 3 周生长激素浓度相近，至第 5 周免疫猪的生长激素浓度增至（8.8±1.4）纳克/毫升，明显高于对照猪的（3.8±0.7）纳克/毫升。说明生长抑素主动免疫后使猪体内的生长激素浓度明显增高，从而提高了肉猪的生长速度。

（3） 畜禽免疫去势研究。用碳二亚胺法将 GnRH 与牛血清白蛋白偶联，作为免疫原，主动免疫公母猪，公母兔和公母鸡，使公畜性行为损失，睾丸变轻，单位面积内精细管数减少，精细管直径变细。使母畜卵巢减轻，子宫变小，子宫壁呈透明样纸状，发情行为消失，即免疫 6nRH 抑制了动物繁殖活动。

（4） 灭虫丁（阿维菌素）临床药效试验研究。三年中，畜牧兽医所与江苏省畜牧兽医总站，内蒙古呼伦贝尔盟畜牧兽医研究所，南京农业大学动物医系等单位协作进行了比较完整的灭虫丁注射液临床药效试验。研究证明，灭虫丁注射液不仅具有高效、广谱、安全、使用方便等特点，更重要的是它是我国自行研制的唯一广谱驱（杀）虫药。该药的推广应用产生了显著的社会效益和经济效益。（详见成果介绍）

二、兽医方面

1. 猪气喘病研究

20 世纪 70 年代中期，在国家攻关项目支持下，金洪效、何正礼、储静华、毛洪先等经过 14 年不断地探索，摸索出 KM2 无细胞培养与本种动物回归交替传代的致弱技术，但弱毒株肌内注射几乎无效，气喘病研究陷入僵局，1985 年前后，猪气喘病项目组大多数干部、工人调离。

1986 年，金洪效、邵国青、毛洪先等通过肌肉、腹腔、皮下、气管以及肺内等多种免疫途径对不同日龄、品种的猪进行免疫接种试验，终于发现高效的肺内免疫途径，疫苗保护率达 80%～96%，项目组起死回生，1989 年完成了该弱毒株的免疫原性、安全性实验室研究，1990 年获省科技进步二等奖。

20 世纪 90 年代末期，邵国青、吴叙苏等根据农业部新兽药注册的要求，建立了疫苗安全性、效力鉴定的标准，并完成系统测试与检验。通过几十次 X 光透视动物检验，完成肺内免疫新途径的有效性证明，设计和组织实施克隆致弱株的系统研究，为活疫苗注册奠定了基础。

2. 猪丹毒病研究

郑庆端、徐汉祥主持猪丹毒诊断及仔猪免疫程序改进研究。成功建立急性猪丹毒的血清生长凝集试验诊断方法。一般 12 小时可得出结果，个别含菌数特少样本需要培养 20 小时。本法简单易行，快速准确，便于基层单位推广应用。应用本方法，评价母源抗体对仔猪接种菌苗免疫力的影响，促进了猪丹毒免疫程序优化。

3. 猪传染性水疱病与口蹄疫（O 型）的快速鉴别诊断技术研究

吴纪棠、丁再棣主持，吴叙苏、常运生、奚晋弗、施善清、何家惠、王春香、董亚芳、计浩、范文明参加，完成猪传染性水疱病与口蹄疫（O 型）的快速鉴别诊断技术研究。采用"乳鼠中和试验"方法需要一窝 3 日龄乳鼠，一周后才能出结果。猪传染性水疱病与 O 型口蹄疫的快速鉴别诊断仅需要 2～3 小时得出结果，需要病料少不需要动物试验，该技术深受各地肉联厂和兽医部门欢迎，很快在全国推广应用，该方法被列入农业院校教科书供教学和试验使用。

4. 猪轮状病毒研究

丁再棣、林继煌主持，何家惠、江杰元、徐之昌、侯继波、郭美玲、刘冬霞参加，国内率先从病猪粪便分离获得 4 株轮状病毒，该病毒适应于 MA104 细胞生长繁殖，回归乳猪发病成功。改进轮状病毒电泳快速诊断方法，电泳时间从 17 小时缩短至 70 分钟。应用 MA104 细胞连续传代，培育成一株安全、稳定和具有良好免疫原性的猪轮状病毒弱毒株，免疫母猪获得一定保护效果。

5. 兔、禽多杀性巴氏杆菌病灭活疫苗研究

王启明、董亚芳主持，仇家宏、沈惠芬、江学余参加，通过菌株毒力测定、生化特性鉴定和血清型间的交互免疫试验，从众多菌株中筛选获得兔 I 株，研制成功灭活疫苗。该疫苗可抵抗血清型 05：A、07：A、08：A、09：A 菌株攻击，免疫期为 4 个月。1992 年获农业部颁发的新兽药证书，证书号：（92）新兽药证字第 07 号。随后在全国 20 余省、市应用推广。

6. 兔 A 型产气荚膜梭菌病研究

董亚芳为首的研究组，经过临床观察、病理剖检和细菌学检验，首先明确国内引起家兔急性腹泻死亡的病原为产气荚膜梭菌（A 型）即魏氏梭菌，先后研制成功高效疫苗和高免血清，家兔魏氏梭菌病（A 型）灭活疫苗 1985 年被国家正式批准生产，这是我国第一个被国家正式批准的兔用疫苗，并被收录到国家兽用生物制品生产规程中。疫苗在全国各地推广应用，有效控制了本病的流行。

7. 家兔病毒性出血症和多杀性巴氏杆菌二联疫苗研究

董亚芳为首的研究组，经过毒力、免疫原性、效力、免疫期、保存期试验，筛选获得理想的制苗用菌毒种，优化了生产工艺流程，成功研制出二联疫苗，在全国广泛推广使用。

8. SPF 兔研究

1990 年代初期，董亚芳、王启明等利用科技成果转化的资金筹备建设了 SPF 兔场。引进了新西兰兔进行饲养，作为 SPF 兔的种源。同时还研究成功了无菌饲料的生产技术。在取得普通

级实验兔生产许可证的基础上，进行 SPF 兔培育技术的研究。在"九五"农业部畜牧业重点研究专题的支助下，薛家宾、王启明、董亚芳、徐为中等人采用无菌剖腹产技术、人工哺乳、屏障系统中繁育等技术培育成功 SPF 兔群，通过省实验动物检测中心检测，并获得 SPF 兔生产、使用许可证。这是我国自主研发建立的 SPF 兔群取得的第一张生产许可证。

9. 鸭病毒性肝炎研究

徐克勤、范文明主持，张菊英、罗函禄参加，获得纯化病毒，成功建立间接血凝试验和间接血凝抑制试验。将江苏省盱眙毒株经鸡胚继代培育成功弱毒株，以深圳引进的 E52 为始发毒株成功培育 E-85 鸡胚化弱毒株，用于小鸭免疫具有良好的免疫原性和安全性。

10. 胎水牛病研究

吴纪棠主持，徐汉祥、潘乃珍等参加省协作项目，人工发病成功，明确疫病传播与山羊的关系密切，通过牛、羊隔离饲养放牧，大大降低了发生率。

11. 黄牛流行性腹泻研究

林继煌主持，何孔旺、江杰元参加，完成国家自然科学基金项目"黄牛流行性腹泻的病原分离鉴定及诊断技术"，从安徽省界首分离得到 2 株犊黄牛轮状病毒，在国内系首次应用细胞培养物对犊黄牛人工发病获得成功，建立了快速诊断法，进行了免疫预防试探。

12. 猪弓形虫病研究

郑庆端指导，计浩完成弓形体在细胞核内寄生繁殖的研究，发现弓形虫核内寄生与繁殖以及弓形虫长键型和蜂窝型寄生群落。通过连续紫外线照射，培育成弱毒株。

13. 中兽医研究

1978 年以来，主持农业部、国家、省自然科学基金、省攻关、省三项工程等 17 项科研项目。获得 16 项科研成果，出版——专著 17 本，在省及以上杂志发表学术论文 80 余篇。

王道福主持国家攻关项目"太湖农区奶牛养殖开发研究（含中草药防治奶牛不孕症）"，1986 年获国家计委、经委、科委、财政部表彰及江苏省科技进步三等奖。蒋兆春、苏德辉主持"奶牛繁殖障碍的中草药防治技术及作用机理"研究，成功研制出防治奶牛繁殖障碍系列中草药制剂："清宫消炎混悬剂""复方仙阳汤（散）""仙阳酊"、祛衣灵和保胎散，用于治疗奶牛卵巢功能失调性和子宫内膜炎性不孕等病症。1998 年获江苏省人民政府科技进步二等奖。研制的"清宫消炎混悬剂"、促孕酊获江苏省四类新兽药证书，在全国 11 省推广应用。

第六节　最近时期 （2001—2015 年）

2001 年，畜牧兽医研究所分设为畜牧研究所和兽医研究所，畜牧和兽医科研事业逐步形成齐头并进、快速发展的局面。

一、畜牧研究所

1. 养猪研究

（1）苏钟猪的选育。苏钟猪是江苏省农业科学院畜牧研究所利用国家"七五"科技攻关项目、江苏省"八五"科技攻关项目和中日合作研究等项目，以太湖猪和外来良种为亲本，运用现代遗传育种理论及先进的育种手段，历经数十年两代人的精心培育的优质高产瘦肉猪系列新品种。其中包括：苏钟（D1）1 系，苏钟（SJ）2 系，苏钟猪 4 系（又名苏山猪）。

2001 年通过江苏省新品种审定。江苏省农业厅根据国务院种畜禽管理条例特发"苏钟猪"畜禽新品种（配套系）证书（苏01）——新品种证字第01号，定为江苏省推广猪种之一。江苏省质量技术监督局于 2004 年 9 月 1 日发布苏钟猪江苏省地方标准（DB32），2004 年 10 月 30 日实施。2004 年"苏钟猪开发利用与推广"列入江苏省农业三项工程项目。2008 年"苏钟杂优猪集约化生产技术示范"列为"国家农业科技跨越计划项目"。（详见成果介绍）

（2）优质黑猪新品种培育。任守文等研究组培育的 2 个优质黑猪新品种（系）进入 2 世代和 3 世代选育，优质黑猪新品种培育已进入 4 世代，建立了含 6 个公猪血统、60 头基础母猪的种猪核心群 2 个；发现猪卵巢中 SIRT1 基因表达量影响卵巢颗粒细胞凋亡率，SIRT1/AMPK 信号通路参与颗粒细胞增殖调控。

（3）基于 DNA 的猪肉产品溯源技术研究。提出了"基于多 SNP 位点分型的多等位基因型 PCR 扩增片段"动物个体身份 DNA 识别新方法，并研发了用于苏钟猪、杜洛克猪猪肉产品溯源的个体身份识别条形码技术。

2. 动物遗传资源保护、评价与利用研究

（1）羊遗传资源保护、评价与利用研究。

①开展了湖羊资源保护及利用研究。曹少先等构建了包含 65 个微卫星标记的湖羊微卫星指纹图谱，获得了湖羊特征性微卫星基因型图谱（已获发明专利授权），为湖羊资源的保护、评价提供了依据。开展了杜湖杂交及屠宰测定。杜湖杂交羊屠宰率较湖羊提高 16.72%，净肉率提高 15.23%；4 月龄日增重比湖羊高 27.1%；杜湖杂交羊板皮质量较湖羊显著提高。李隐侠等首次发现 NR5A2 基因启动子区-700T/G 突变与湖羊高繁殖力显著相关。NR5A1 存在湖羊与产羔数关联的单倍型。

②乌骨绵羊的引进、扩繁与利用。曹少先等引进和扩繁了乌骨绵羊品种，开展了乌骨绵羊与湖羊的杂交利用研究，获得了黑色多羔绵羊新种质。

③开展了山羊遗传多样性及其与生长性状、繁殖性状的关联研究。曹少先团队分析了中国山羊线粒体 DNA 控制区全序列，表明其变异类型有四类，长江三角洲白山羊中同时存在四种变异类型，说明中国山羊基因交流较为普遍。开展了肌肉生长抑制素（MSTN）基因、黑皮质素基因与波尔山羊生长的关联研究，发现存在显著影响波尔山羊初生重的突变，Kiss1 存在与苏淮山羊产羔数关联的 SNP。

（2）猪资源的保护、评价与利用研究。

①猪疾病抗性资源评价与利用。曹少先等建立了猪蓝耳病抗性筛选的细胞模型；首次开展了二花脸、梅山、姜曲海、定远猪、苏钟猪、长白猪、大白猪的蓝耳病抗性评价。发现了姜曲海猪蓝耳病抗性最强，定远猪蓝耳病抗性最弱；开展了大白姜曲海猪横交固定及抗性选择，获得了抗蓝耳病大白姜曲海横交一代猪新种质。抗性新种质接种高致病性 PRRSV 后第 14 天（血清病毒高峰期）血清病毒拷贝数约为洋三元的 1/280，攻毒结束时体重显著高于洋三元。抗性新种质接种高致病性 PRRSV 后，无一死亡，洋三元对照组死亡率为 54.5%。孟春花等发现 A3F 可以显著抑制 Marc-145 中 PRRSV 的复制。APOBEC3F 外显子 6 g.341 GA、外显子 8 g.5 GA 基因型与 PRRS 抗性显著关联；方晓敏等开展了猪喘气病发生的分子遗传机理研究，发现 CYP3A29 和 CYP1A1 基因的协同作用能够抑制肺炎支原体感染的炎性反应。

②猪资源保存研究。李碧侠等开展了二花脸猪活体保存。刘铁铮等猪精液冷冻保存技术的研究。在仅用液氮冷冻的情况下，得到了一系列猪精液冷冻的参数，为猪遗传资源通过精液冷冻保存及在生产中的应用奠定了基础。

③建立了江苏省家养动物遗传资源数据库。按照家养动物种质资源描述规范、数据标准，通过标准化整理和数字化表达，完成了超过 100 种家养动物种质的共性和个性描述数据库，数据总量超过 7 000 个。

（3）羊育种学科。曹少先团队获得人α-乳白蛋白转基因克隆奶山羊 8 只，转基因 F1 代 10 只，人α-乳白蛋白基因在部分转基因羊乳中的表达水平达到产业化应用条件；钟声、钱勇等首次以波徐杂交山羊为育种材料，开展白山羊新品系培育，建立了横交二世代核心群体；保存并选育出省内最优秀的波尔山羊纯种核心群 120 只。

（4）羊规模养殖关键技术研究。由钟声主持，钱勇、曹少先、张俊、孟春花、王慧利、李隐侠等参加。

南方农区肉羊舍饲养过程中设施设计，饲料配合，育肥技术等关键技术开展了一系列研究。主要完成以下研究：提出了适合南方农区气候与环境特点的大中小型规模养殖及农户改进型简易羊舍的成套规划设计方案；开展应用各类秸秆、蛋白质饲料、菌糠和糟渣饲养配制，开展羔羊早期断奶、不同生理阶段的全混合日粮（TMR）配制及育肥羊专用预混料开发等舍饲集约化关键技术研究与创新，提出了养羊牧草周年供应与低成本平衡种植模式；利用江苏独特的矿物资源凹凸棒土，添加调节瘤胃功能的瘤胃素和一些营养补充，开发育肥专用预混料。

（5）奶牛胚胎移植研究。由刘铁铮、邢光东、王坚等承担的科技部奶业专项子课题和省科技厅配套项目，与南京奶业集团、江宁区畜禽改良站合作，进行了 249 次奶牛胚胎移植，其中美国胚胎公司提供的 18 枚胚胎妊娠率 67%，黄牛为受体的 IVF 胚胎移植奶牛后代 2 头。该研究成果作为第 3 参加单位，2010 年获得省科技进步二等奖。

（6）鸡蛋安全生产研究。由刘铁铮主持的省科技厅"鸡蛋中有毒有害物质多残留检测技术及控制方法的研究"，建立了一次性检出鸡蛋中 7 种磺胺类、2 种抗球虫药、13 种有机磷类农药和 9 种菊酯类农药多残留检测技术，建立了从蛋鸡场到超市的无公害鸡蛋生产全程质量控制技术体系，开发研制了鸡蛋中莫能菌素和灭蝇胺、环丙氨嗪残留检测技术，鸡蛋溯源技术体系。

3. 生物技术（动物胚胎工程）研究（2001—2014 年）

由王公金主持，徐小波、余建宁、陈哲等参加的动物胚胎工程在 1998—2014 年主要主持从事动物胚胎发育生物学、胚胎工程技术及其应用研究，在省内率先建立了波尔山羊和杜泊绵羊胚胎移植技术（包括试管波尔羊和配子移植技术）及其当地肉羊（徐淮白山羊、海门山羊、湖羊以及小尾寒羊等）杂交改良技术，在省内外十余地区示范推广应用，取得显著成效，率先在省内建立了杜湖杂交肉绵羊新品系核心群，对推动江苏省肉羊养殖业健康发展起到积极的推动作用。开展适合于规模化肉羊养殖的山羊和绵羊采精与人工授精技术研究，研制出定型羊用内置式采精装置，并批量生产，目前已在国内（江苏、新疆、河北、山西等）20 余座大中型肉羊养殖场推广应用，受到普遍的认可与好评。近年来，开展草食家畜饲料资源发掘及其加工利用技术与示范推广应用研究，在省内先后技术指导建设了 6 座中大型肉羊养殖场（徐州百草园、淮安富源、溧阳富山以及南京佑侨等肉羊养殖基地），建立了以"中药渣+食用菌菌棒+各种农作物秸秆+食品加工业副产品渣料"生物质资源为原料的经济、生态、高效的新颖饲养技术模式，取得显著进展，为推动在国内经济发达的大城市周边地区规模化集约化草食家畜养殖业的健康发展起到积极的示范引导作用。

主持开展哺乳动物极体核移植构建卵母细胞与胚胎研究，先后在国内外率先成功构建了以第一极体核第二极体构建卵母细胞和胚胎，并获得体外发育至 8-细胞的小鼠和猪胚胎，显示了利用动物极体基因资源繁殖后代的技术可行性。建立了利用屠宰场废弃猪卵巢卵母细胞为材料，批量体外工厂化生产猪胚胎的技术工艺流程。

参加国家"十一五"和"十二五"转基因猪新品种培育重大专项研究，主持该项目子课题重要转基因生物材料研究，取得显著研究进展，先后筛选出两种特异性表达基因启动子，成功构建了国内外首例转（SQR）基因载体及其乳酸杆菌细胞系、转（SQR）基因肠道定向表达的基因载体及其猪成纤维细胞系以及转木聚糖酶基因载体及其肠道定向表达成纤维细胞系，为进一步开展转基因猪新品系研究提供了具有关键的生物材料及其配套技术体系。

4. 家禽研究

2012年，农业科学院人事处根据省人力资源相关政策，从华南农业大学引进施振旦研究员作为学科带头人，2014年成立禽病研究室，动物胚胎项目组、家禽繁育及科技服务项目组并入家禽研究室。研究室主任：施振旦；副主任：赵伟。

研究工作主要包括：

（1）水禽生产技术和环境控制方向。研究鸭鹅养殖新模式、生产技术和设施设备、环境控制技术。

使用益生菌改善肠道健康研究进入分子水平：在利用芽孢杆菌和光合细菌提高蛋鸭生产性能和饲料利用率之后，该团队进一步研究揭示芽孢杆菌和光合细菌通过影响肠道和脾脏中炎症和凋亡相关基因的表达变化，加强肠道对细菌内毒素的防御作用，降低肠道的毒素应激和炎症反应，也降低脾脏的炎症反应，从而提高鸭机体健康、饲料利用率和生产性能。

发酵床网上养殖新技术解决水禽养殖环保问题：研发的发酵床网上养殖新模式，结合发酵床养殖技术与网上高床架养技术的优点，在舍内原位熟化处理鸭鹅粪便，降低粪中病原菌污染、改善养殖舍空气环境质量、提高鸭鹅健康和生产性能；粪便经发酵床处理后可直接清运至农田作为农家肥应用，避免对环境的污染，也避免了额外建造专用养殖粪污处理场所及对土地的占用。

（2）家禽繁育技术方向。鹅反季节繁殖技术研究应用，鹅杂交组合和配套技术研究应用，家禽繁殖生理调控；鹅的反季节繁殖技术研发推广应用：通过建造隔离外界阳光干扰、环境控制良好的种鹅舍，结合采用人工光照程序，使南北不同繁殖类型的鹅种能够在夏季非繁殖技术正常产蛋繁殖、并大幅提高产蛋性能的鹅反季节繁殖技术。该技术使养殖一只产蛋母鹅的年净利润达到150~250元，目前已经被国内12个省区推广应用。该技术的成功研发，能够实现种鹅和商品肉鹅的全年连续生产，从而也促进肉鹅屠宰加工业以及鹅肉消费市场的培育，促进养鹅业可持续发展。

（3）生物技术方向。畜禽繁殖调控、基因工程调控物质研制。

克隆系列了影响畜禽生长、繁殖活动的重要内分泌调控因子基因，并应用于制备重组蛋白用于免疫调控畜禽生长和繁殖性能。其中研发的免疫鸡瘦素受体技术，揭示了鸡内源性瘦素的存在，并利用抗瘦素受体进一步研究鸡和禽类血液中瘦素生物学活性的检测新方法。

另大规模制备了猪抑制素亚基重组蛋白，并研发了免疫此重组蛋白提高母牛胚胎生产性能的新技术、提高母牛配种受胎率的新技术以及提高绵羊产羔率的新技术。

5. 牧草与草食动物研究

2001年，畜牧、兽医研究所分设后，牧草研究学科从原土肥研究所划归畜牧研究所，成立了牧草种质资源保存与新品引选项目组，顾洪如兼任项目组组长。2013年后，成立了研究室。

研究工作主要包括：

（1）草饲料调制利用研究。由丁成龙主持，程云辉、许能祥、董臣飞等参加的稻草饲料化利用研究，在水稻收获的同时立即进行田间捡拾打捆，将新鲜稻草（含水率50%~65%）打成圆草捆，在打捆的同时同步添加稻草发酵专用菌剂，以拉伸膜裹包进行微贮。该技术可解决晒制干稻草过程中营养物质流失、秸秆变得粗硬、动物适口性差、采食量降低，窖贮难于成功的难题。该技术的关键是添加稻草发酵专用菌剂及酶制剂，在有益微生物的作用下迅速形成酸性环境，抑制有害菌的生长和繁殖，有效地保存了稻草的营养成分，并达到安全贮藏的目的。制成的微贮料 pH 在 4.5 左右，可安全贮存一年以上。稻草微贮料适口性好，采食量较干稻草提高 30% 以上。以稻草微贮料为主要粗饲料制成奶牛 TMR，饲喂效率高，稻草微贮料替代奶牛饲料中 50% 的羊草不影响奶牛生产性能，每头奶牛每年可节省饲养成本 700~900 元。

（2）规模养殖项目组。由顾洪如主持，杨杰、李健、潘孝青、刘蓓一等参加的规模养殖项目，以资源节约、循环、安全为目标，以猪发酵床生态健康养殖为核心，开发了不占用耕地的经济实用型畜舍及夏季降温、通风内环境调控设施；建立以作物秸秆等作为垫料的猪粪尿原位降解技术；开展生物安全和环境风险评估；开发省力化垫料管理及清运设备；构建了以猪生态养殖关键技术为核心的作物秸秆和猪粪尿等资源高效循环利用体系。"生态高效发酵床养猪技术"2013—2015 年连续列入江苏省农业重大推广技术；并被列为江苏省"十三五"农业重大科技需求。构建的"猪生态规模养殖关键技术研究与示范"成果获 2015 年度江苏省农业科学院科学技术奖一等奖。

（3）牧草种质资源与育种技术研究。钟小仙主持，张建丽、吴娟子、钱晨、潘玉梅等参加的牧草种质资源与育种技术研究，开展了高粱属苏丹草次生细胞壁体外诱导、自交结实型海滨雀稗种质创新、多年生苏丹草新品种选育和三系配套耐盐杂交狼尾草新品种选育。首先观察到了渗透调节物质和外源激素对苏丹草管状分子体外诱导频率和结构的影响，建立了高频率苏丹草次生细胞壁体外诱导的模式系统，探索了苏丹草木质素体外合成的调控机制；发现了与二倍体海滨雀稗自交不亲和相关的钙离子通路；育成了多年生苏丹草-拟高粱远缘杂交新品系 1 个，入选全国草品种区域试验；育成了耐 100% 海水灌溉的自交结实型海滨雀稗新品系 2 个，耐盐杂交狼尾草新品系 2 个，并完成品比试验；建立了以国审品种"苏牧 2 号"象草的高效繁殖、中高盐度海涂地快速立苗的技术体系，形成了南方农区牧草周年均衡供应生产系统。通过产学研联合攻关，完成了牧草刈割青饲、青贮发酵后颗粒饲料制作、沼气发酵和狼尾草人造板产品研发，并进行了产业化中试和部分产品试销售。

6. 养兔研究

（1）长毛兔后续选育工作。翟频主持、杨杰及江苏省畜牧总站朱满兴、潘雨来等，在苏系粗毛型长毛兔选育基础上，又进行了 3 个世代的选育。2006 年，结合全省畜禽遗传资源调查，对苏系长毛兔群体性能进行了监测及评估。2010 年 5 月，通过了国家畜禽遗传资源委员会其他畜禽专业委员会认定，被编入《中国畜禽遗传资源志》。苏系长毛兔的高效扩繁技术被列为江苏省 2013 年农业重大技术推广计划。

①分子育种相关研究。自 2007 年开始与扬州大学动物科技学院共同开展了"利用双分子标记培育长毛兔配套系"的工作。分析了苏系长毛兔群体 12 个微卫星座位多态性与 1 岁龄产毛量之间的关系；采用 15 个微卫星标记分析了苏系长毛兔的遗传多样性。表明了苏系长毛兔群体的微卫星座位有丰富的遗传多样性。

②兔毛品质检测方法的研究。翟频、杨杰于 2008 年开展了兔毛快速回潮率测定及细度检测方法建立的研究工作，建立了一套 CCD 显微成像系统用于兔毛显微结构的观察及细度的测定方法；国内首次探讨激光法与 OFDA 法检测兔毛纤维细度的方法，为制定新的兔毛纤维细度检测方法，建立既符合我国国情又有利于应对国际市场的长毛兔质量检测标准奠定基础。

（2）家兔规模化生产关键技术。2013 年成立草食动物饲养项目组，杨杰为项目组长，组员由秦枫、邵乐、李晟、张霞等。

①獭兔分阶段饲养技术研究。针对家兔不同生理时期，开展氨基酸、酸化剂及酶制剂研究，形成了各生理时期的饲料添加剂配方，有效提高了仔、幼兔的成活率；开展了玉米苞叶、木薯渣

等非常规饲料的开发利用研究，降低了育肥兔的饲料价格。

②母兔高效繁殖技术研究。为快速鉴定母兔早期妊娠诊断，以减少空怀时间，提高利用率。探讨了运用原核表达方式制备早孕蛋白及多克隆抗体，研制试剂盒，以实现早期妊娠诊断，减少母兔空怀时间；开展了周期化繁殖模式研究，建立了"56天"周期繁殖模式，增加了能繁母兔的年产仔数，提高了规模兔场的管理效率。

二、兽医研究所

1. 猪支原体肺炎研究

21世纪初，由于国家科研体制改革，科研经费已无保障，猪气喘病项目组第二次解散，邵国青、吴叙苏、刘茂军等通过"打工"做委托试验，解决了科研经费不足的燃眉之急。2003—2006年，南京天邦生物科技有限公司张道华、张小飞等进一步改进了生产工艺，进行了中试生产。2006年完成新兽药注册和产品复核，2007年3月获得国家二类新兽药注册证书和农业部兽药产品批准文号，成为全球首个猪气喘病活疫苗。该疫苗在南京天邦生产上市的7年间，全国28个省市应用达3 500多万头份，为养殖业增加社会效益60多亿元。引起国内外关注。疫苗使用权转让中牧乾元浩、贵州福斯特、福州大北农等公司，实现转让经费达3 000万元。

2014年中国农学会组织专家评价，一致认为："成果在全国28个省市推广应用，取得了良好的社会经济效益，整体技术居国际领先水平。填补了国内外空白，改变了猪支原体肺炎的防控完全依赖进口灭活苗的局面"。国际支原体组织前主席、美国爱荷华州立大学Chris Minion教授评价说："168株弱毒苗是目前在全世界范围唯一广泛应用的猪气喘病活疫苗，具有推广到全世界的潜力。"

2014年，冯志新等主持的傻瓜化气雾免疫新技术取得突破，研究报告在兽医一区杂志发表，并研制成功sIgA-ELISA检测试剂盒。熊祺琰等发明活疫苗新型佐剂，使活疫苗肌内注射成为可能，并申请了国际专利保护。刘茂军等建立了猪肺炎支原体LAMP抗原检测新技术。猪支原体肺炎研究成为江苏省农业科学院重点学科，活疫苗的国际化成为新的研究目标。

2. 兽用生物制品工程技术研究

学科带头人：侯继波、张道华、王继春、郑其升、卢宇、唐应华、冯磊、于漾、徐海、吕芳。特聘专家：何家惠。主要开展细胞工程技术、抗原纯化技术、耐热保护技术、佐剂与免疫增强剂技术和新生物制品研发。

（1）细胞工程技术研究。开展Marc-145、Vero、MDCK、BHK21、ST和PK15细胞系微载体和自悬浮培养工艺的研究，实现了1～150升培养规模的逐级放大工艺。其中，"Marc-145细胞悬浮培养技术"获国家发明专利授权2项，在三个疫苗制造企业应用，转让收益800万元。

（2）抗原纯化技术研究。基于GEM表面展示的原理，融合表达病毒抗原纳米抗体与PA，分别结合GEM颗粒和病毒抗原，实现一次低速离心，抗原回收率、纯度均超过90%。该技术在PCV2和FMDV抗原浓缩纯化上获得成功。

（3）佐剂与免疫增强剂技术研究。对200多种免疫增强活性物质进行筛选，获得三种免疫增强剂（猪口蹄疫疫苗免疫增强剂、禽流感疫苗免疫增强剂和猪瘟活疫苗免疫增强剂）和两种剂型（水包油、水包油包水）。获得国家发明专利授权8项，技术转让收益2 500万元。

（4）耐热保护技术研究。综合多糖稳定和梯度真空干燥技术，研发成功多糖耐热保护剂组方及其干燥工艺。玻璃化转变温度高达60℃，NDV和PRRSV糖玻璃化活疫苗室温能够储存1年以上、37℃可保存4～5个月。

（5）新生物制品研发。开展猪、鸡病毒病多联灭活疫苗研发。获得国家三类新兽药证书三项，"鸡新城疫、传染性支气管炎、禽流感（H9 亚型）三联灭活疫苗（La Sota 株+M41 株+NJ02 株）""鸡新城疫、传染性支气管炎、减蛋综合征、禽流感（H9 亚型）四联灭活疫苗（La Sota 株+M41 株+AV127 株+NJ02 株）"和"猪细小病毒病灭活疫苗（NJ 株）"，成果转让收益 2 850 万元。

3. 人兽共患病防控研究

主要开展猪链球菌病、猪圆环病毒病、猪病毒性腹泻及食源性大肠杆菌 O157：H7 等人兽共患病和猪病的研究。

学科带头人：何孔旺、倪艳秀、温立斌、张雪寒、李彬。

（1）猪链球菌病。对猪链球菌 2 型分子流行病学、致病机制、快速诊断与免疫技术等开展了较为系统的研究，"猪链球菌病快速诊断与免疫预防及其致病机理研究"获 2004 年江苏省科技进步二等奖，研究成果为 2015 年四川省部分地区发生的猪链球菌病的诊断与有效防控发挥了重要作用，与南京农业大学联合申报的成果"猪链球菌病研究及防控技术"获 2007 年国家科技进步二等奖。

（2）猪圆环病毒病。发现了迄今基因组最小（仅 648bp）的动物病毒——类猪圆环病毒 P1，该病毒基因组除 5'端 16 个核苷酸外，与 PCV2 orf2 部分序列高度同源，双拷贝环状质粒可形成感染性克隆并组装成病毒，在 PK15 细胞中形成包涵体，导致细胞凋亡；接种猪可引起类似 PMWS 的临床表现与病理变化，导致淋巴系统损伤和免疫抑制。P1 基因组由 8 个 ORF 组成，其中 ORF1 编码结构蛋白、ORF3 与 ORF5 与病毒复制相关。相关研究成果已在 PLoS One，Journal of Virology，BMC Veterinary Research 等知名期刊上发表。初步研制成功猪圆环病毒杆状病毒载体灭活疫苗，免疫攻毒保护率可达 90%。

（3）猪病毒性腹泻。重点针对 2010 年在我国广泛发生与流行的猪流行性腹泻开展了深入研究，分离到能适应于 Vero 细胞培养的猪流行性腹泻病毒变异株，构建了感染性克隆，建立了猪流行性腹泻及猪传染性胃肠炎抗原定量 ELISA、抗体 ELISA 以及抗原金标试纸条等系列检测方法；初步研制成猪流行性腹泻猪传染性胃肠炎二联灭活疫苗（AH2012/12s 株+JS2012 株），攻毒保护试验结果表明新研制的疫苗对流行变异株的保护效果明显优于市场苗。

（4）出血性大肠杆菌 O157：H7。在国家科技支撑等项目支持下，开展了 O157：H7 的快速诊断与免疫技术研究，建立了 O157：H7 分型鉴定二重 PCR 和致病性大肠杆菌（毒素）鉴定三重 PCR，利用制备的单克隆抗体建立了免疫胶体金试纸；鉴定了 O157：H7 独有的基因 z3276 的生物学功能，明确该基因可用于鉴别诊断；初步研制成 Stx1b-tir-Stx2b-zot 重组蛋白基因工程疫苗，经免疫后动物的排菌量显著减少、排菌时间明显缩短。

（5）其他相关研究还有猪繁殖与呼吸综合征病毒混合感染、猪传染性胸膜肺炎放线杆菌快速诊断与免疫技术、口蹄疫控制与净化技术研究、猪病诊断与综合防控以及中兽药开发等。

4. 兔病研究

学科带头人：薛家宾、王芳、范志宇、胡波、宋艳华。主要开展兔病毒性出血症、兔多杀性巴氏杆菌病、兔产气荚膜梭菌病、兔流行性腹胀病等病原学、流行病学、快速诊断、疫苗及防控技术等兔病综合防控技术研究。

（1）兔病毒性出血症研究。通过对幼兔注射兔病毒性出血症灭活疫苗后抗体水平消长规律的研究，提出了幼兔注射兔病毒性出血症灭活疫苗的免疫程序，为正确使用兔病毒性出血症灭活疫苗预防好该病提供了科学依据。为改变兔病毒性出血症灭活疫苗一直使用组织灭活苗的现状，通过分子生物技术构建重组杆状病毒，在昆虫细胞中表达兔出血症病毒保护性抗原衣壳蛋白 VP60，并将其作为抗原开展了兔病毒性出血症基因工程苗的研究。实验室和临床试验研究表明：

该疫苗对家兔的保护率为 100%，免疫有效期达 7 个月，保存期长达 24 个月。目前，该疫苗已申报国家一类新兽药注册证书。与传统疫苗相比，该疫苗用细胞生产疫苗抗原，不受敏感动物限制，有利于质量控制和大规模生产，实现了用体外细胞培养兔出血症病毒抗原的技术突破；其次，不使用强毒生产疫苗，不存在扩散强毒的危险，生物安全性显著提高。在此研究的基础上，利用表达的重组衣壳蛋白 VP60，制备了若干株针对兔出血症病毒（RHDV）的单克隆抗体，利用单克隆抗体和重组衣壳蛋白 VP60 建立了 RHDV 抗体检测间接 ELISA、RHDV 夹心 ELISA、制备了 RHDV 免疫胶体金试纸条，发现 RHDV 单克隆抗体识别表位若干，确认了 RHDV VP60 蛋白与兔肝细胞相互作用的相关蛋白质，发现了 RHDV VP60 蛋白与受体 HBGAs 相互作用的结合域，研究 VP60 重组蛋白作为展示系统的可行性等。此外，还建立了 RHDV 核酸检测方法 RT-PCR。相关研究成果已发表 SCI 收录文章 5 篇，获得国家发明专利 3 项，获得生物安全证书 1 个，制订江苏省地方标准 2 项。

（2）兔病毒性出血症、多杀性巴氏杆菌病二联灭活疫苗研究。在以前研究的基础上，根据新兽药注册的要求，进行一系列补充研究，特别是多杀性巴氏杆菌大规模发酵高密度培养研究取得了明显进展，每毫升菌数达 200 亿左右，是常规通气培养 3~4 倍。为兔病毒性出血症、多杀性巴氏杆菌病二联灭活疫苗的质量保证打好了基础。2005 年兔病毒性出血症、多杀性巴氏杆菌病二联灭活疫苗获国家一类新兽药注册证书。该疫苗免疫注射 60 日龄以上兔，每兔 1 毫升，对兔病毒性出血症、多杀性巴氏杆菌病的免疫保护期均为 6 个月，疫苗保存期为一年。兔病毒性出血症、多杀性巴氏杆菌病二联灭活疫苗研制 2007 年获江苏省科技进步二等奖。该疫苗在南京天邦生物科技有限公司生产推广 10 年以上，深得全国养兔者的喜爱。

（3）兔病毒性出血症、多杀性巴氏杆菌病、产气荚膜梭菌病三联灭活疫苗研究。在二联苗及家兔产气荚膜梭菌病灭活疫苗研究的基础上，研究兔病毒性出血症、多杀性巴氏杆菌病、产气荚膜梭菌病三联灭活疫苗。重点是菌液浓缩工艺的研究。研制成功二步浓缩法（即菌体浓缩及蛋白浓缩），为三联苗的成功研制扫清了障碍，同时为兽用疫苗向多联多价方向发展打下了良好的基础。兔病毒性出血症、多杀性巴氏杆菌病、产气荚膜梭菌病三联灭活疫苗 2008 年获国家三类新兽药注册证书。该疫苗免疫注射 60 日龄以上兔，每兔 2 毫升，对兔病毒性出血症、多杀性巴氏杆菌病、产气荚膜梭菌病的免疫保护期均为 6 个月，疫苗保存期为一年。该疫苗在南京天邦生物科技有限公司生产推广。

（4）兔流行性腹胀病研究。2004 年年初在国内家兔生产中，发生了一种幼兔死亡率很高的疾病，发病兔场损失惨重，许多兔场因该病不能正常生产，经济损失严重，以致关门倒闭。经薛家宾团队多年研究，认为这是一种家兔的新病，暂定名为兔流行性腹胀病。通过流行病学调查、临床症状观察、病理剖检、病原分离培养、防治技术研究，阐明了该病是一种未知病原（因）的疾病，提出了临床诊断方法及防治措施。用复方新诺明饮水或拌料具有很好的预防和控制作用。于 2008 年在国内首次公开发表相关论文。

（5）其他相关研究。包括兔支气管败血波氏杆菌不同感染途径研究；建立兔支气管败血波氏杆菌抗体检测 OMP-ELISA、DNT1-ELISA、PRN-ELISA 和双夹心 ELISA；构建 PRN 基因缺失兔支气管败血波氏杆菌突变株；建立兔多杀性巴氏杆菌和支气管败血波氏杆菌复合 PCR 方法以及进行兔支气管败血波氏杆菌病疫苗研发等。

5. 羊病研究

2010 年以来，江苏及全国养羊业快速发展，特别是高架密集育肥模式发展迅速。但是，羊疫病的综合防制技术研究相对薄弱。江杰元研究员主持，李文良、毛立等参加的研究团队从 2011 年开始进行羊重要疫病研究工作。

（1）羊副流感病毒 3 型的鉴定。在国际上率先从山羊呼吸道病例中发现和鉴定了羊副流感病毒 3 型（CPIV3），病毒全基因组序列分析表明为一种新的副流感病毒，并成功分离鉴定多株该病毒。成功建立了 CPIV3 感染动物模型，先后建立了多种特异的病原和抗体检测方法，特别是基于单克隆抗体的阻断 ELISA 方法（bELISA）可以进行高通量的流行病学调查。研制的 CPIV3 灭活疫苗初步结果表明安全有效，抗体持续 6 个月以上。

（2）小反刍兽疫病毒（PPRV）研究。2014 年在江苏和安徽发病羊群的送检病例中首先检测出小反刍兽疫病毒（PPRV），经及时上报，采取相应的防控技，有效控制了该病的发生和流行。建立了鉴别 PPRV 与 CPIV3 病毒感染的 RT-PCR 技术和检测 PPRV 特异性抗体的 bELISA 方法。

（3）羊边界病研究。经流行病学调查，明确中国山羊和绵羊群中存在羊边界病病毒（BDV）感染，证实 BDV 是引起山羊顽固性腹泻的病原之一。进一步研究发现，BDV 感染猪并下调猪瘟（CSFV）C 株免疫后的特异性抗体应答。还在流产山羊的组织样品中分离并鉴定牛病毒性腹泻病毒（BVDV）感染，进化分析发现江苏流行的 BVDV-1 存在多种亚型感染，目前确定存在 bvdv-1a，bvdv-1b，bvdv-1m，bvdv-1o 和 bvdv-1p；有些亚型已在猪群中发现，表明猪和羊之间可能发生交叉感染。

（4）其他羊病。此外，先后在羊临床病料中分离鉴定蓝舌病病毒（BTV）、羊口疮病毒（ORFV）、绵羊肺炎支原体、结核棒状杆菌、曼氏杆菌、致病性大肠杆菌等多种病毒性和细菌性病原。

自 2011 年以来，发表羊疫病相关科研论文 26 篇，其中 SCI 收录的英文论文 9 篇。参加英文动物病毒分子检测技术中"BDV"一章的编写，参加现代草原畜牧业生产技术手册（南部过渡带）中羊病防治技术部分的编写工作。

6. 家禽重要疫病防控

学科带头人：李银、赵冬敏、刘青涛。主要开展禽流感、坦布苏病毒病、禽腺病毒病、禽副黏病毒病和大肠杆菌病的研究。

（1）禽流感。制备了 3 株抗 H9 亚型禽流感病毒血凝素的单克隆抗体。研究了从江苏、浙江发病鸭分离的 4 株（NJ01、ZJ03、XZ05 和 XZ07）H9N2 亚型禽流感病毒的生物学特性，4 株病毒对鸡和小鼠的致病力较低，对鸭均有一定的致病力，对鸭、鸡和小白鼠均有良好的免疫原性。掌握了 H9N2 禽流感病毒在鸡胚上的繁殖规律和静脉攻毒后在鸡体和鸭体某些组织器官中的动态分布。

测定了 4 株鸭 H9N2 亚型分离株各 8 个基因片段的基因序列，结果已收录在 GenBank。4 株鸭 H9N2 亚型分离株为欧亚大陆禽分支 Y280-like 和 Y439-like 的重组病毒，排除由外界传入的可能。

从健康鸭泄殖腔拭子分离鉴定到 NJ06 株 H9 亚型禽流感病毒，该病毒 PB2 的 627 位氨基酸由谷氨酸变异为赖氨酸，与 NJ01 株比较，小鼠出现严重的肺脏病变，引起小鼠严重的肺出血、充血、水肿，小鼠发生弥漫肺泡肺炎和支气管肺炎。

建立了 H5、H7、H9 亚型禽流感病毒三重 RT-PCR 检测方法，扩增片断大小分别为 427bp、501bp 和 673bp，对 H5、H9 亚型禽流感病毒 RNA 检测的敏感度分别为 2.8 皮克/微升和 5.73 皮克/微升。

至今已分离到 152 株多种禽源的 H9 亚型禽流感病毒，对部分毒株进行了序列测定和生物学特性研究。

利用 NJ01 毒株成功研制了国内第一个水禽 H9 禽流感疫苗——禽流感（H9 亚型）灭活疫苗

（NJ01 株），2013 年 5 月 6 日获得三类新兽药证书，证书号：（2013）新兽药证字 24 号。动物免疫工程研究所（原国家兽用生物制品工程技术研究中心）利用本项目组分离自鸡的 NJ02 株 H9 亚型禽流感病毒成功研制出鸡新城疫、传染性支气管炎、禽流感（H9 亚型）三联灭活疫苗（La Sota 株+M41 株+NJ02 株）和鸡新城疫、传染性支气管炎、减蛋综合征、禽流感（H9 亚型）四联灭活疫苗（La Sota 株+M41 株+AV127+NJ02 株），分别于 2010 年 8 月 27 日和 2011 年 3 月 4 日获得三类新兽药注册证书。证书号分别为（2010）新兽药证书 26 号和（2011）新兽药证书 13 号。

H7N9 的流行病学调查。在江苏苏南的昆山、苏州和无锡 13 个活禽批发、销售市场和家禽养殖场共采集 422 份喉肛拭子，检测出 6 份 H7N9 阳性样品和 4 份 H9N2/H7N9 阳性样品，为江苏省人感染 H7N9 禽流感疫情防控提供了重要的流行病学调研数据，提出家禽养殖场和后院养殖是活禽批发、销售市场和人感染 H7N9 禽流感的来源。

H9N2 亚型禽流感具有免疫抑制作用。H9N2 亚型禽流感病毒感染可以降低鸡新城疫和鸡传染性支气管炎弱毒活疫苗的免疫效果，可以明显降低疫苗的细胞免疫应答。

禽流感（H9 亚型）灭活疫苗（NJ01 株）转让 7 家疫苗企业，转让资金 720 万元。2014—2015 年南京天邦和上海海利两家公司共生产销售疫苗 3 379 万毫升，实现销售收入 488.5 万元，纯利 79 万元。免疫鸭、鸡 1.13 亿羽，按每只家禽增加 1 元销售额计算，共增加产值 1.13 亿元，取得重大经济效益和较好社会效益。

（2）坦布苏病毒病。

①坦布苏病毒的致病性、抗原抗体检测方法。对比了病毒的增殖基质，研究了病毒的生物学特性，对病毒基因进行了测序，研究了不同来源（鸭源、鹅源）病毒对鸭胚、鸭和乳鼠（包括有无抗体和攻毒途径不同的差异）的致病性。建立了检测病毒 E 蛋白基因的 RT-PCR、套式 RT-PCR 方法，检测病毒 NS5 基因的 RT-LAMP 方法，基于 E 蛋白单抗的双抗体夹心 ELISA 和 NS1 蛋白单抗的双抗体夹心 ELISA 检测方法，针对 NS2A 基因的实时定量 RT-PCR 方法。研制了检测 E 蛋白抗体的间接 ELISA 试剂盒。制备了抗坦布苏病毒 E 蛋白和 NS1 蛋白的单克隆抗体并鉴定了其生物学特性。对鸭和鹅进行肌肉攻毒，通过观察病毒导致的病理变化和免疫组化法对各器官病毒进行检测，研究病毒的组织嗜性和在体内移行规律。研究了病毒的垂直传播现象和通过粪便、接触和气溶胶的水平传播机制。发现了病毒对鼠有神经毒力和神经侵袭毒力，对人类健康具有潜在威胁。攻毒鸭从第二天开始排毒并持续 30 天，造成持续性感染。用生物信息学分析方法预测了病毒的 T、B 细胞抗原表位。用表达的 E 蛋白研究了其免疫机理和免疫血清的病毒中和作用。分别表达了 EⅢ、E-I/Ⅱ 和 NS5 蛋白，并初步研究了其作用。

②寡腺苷酸合成酶在抗坦布苏病毒感染中功能研究。Western blot 方法从坦布苏病毒感染鸭筛选出的差异表达蛋白质发现，2-5 寡腺苷酸合成酶（OASL2）在病毒感染后蛋白表达水平上调。

克隆、测序并比较了 2-5 寡腺苷酸合成酶（OASL2），樱桃谷鸭 OASL 基因（GenBank 登录号：KX255654）全长 1630bp，包含 19bp 的 5′UTR、99bp 的 3′UTR 和 PolyA 尾巴和 1512bp 的开放阅读框，编码 504 个氨基酸。OASL 氨基酸序列在同种之间比较保守，与已报道的鸭 OASL 的同源性高达 100%，与鹅同源性为 78%，与人、鼠和猪等哺乳动物的同源性仅为 43%~45%。

OASL 基因几乎分布在所有的组织，大脑、小脑、肺脏、肝脏、脾脏、肾脏、心脏、肌肉、大肠、小肠、腺胃和肌胃均有分布，但以肺脏、脾脏、大肠、小肠、腺胃和肌胃含量较多。坦布苏病毒感染后，脾脏和大脑中的 OASL 表达量缓慢升高，36 小时达到高峰，然后快速下降，Poly（I：C）处理后，脾脏和大脑的 OASL 表达量快速升高，4 小时达到高峰，然后快速下降，只是脾脏中下降略低于大脑中的。真核表达 OASL，共定位发现 OASL 主要定位在细胞核内。荧光定量 PCR 和病毒滴度测定发现，在过表达 OASL 细胞系和干扰 OASL 表达细胞系中，OASL 可以抑制 DTMUV 复制。表达质粒转染后，对 DTMUV 复制也有抑制作用。

③ 坦布苏病毒细胞受体的研究。通过免疫共沉淀鉴定出坦布苏病毒细胞表面受体蛋白 HSPA9。TMUV 感染前后均是肾脏中受体 mRNA 的含量最高，但肾脏、心脏、肝脏、脾脏中的受体 mRNA 在 TMUV 感染前后变化不明显，而肺脏与脑中受体 mRNA 在 TMUV 感染后明显升高。坦布苏病毒受体在鸭的主要组织器官均有分布，各组织中的受体丰度与 TMUV 的增殖滴度具有一定的相关性。

对 HSPA9、HSPA9 氨基端蛋白（NBD）和 HSPA9 羧基端蛋白（PBD）进行了原核表达。Western blot 检测、病毒覆盖蛋白试验和免疫共沉淀发现，HSPA9、NBD 可与坦布苏病毒 E 蛋白结合，PBD 不与坦布苏病毒 E 蛋白结合，进一步研究发现，HSPA9、NBD 与 EI、EII 结合，不与 EIII 结合，PBD 不与 EI、EII 和 EIII 三个结构域结合。

（3）禽腺病毒病研究。对分离自发病鸡的两株 4 型腺病毒进行培养扩增、序列分析的基础上，研究了两株病毒的致病性和免疫原性，建立了攻毒模型，为禽腺病毒病疫苗的研发打下了基础。

（4）禽副黏病毒病研究。测定了 7 株 1 型禽副黏病毒的生物学特性，结果 6 株为高致病性毒株，它们的抗原性有很大差别，交叉攻毒试验证明 E01、SHJ00、SHJ02、F48E8、KQ02、Y03、Y01 和 WGJ02 对 7 株（包括 F48E8）攻毒毒株总的保护率依次为 100.0%、96.7%、93.3%、87.1%、74.1%、73.3%、59.1% 和 36.0%，免疫后保护率高的毒株（如 E01）除能抵抗与免疫毒株本身的攻击外（保护率 100.0%），用优势值 D 也得出相同的结论。设计引物，通过 RT-PCR 克隆和测定各毒株的 F 基因，得知 6 株强毒株 E01、SHJ00、SHJ02、KQ02、Y03 和 WGJ02 均为基因Ⅶ型。

（5）禽大肠杆菌病研究。从江苏省各地分离到 46 株大肠杆菌，通过玻板凝集试验和试管凝集试验测得 36 株具有 O 血清型，其中 6 株为 2~3 个血清型的混合型，共鉴定出 24 个 O 血清型，以 O88 所占比例最高（7/36）。采用纸片法，测定了大肠杆菌分离株对 25 种抗菌药物的敏感性，35 株大肠杆菌中对妥布霉素、利福平、丁胺卡那霉素、卡那霉素、新霉素敏感的菌株分别占 94.3%、91.7%、91.4%、71.4% 和 71.4%。同一血清型的不同分离株药敏试验结果并不相同，甚至有很大差别。

另外，对小鹅瘟、鸭病毒性肝炎和鸭疫里默氏菌病也进行了研究。

7. 动物卫生风险评估

学科带头人：胡肆农、陆昌华。主要开展动物疫病数字化监控和预警技术研究、动物卫生风险评估技术应用性研究和动物产品产业链各环节风险分析研究。

（1）动物疫病数字化监控和预警技术的研究。研究基于 GIS 与空间模型分析相结合的重大疫病预警系统，描述众多环境因素影响的疾病空间分布，挖掘疾病流行和扩散的时空特征与模式，对疫病流行状况与流行趋势进行预测预警；研究动物疫病早期预警系统，基于动物体温非接触测量方法和动物行为模式图像判读方法建立疫病预警物联网平台，综合应用风险评估、流行病学分析、地理空间分析等手段，对猪疫病流行趋势和影响程度进行预警，提高动物疫病的防控能力。承担"十三五"国家重点研发计划子课题"基于物联网的动物疫情预警平台建设"开展相关研究工作。

（2）动物卫生风险评估技术应用性研究。应用动物卫生风险评估技术，对动物疫病发生和流行的风险进行定性和定量分析的应用性研究。开展养殖场点监测、免疫和生物安全防控工作，建立"诊断清楚、免疫有数、治疗明白、药苗可靠、免疫无疫"的疫病防控技术体系和生物安全管理模式。相关研究工作正在省内数家大型养殖场研究试点。

（3）动物产品产业链各环节风险分析研究。运用风险分析的理论和方法，对畜禽养殖、贩运、屠宰、肉品加工、流通及消费终端整条产业链各环节进行信息溯源和风险分析；建立"农场到餐桌"各环节风险的关键控制策略和技术措施；制定健康养殖、动物卫生监督管理和病害肉无害化处理、肉品加工危害分析和流通风险管理等技术规范和标准体系，从而规避或降低各环节风险，提高公共卫生安全与动物源性食品安全水平。"十五"至"十二五"期间，承担国家支撑计划、"863"项目和农业行业专项等多个项目，研究成果"生猪及其产品可追溯体系的研究""冷却猪肉质量安全关键技术创新与应用"等获得江苏省科技进步奖二等奖、中国商业联合会颁发的全国商业科技进步奖特等奖。

8. 生物兽药

学科带头人：王永山、欧阳伟、王晓丽、潘群兴。主要开展禽病、犬病及生物兽药的研究。

（1）传染性法氏囊病研究。对传染性法氏囊病流行病学、免疫与致病的分子机理、天然抗病毒免疫分子标识、活病毒载体疫苗、新型细胞株和疫苗毒株的培育、生物反应器高效培养技术、病毒反向遗传与基因组编辑技术、快速检测技术等方面进行了系统研究及应用，达到了国际先进水平。研制传染性法氏囊病新型疫苗和检测试剂盒。该病研究先后获得26项课题资助，其中国家自然科学基金5项、国家重点研发项目子课题3项、江苏省自然科学基金9项。发表研究论文102篇，获得国家发明专利授权5项。

（2）犬病及生物兽药研究。研究犬病流行病学及病原分离，分离到多种犬病病原，建立了犬病防治单克隆抗体和细胞因子研发平台，研制成功犬瘟热病毒单克隆抗体、犬细小病毒单克隆抗体、犬流感病毒单克隆抗体、狂犬病病毒单克隆抗体、重组犬白蛋白-干扰素。

第三章　科研成果

第一节　主要成果奖简介

八十多年来，畜牧、兽医科学研究共获得科研成果 183 项，其中畜牧 92 项，兽医 91 项，省级二等奖及以上科研成果 62 项。

一、畜牧部分

（一）养猪研究

1. "新淮猪"选育

（1）"新淮猪"选育。1981 年获农牧渔业部技术改进一等奖，1978 年获省科学大会奖。获奖人员：李瑞敏、葛云山、王庆熙、胡家骊、张必忠、沈幼章、黄夺先。

（2）新淮猪选育与推广。1985 年获省开发苏北优秀科技项目一等奖，获奖人员：李瑞敏、葛云山。

新淮猪是由江苏省农业科学院、南京农业大学、江苏省农林厅、淮阴地区（现淮安市）多种经营局和商业局、江苏农学院（现扬州大学农学院）淮阴种猪场合作完成的，是中华人民共和国成立后最早有组织地、有计划地、有措施地、利用地方猪种杂交育成的培育猪种。在我国动物育种中开创了科研、学校、生产单位联合育种的先例。它的育成为我国地方猪种的利用和猪的育种提供了宝贵的经验。

基于经济发展和人民对肉食的需求，当地的淮猪生产性能已不适应养猪在当时作为副业生产的地位。分散饲养，国家也不可能有很多的资金投入，新淮猪育种采用了在政府领导下，由科研单位全面负责技术，学校协助，种猪场为基地，群选群育的联合育种。技术上采用地方猪（淮猪）和外来良种猪的简单育成杂交方式。应用正反交，适度近交，品系繁育，适度导入外缘血，促进类群分化，建立品系，以及采用顶交，持续选育提高，同时开展杂交利用研究，建立杂交繁育体系。该项研究始于 1954 年，止于 1982 年，历经 20 多年，于 1977 年 12 月通过省级鉴定，确认该猪基本育成。

新淮猪背毛黑色，头稍长，嘴尖平直或维凹，耳中等大小，向前下方倾斜；有效乳头不少于 7 对。新淮猪属肉脂兼用型猪，产仔多，初产母猪和经产母猪窝仔数分别为 11.73 头和 13.39 头；生长较快，杂交肥育性能好；肉质佳，瘦肉率 50% 左右。具有体质强壮、耐粗饲、适应性、抗逆性强的特点。据统计，1981 年淮阴地区新淮猪及其杂种猪共有 150 万多头，纯种母猪 15 万多头，并被全国大部分省区引种饲养，取得了巨大的经济效益和社会效益，为我国地方猪种的保种和品种改良提供了宝贵经验。20 世纪 80 年代初，新淮猪作为优良猪种出口越南和澳大利亚等国。

2. 中国主要地方猪种种质特性研究

1987 年获国家科技进步二等奖，获奖人员：葛云山；1985 年获农业部科技进步一等奖，获奖人员：葛云山、徐筠遐；1984 年获江苏省科技成果三等奖，获奖人员：葛云山、徐筠遐、杨锐、刘明智、陈樵、蒋达明。

该项目为农业部重点科技项目，对全国十个有代表性的主要地方猪种质特性进行研究，由东北农学院主持，江苏省农业科学院等十个科研院校承担完成。江苏省农业科学院承担太湖猪（二花脸）种质特性的研究。太湖猪是太湖流域各类猪群的统称，含二花脸猪、梅山猪、枫泾猪、嘉兴黑猪和米猪等，其中二花脸猪数量最多，分布最广，产仔最高。历经 5 年对二花脸猪的繁殖性能和生殖生理、生长发育、育肥性能和肉质、耐粗和消化性能、抗逆性、生理生化特性、遗传特性等与生产密切相关指标作为品种的主要标志进行观测，加以量化，并与其杂交的长白猪为对照进行研讨。查明二花脸猪性早熟，小公猪 60 日龄精液中初次出现精子，小母猪 45 日龄的卵巢已见排卵，初情期为 64 日龄，69 日龄已具受孕能力，母猪发情征候明显。排卵数多，成年母猪平均为 28 个，最高达 32 个。产仔数高，经产母猪为（15.30±0.14）头。母猪有效乳头数为：（16.93±1.57）个，保姆性强。生长速度缓慢，八月龄公猪体重（53.19±1.11）千克，母猪为（69.45±2.75）千克，肥猪为（83.13±3.78）千克，平均日增重为 407.6 克，每千克增重消耗可消化能为 13.72 兆卡，可消化蛋白质 503.54 克。胴体瘦肉率较低，仅为 41.03%。腿臀比为 24.16%。肉色泽鲜艳，有适量的大理石纹。熟肉率为（60.98±1.02）%，肌纤维较细，直径为（20.27±1.15）微米，肉味香，肉质细嫩。食粗和抗饥饿能力强。对气喘病易感性和长白猪相似，但发病率高，死亡率高。此外，在生前期胚胎发育和出生后的生长发育、遗传特性、染色体组型和 G 带型、遗传参数、性行为、母猪分娩前后行为和断奶仔猪并群行为特征以及生理生化常值等性状进行了测定和分析研究，获得了大量科学数据。首次系统地揭示了二花脸猪的繁殖生理、生长发育、生理生化和遗传规律等种质特性，为其开发利用、品种保存和选育提高等提供了系统的科学依据。且丰富了猪的遗传、生理、饲养和行为等学科的内容。该项研究尚属国内领先地位。

3. 江苏省淮北粮棉油牧果桑优势产品增产技术研究和配套技术开发

1987 年获江苏省科技进步一等奖。本所获奖人员：葛云山。

该项目为南京农大、江苏省农业科学院、江苏省蚕桑研究所、徐州地区农科所、徐州市多管局等单位合作完成。本所和徐州市多管局共同完成的商品瘦肉猪生产和配套技术的研究为项目主要内容之一。1983 年开始历经四年的研究，在该地区建立了商品瘦肉猪生产基地模式，包括以县原种场为核心建立的杂交繁育体系，以饲料加工厂为龙头建立的饲料加工体系，以畜牧兽医站和人工授精站建立的猪疫病防治体系和人工授精网。同时开展杂交改良和科学饲养技术等试验研究和推广应用，使当地商品瘦肉猪生产水平大幅度提高，商品猪出栏率、饲料转化率和肥猪瘦肉率均有很大的提高，获得很好的经济效益和社会效益。

（二）养兔研究

1. 德系长毛兔的选育和饲养配套技术研究

1987 年农业部科技进步三等奖。获奖人员：王庆熙、沈幼章、黄夺先、许燕吉、朱瑾佳、潘锡桂、董柯岩、冷和荣、沈明贤、王永忠、齐毓敏、王新、蒋达明。

1988 年获外贸部科技成果三等奖。获奖人员：王庆熙、沈幼章、黄夺先、许燕吉、朱瑾佳、董柯岩。

德系长毛兔以其产毛量高，毛质好，毛密，不易缠结而闻名。从 1980 德系长毛兔引入本所后，针对其生活能力抗病能力较弱，外貌体型不一致，后代分离现象较严重等状况，用了十多年时间重点进行了德系长毛兔的选育提高。经选育的德系长毛兔，体型外貌基本一致；选育群种公兔平均产毛量 0.774 千克，繁殖母兔 0.79 千克，最高个体产毛量达 1.312 千克，已超过原计划年产毛量 0.75 千克的指标；兔毛的毛囊自然长度选育群高于原种群 11.47%，绒毛密度高 3.3%；选育群成年公兔体重 4.129 千克，母兔体重 4.318 千克，分别高于原种群种兔 10.31% 和 10.97%，差异极显著（$P<0.01$），选育群母兔窝产活仔 7.174 只，初生窝重 417.5 克，断乳窝重 4.999 千克，断乳个体重 0.877 千克，分别高于原种群母兔 5.72%、9.43%、25.12% 和 5.28%。加之科学饲料配方及兔毛添加剂的研究应用，使兔毛产量稳定提高，后备兔生长速度逐步提高。多年来，向全国 13 个省市地区推广种兔 20 余万只。

2. 粗毛型长毛兔培育研究（省内协作项目，本所为主持单位）

1995 年获外贸部科技进步一等奖。获奖人员：沈幼章、张振华、林志宏、董柯岩、翟频。

20 世纪 80 年代中后期，粗毛纺织业有了新的发展。当时兔毛纤维中粗毛量在 10% 以上的原料，其价格比一般兔毛高 40%，这就大大促进农户饲养粗毛率高的兔的积极性。法系安哥拉兔虽然是一种粗毛型兔，粗毛率 15%~20%，但属于拉毛兔，改用剪毛后，粗毛率仅 12%~15%，且年产量低，仅 500~600 克。当时国内饲养的主要是德系长毛兔及其杂种兔，平均年产毛量在 800 克以上，但粗毛率仅 2%~6%。该项目在德系长毛兔中导入粗毛型基因，经过三代以上的杂交，采取综合选育和群体继代选育方法。经过七年的时间，培育出遗传性能基本稳定的粗毛型长毛兔新品种。建核心群 300 余只，基础群 2 000 余只，生产群 5 万余只。十一月龄未繁育兔平均粗毛率达 15.55%，年产毛量 850 克，成年兔体重达 4 505 克，对繁育 1~2 胎周岁粗毛兔的测定显示，粗毛率达 17.72%；与浙江和安徽省培育的其他品种的粗毛率相比，分别高出 11.17% 和 7.84%；剪毛的粗毛兔的粗毛率与法国系列兔相比高出 3.7%；拉毛的粗毛兔的粗毛率比法系兔高出 10.79%；产毛量比法系兔高出 30.4%。自 1990 年开始，该品种在综合选育的基础上边选育，边推广。三年对外直接推广 4 080 只种兔，收益达 48.8 万元。为加快推广速度，采取冷冻精液和人工授精的技术，共推广粗毛兔 50.5 万只。江苏省三年出口粗兔毛 560 吨，获得直接经济效益 5 648.8 万元，创汇 700 万美元，为国家增收利税 564 万元。经过多年的培育，其遗传性状也基本稳定。苏系粗毛型长毛兔 2010 年已列入国家品种志。

3. 家兔冷冻精液研究及推广应用（省内协作项目，本所为主持单位）

1987 年获农业部科技进步三等奖，1989 年获对外贸易部科技进步二等奖。获奖人员：胡家骝、洪振银、刘铁铮、刘茂祥、张芸。

在家兔冷冻精液研究和推广工作中，采用电镜和冰冻蚀刻法，观察了兔精子冷冻前后超微结构的变化，并运用酶学方法评价了稀释液中不同糖类对冻精品质的影响，对稀释液中抗冻保护剂的水平、糖的种类和冷冻方法等进行了改进，研制出新的稀释液配方，通过实际制作和应用证明兔冻精既能解决夏季难孕问题，又建立了一条效果好且稳定的冻精生产工艺流程，所制冻精在江苏、上海、山东、安徽、河南、四川等 7 个省市 34 县（市）广泛应用。

（三）养羊研究

1. 湖羊人工引产提高羔皮质量的研究

1984 年获外贸部成果三等奖。获奖人员：褚衍普、沈锡元、王金荣。

湖羊是江浙两省流域的羔皮品种绵羊，所产小湖羊皮具有美丽的波浪形花纹，毛色洁白，光润，是我国传统出口物资，在国际市场上享有盛名。但是，多年来羔皮质量下降。为了探讨提高湖羊羔皮质量的途径，研究组于 1980 年在吴江县震泽兽医站进行了该项试验。实验结果证明：试验组羔皮达到乙级皮为 68.75%，比对照组 34.48% 提高近 1 倍；若以妊娠 137~138 天时间为一组与对照组比较，乙级皮提高 1.6 倍。虽然实验组和对照组均未出现甲级羔皮，但可以说明母羊妊娠后期引产，可控制胎羔毛生长，并显著提高乙级皮比例。

2. 黄淮海中低产地区农业持续发展综合技术（全国协作项目，为参加单位）

1992 年获农业部特等奖，1992 年获省科技进步二等奖。获奖人员：褚衍普、胡来根、冷和荣。

本所主要进行徐淮花碱土实验区发展山羊生产的配套技术研究。"七五"期间，徐淮花碱土地区草食家畜发展迅速，其中山羊发展最快。据调查，实验区的宋湾、南门、石碑和呈刘四个自然村，1988 年的山羊饲养量比 1987 年增加 84.57%。从 1989 年全省肉类生产来看，比 1988 年略有下降，而羊肉净增了 1.27 万吨。由此可见，发展山羊生产，对增加肉食、轻工业原料、出口创汇和增加肥源促进农作物增产，都具有很大的意义。

山羊耐粗性强，容易饲养，投资少，效益高；山羊瘦肉多，脂肪少，肉鲜嫩，胆固醇含量低，是冬季滋补佳品。山羊板皮是轻工业和出口原料。通过几年的研究，总结出山羊发展的关键技术措施：开展人工授精，进行山羊品种改良；开辟饲料资源，进行秸秆粉碎利用，秸秆氨化利用，利用休闲田和十边地种植牧草，加大饲料资源开发，促进养羊发展；提倡山羊圈养，多积有机肥料；狠抓山羊寄生虫病的防治工作。在实验区农业日益发展的同时，促进了农牧业生产的良性循环发展。

3. 农区肉羊舍饲规模化生产关键技术研究与应用（省协作项目，畜牧所为主持单位）

2013 年获江苏省科学技术二等奖。获奖人员：钟声、钱勇、曹少先。

该成果主要创新点包括：

（1）规模化养羊设施工程设计与开发。提出了适合南方农区气候与环境特点的大、中、小型规模羊场及农户改进型羊舍规划设计方案，设计开发并集成应用机械式卷帘窗、自动清粪系统、组合式围栏（ZL200920282971.4）、无动力通风系统等先进设施，实现了舍饲羊最佳生长环境控制。在全省设计并推广高架饲养及砖铺式运动场、PVC 料槽、简易青贮装置（ZL200920282972.9）等配套设施。规划设计大型规模化示范羊场 4 个，中型规模化示范羊场 5 个和养羊小区 2 个。

（2）规模化舍饲肉羊饲料与营养关键技术研究。针对南方农区气候特点及饲草资源条件，创建规模化养羊牧草周年供应与低成本平衡种植模式和秸秆资源养羊高效利用模式，建立非常规资源的饲料化利用技术体系，降低种草养羊的成本，提高秸秆养羊的综合效益，拓宽了肉羊饲料资源；根据舍饲羔羊生长发育特点和营养需要，开展羔羊早期断奶、育肥期全混合日粮（TMR）配制及育肥羊专用预混料开发等舍饲集约化育肥关键技术研究与创新，研制出"一种羔羊育肥全价颗粒饲料"（ZL200910264439.4）、"一种基于青贮玉米秸的羔羊育肥全混合日粮"（专利号：ZL 201110370949.7）等系列专利产品。

（3）规模化舍饲肉羊高效繁育关键技术创新。改进和完善规模化舍饲肉羊发情调控和人工授精技术方案，发现 12 个与波尔山羊体重、体尺和繁殖力有显著相关的 DNA 标记，并应用分子标记辅助选择开展波尔山羊纯种选育，建立了国内最优秀的波尔山羊纯种核心群 120 只。核心群公羊周岁平均体重达到 52.4 千克，母羊达到 43.1 千克，母羊平均产羔率达到了 214%。

（4）肉羊舍饲规模化安全生产技术体系研究与应用。集成肉羊舍饲规模化生产关键技术，组装配套技术，制定《波尔山羊种羊》《波尔山羊种羊生产技术规范》《无公害农产品 波尔杂交山羊饲养管理规程》等 6 个标准，形成一套完善的肉羊舍饲规模化安全生产技术体系，为无公害肉羊生产提供安全保障。

4. 农区肉羊高床舍饲规模化养殖关键技术集成与推广（省协作项目，畜牧所为参加单位）

2013 年获全国农牧渔业丰收奖农业技术推广一等奖。获奖人员：钱勇、钟声。

该成果重点对南方农区肉羊舍饲养殖过程中的设施设计、饲料配合、育肥技术等关键技术问题开展了相关研究，完成内容如下：提出了适合南方农区气候与环境特点的大、中、小型规模羊场及农户改进型简易羊舍的成套规划设计；开展应用各类秸秆、蛋白质饲料、菌糠和糟渣饲料配制羔羊育肥全混合日粮（TMR）技术，以满足现代肉羊标准化、集约化生产的需要；提出养羊牧草周年供应与低成本平衡种植模式，以保证优质饲草的高效低成本供应；利用江苏独特的矿物质资源——凹凸棒土，并添加调节瘤胃功能的瘤胃素和一些营养补充剂，开发育肥期专用预混料。

（四）饲料、牧草及饲养研究

1. 30 万只笼养鸡机械化半机械化综合配套技术研究（省内协作项目，本所为主持单位之一）

1989 年获江苏省科技进步三等奖，1988 年获南京市科技进步一等奖，1988 年获南京市农业科技进步推广一等奖。获奖人员：包承玉。

1986—1989 年，由包承玉主持国家星火计划项目"星 8601"——30 万只笼养鸡机械化半机械化综合配套技术开发，研究完成蛋鸡不同阶段营养日粮配置及添加剂调制方法。该项目以汤泉、盘城、青龙山的大型鸡场为基地，进行研制，示范推广，使鲜蛋上市量逐渐提高，年创产值1 000 万元，年利润 150 万元。

2. 饲料原料标准 29 项的制定（全国协作项目，本所为参加单位）

1992 年获国家技术监督局科技进步二等奖。获奖人员：包承玉、谢云敏。

该项目由中国农业科学院畜牧所主持的国家重点项目"饲料原料标准制定。本所负责新型饲料桉叶粉开发研究，收集我国华南地区桉叶品种 25 个，采集桉叶 53 个，进行常规分析微量元素及非营养物质 36 项，为开发药饲同源，促进动物增重和健康打下基础。

同时进行了桉叶和桉叶提取物饲喂鸡试验，蛋鸡日粮中添加桉叶，母鸡死淘率降低 4%～5%；添加 50～150 毫克/千克桉叶提取物，母鸡的死淘率降低 2%～5%。添加桉叶对蛋鸡的产蛋性能有所提高。两种桉叶中以窿缘桉叶为好，添加桉叶提取物 150 毫克/千克优于 50 毫克/千克、100 毫克/千克。综合经济效益：添加桉叶组比添加桉叶提取物组多盈利。

3. 饲料资源调查及常用营养价值评定（省协作项目，本所为主持单位）

1987 获省科技进步二等奖，本所获奖人员：曹文杰、舒畔青、易培智、陈樵、包承玉、冷和荣、徐朝哲。

1980—1984 年，对江苏饲料资源进行全面调查，基本摸清了全省 65 个县、市饲料资源品种、数量、分布及利用现状，分析了 286 种次常用饲料营养成分，部分通过动物实验评定营养价值。对全省饲料资源的品种、数量、分布及利用现状汇编成册；江苏引种常用饲料的营养评定也汇编成册。

同时，将江苏的调研报告和主要饲料营养价值评定的科技资料报送当时的国家商业部和农业部，入编全国十二省市饲料工业发展蓝图和全国饲料营养成分含量表。项目的完成为江苏省整个饲料工业发展奠定了扎实的基础，为下一步实施集约化科学饲养发挥了重要作用。

4. 南方农区高产牧草新品种的选育与综合利用（国家科技支撑计划、国家自然科学基金项目、省农业科技自主创新资金等）

2009 年获江苏省科技进步二等奖。获奖人员：顾洪如、钟小仙、丁成龙。

成果建立了一套人工诱导象草开花并与美洲狼尾草不育系种间杂交制种综合技术体系，突破了 N28°以北地区象草不能自主开花进行杂交制种禁区，改变了我国杂交狼尾草只能通过无性繁殖的现状，制种产量达到 60 千克/亩；形成了应用 RAPD 分子标记技术，准确快速地育成品种纯度鉴定检测技术；制定了江苏省地方标准"美洲狼尾草杂交种子"。明确了江苏省苏丹草叶斑病的主要致病菌，建立了较完善的高粱属牧草叶斑病抗性鉴定体系，首次把国内特有的高抗叶斑病的野生种质资源引入苏丹草抗叶斑病育种；建立了"苏丹草体细胞培养高频率植株再生方法"和"苏丹草病原菌粗毒素抗病体细胞突变体离体筛选的技术体系"，幼穗离体培养愈伤组织诱导率达80%~90%，分化成苗率50%以上，为抗叶斑病苏丹草育种开辟了新途径。建立了"象草体细胞突变体培养植株再生方法"和"一种象草耐盐体细胞突变体离体筛选的方法"，颗粒状愈伤组织诱导率72.6%~79.0%，总成苗率达到43.9%~50.2%，建立了"苏丹草农杆菌介导法转基因技术体系"，农杆菌介导法基因转化频率达到2%以上的实用化程度。采用开放授粉和混合集团选育的方法和高消化率选择技术进行不同熟期类型多花黑麦草新品种的选育；构建了多花黑麦草遗传连锁图谱；获得了多花黑麦草抗灰斑病叶斑病CAPS标记和克隆抗叶斑病基因类似物。育成宁杂3号美洲狼尾草和宁杂4号美洲狼尾草通过国家审定。获得了一个多花黑麦草早熟品系LM006和中晚熟品系LM035、耐盐4‰以上的象草新品系MN12-2和耐盐杂交狼尾草新品系23A×MN12-2和高抗叶斑病苏丹草×拟高粱远缘杂交种新品系SP065。形成了一套农田饲草高效种植和牧草周年均衡供青技术体系，以及半干青贮和全价配合饲料加工利用技术体系，可满足奶牛、羊、鹅等草食畜禽对牧草周年均衡供应的需求。"杂交狼尾草复合人造板制造工艺"，通过省级成果鉴定，2009年"木材/杂交狼尾草复合人造板制造方法"获国家发明专利授权。

项目实施近5年，累计推广优质牧草新品种221.82万亩，创造社会经济效益35.35亿元；2004—2006年推广172.75万亩，占江苏省年牧草种植面积的40%以上，创造社会经济效益27.53亿元。

项目研究过程中获国家发明专利4个，育成2个国家审定品种，完成省级成果鉴定1项，制定省地方标准1项，在核心期刊发表研究论文35篇、专著4册。

（五）生物技术研究

1. 哺乳动物体外受精研究（国家863高科技项目、国家"七五"科技攻关项目、农业部"七五"生物技术重要项目）

1990年获江苏省科技进步二等奖。获奖人员：范必勤、江金益、钟声、熊慧卿、王斌。

1986年，通过中央引进国外智力领导小组的资助，邀请世界首例试管牛研究成功者美国乔治亚大学Dr. B. G Bracke教授和密西根州立大学Br. W. R. Dukelow教授来华合作研究家兔体外受精。利用供体母兔输卵管中采集的未受精卵，和获能母兔子宫中回收的获能精子进行体外受精。以获能母兔输卵管中采集体内受精卵作对照。结果表明，体外受精和体内受精兔卵的体外发育率分别为76.8%（43/56）和82.3%（14/17）。将体外发育的胚胎分别移植至经同期化处理的青紫兰母兔受体，从体内受精胚胎获得2只仔兔，产仔率14.3%（2/14），从体外受精胚胎获得5只仔兔，产仔率为18.5%（5/27）。研究获得了我国第一批哺乳动物"试管后代"。为我国试管动物的研究奠定了基础。

2. 试管猪技术研究（全国协作项目，本所为主持单位）

1991年获农业部科技进步二等奖，1992年获国家科技进步三等奖。获奖人员：范必勤、江金益、熊慧卿、钟声、王斌、汪河海。

猪体外受精技术对基础研究、生产应用和促进有关高技术的研究和发展均具有重要意义。通过猪体外受精技术的研究与应用，有利于引种，促进猪的品种改良，提高肉产品产量和质量；体外受精技术可以促进基因导入、核移植、细胞融合等高技术的研究和发展；猪胚胎具有独特性质，如对低温的敏感，其冷冻长期保存问题迄今未得到解决。因此必须对猪卵细胞和胚胎的特性进行基础研究。体外受精技术可提供有利的体外操作和观察条件，作为研究可促进基础理论的研究和发展。

猪体外受精技术难度较大，至今有关研究成功并获产仔结果的有英国、日本和意大利。学习国外的研究经验，我们从屠宰母猪卵巢获得大量的卵母细胞，变废为宝，又向生产应用迈出了一大步。该研究参照国外研究方法的优点，建立了卵巢卵母细胞体外培养成熟和冷冻精子体外受精的系统技术。试验从当地屠宰场获得屠宰母猪卵巢 27 个，采集并选择包被紧密的卵丘细胞、卵质均匀的卵泡卵母细胞 505 枚，在成熟液中培养 36 小时的成熟率 92.7%（468/505），用体外获得的冷冻精子受精，体外受精率为 41.9%（57/136），其中单精受精率为 36.8%（50/136），多精受精率 5.1%（7/136）。285 枚受精卵在含 10% FCS 的 TCM-199 中继续培养 24 小时，细胞胚胎发育率 5.3%（15/285），培养 48 小时的细胞发育率 12.9%（30/232），把 35 枚细胞胚胎和 250 枚未见卵裂的受精卵移入 4 只青年受体母猪的输卵管内，移植 90 天用 ILIS Preg-TesttM 妊娠诊断仪对受体进行妊娠诊断，判定 831 号和 805 号两头受体妊娠，分别于 1990 年 4 月 10 日产仔 8 头和 13 头（其中 4 头死产）；公母比例分别为 3∶5 和 3∶10；妊娠期分别为 112 天和 124 天；初生仔猪窝重分别为 7.8 千克和 9.69 千克。受精卵在体外培养至出现卵裂，即移入受体母猪输卵管内，经正常妊娠，获得"试管猪"，成为世界上获得"试管猪"的少数几个国家之一。由于该研究采用卵巢卵母细胞与冷冻精子进行体外受精获得成功，是迄今在猪体外受精研究中获得"试管猪"较先进的实用技术的国家之一。

3. 显微注射转基因动物技术（省内协作项目，本所为主持单位）

1994 年获江苏省科技进步三等奖。获奖人员：范必勤、王斌、江金益、汪河海、熊惠卿。

以家兔为试验材料，采用 5 微米注射针法及 8 微米注射针法，借助显微操作仪将单个精子注入不同卵龄的卵母细胞的细胞质，旨在建立高效率的显微受精系统，并获得后代。结果表明：5 微米注射法优于 8 微米注射针法；卵龄 16 小时优于 19 小时。注射卵体外培养 22 小时存活率达 85%，存活卵中卵裂率为 43.8%。对照实验中孤雌发育率很低。卵裂胚体外培养可发育至囊胚期，将 23 枚卵裂 1~2 次的胚胎移植至受体，正常妊娠后获得 4 只健康仔兔。显微受精与正常体内受精相比，其特点在于受精过程中不再受精子数量、活力、形态、获能与否等因素影响，只要将具备完整核物质的精子注入卵内，即可完成受精作用。因而，该技术可用于治疗由于精液质量差而引起的雄性不孕症和大大提高精子的利用率。

（六）其他

1. 家畜家禽品种资源调查及《中国畜禽品种志》编写（全国协作项目）

《江苏省家畜家禽品种志》编委会主编：谢成侠，副主编：张照、潘锡桂等。江苏省农业科学院畜牧兽医所编委（按姓氏笔画排序）：王庆熙、许蓦云、舒畔青、葛云山、潘锡桂。

1985 年获农业部科技成果一等奖，1987 年获国家科技进步二等奖。本所获奖人员：潘锡桂。

《江苏省家畜家禽品种志》的编写开始于 20 世纪 50 年代后期，到 1987 年历时三十余年，该所先后有 14 人参加该项工作。耗时、耗力之长是前所未有的。《江苏省家畜家禽品种志》是属于《中国家畜家禽品种志》的部分项目内容。

编入该志的各个品种，包括多数地方品种，它们是在特定的社会、经济和生态条件下，经过长期培育而成的。其中，有些的确是我国和国际公认的名贵品种。将这些畜禽品种形成、演变和发展资料整理，编写成志，给后人留下了宝贵的家禽家畜优良品种资源财富，同时也有利于同世界各国交流。

该志是结合江苏省畜牧业生产的实际，以猪禽为主进行编写，也收载了富有发展前途的家畜品种，某些其他动物虽非江苏省特产，但与创造社会财富和提高人民生活水平有密切关系的也编入该志。于 1987 年 12 月由江苏科技出版社出版。

2. 江苏省农业区划（省内协作项目）

1978 年获全国科学大会奖。获奖人员：李瑞敏、潘锡桂、舒畔青、阮德成、胡家骊、陆昌华。

畜牧区划是农业区划的一个组成部分。该规划开始于 20 世纪 50 年代初期，全省农业部门 30 多位专家学者，在充分调查研究的基础上根据不同地区畜牧生产条件和特点，依据科学原则，改进畜牧生产结构，建立繁育体系和改善饲料管理方式，旨在提高生产水平和经济效益的目的。

1963 年区划将江苏省划分为太湖、丘陵、沿江、沿海、里下河和徐淮 6 个一级农业区和 41 个二级农业区。1980 年，江苏省第二次作农业区划调研、基本上保持了这样划分，只是在局部地段界线上作了一些调整。1981 年编写了《江苏省畜牧区划报告》。汇集了 30 多种各种专业区划报告和一套农业地图集。在全国农业区划工作经验交流会上，得到好评。

3. 苏钟猪系列新品种选育

苏钟（D1）1 系选育始于 1985 年，苏钟（SJ）2 系选育始于 1992 年，前者利用二花脸猪与长白猪杂交，后者利用梅山猪与长白猪杂交，运用现代遗传育种理论和先进的育种手段，精心育成的优质高产瘦肉型母系品种（苏钟 1 系和 2 系）。该猪被毛白色，2 系与 1 系相比，头略大，体稍长而窄，体格略大。经产猪窝产仔数达 14.25 头（2 系）和 14.35 头（1 系），断奶仔猪数为 12.34 头（2 系）和 12.48 头（1 系）。有效乳头数为 14.48 个（2 系）和 14.90 个（1 系）。初生重为 1.16 千克（1 系）和 1.12 千克（2 系）；35 日龄重为 8.83 千克（1 系）和 7.32 千克（2 系）；6 月龄重 1 系为 92.68 千克（公）和 94.30 千克（母），2 系为 97.58 千克和 96.34 千克；成年体重 1 系为 154.62 千克（公）和 162.76 千克（母），2 系为 152.68 千克和 171.79 千克。达 90 千克日龄为 177 天（1 系）和 175 天（2 系），日增重为 618.56 克（1 系）和 634.74 克（2 系），料重比为 3.23∶1（1 系）和 3.21∶1（2 系）。2001 年通过江苏省新品种审定，被列为江苏省主要推广品种之一。

参加苏钟猪（1 系、2 系）培育人员：葛云山、徐筠遐、徐小波、许鹤倩、刘铁铮、谢云敏、邢光东、张顺珍、林志宏、孙有平、董柯岩、师蔚群、陆福军、李兆发、黄熙、孙佩元、黄素琴等（仅限本单位参加人员）。

苏钟猪 4 系（又名苏山猪）的选育工作始于 2002 年，是在苏钟猪（1 系、2 系）的基础上与英系大白杂交选育而成，目前正在进行国家新品种审定。4 系猪被毛白色，有效乳头 14 枚以上。成年公猪平均体重 222.95 千克，体长 128.43 厘米；成年母猪平均体重 187.43 千克，体长 122.65 厘米。初产母猪产仔数 11.11 头，产活仔数 10.70 头；经产母猪产仔数 13.57 头，产活仔数 13.07 头。28 天断奶育成仔猪数 11.60 头，断奶窝重 89.92 千克。日增重 786 克，料重比 2.89∶1，瘦肉率 59.4%，肌内脂肪含量 2.53%。肉色鲜红，无 PSE 和 DFD 肉。

苏钟猪 3 个系列的推广地区除江苏省外，还推广到安徽、浙江、上海、福建、江西、云南、内蒙古、河北、广东、广西、山东等省直辖市自治区，并远销到缅甸，受到生产者和消费者的欢迎。

参加苏钟猪（4 系）培育人员：任守文、李碧侠、王学敏、方晓敏、付言峰、赵为民、涂枫、赵芳等。

二、兽医部分

（一）猪病研究

1. 猪肺疫甲醛氢氧化铝菌苗

1954 年获农业部爱国丰产奖。获奖人员：何正礼、方陔、李容柽、仇家宏、王梦龄、潘乃珍。

猪肺疫属猪出血性败血病，其普遍性与严重性居猪传染病第三位。研究发现菌落虹彩不同与毒力、抗原与流行病学的关系，在人工培养条件下，使菌落虹彩发生变异，获得抗原性好的制苗菌株。采用杭州系猪肺疫强毒菌 Fg 型为制苗菌种，每次应用前必须选择标准强毒 Fg 型，不夹杂其他类型。试验室制造菌苗 7 批，血清厂制造菌苗 6 批，保护率 100%。野外免疫猪 4 万头，证实安全有效，免疫 9 个月保护率 100%，免疫 1 年后保护率 80%。

2. 猪瘟结晶紫疫苗

1954 年获华东农业科技二等奖。获奖人员何正礼、方陔、李容桴、仇家宏、王梦龄。

何正礼 1949 年从美国返回祖国，当时国内猪瘟蔓延，为养猪产业第一大灾害。引进国外种毒，用攻毒猪血和组织加结晶紫、甘油及缓冲液，经过致弱、无菌检查、安全试验及效力试验，证明安全而有效。免疫 3 周后产生坚强免疫力，故免疫注射后 3 周内须严加隔离，以免传染。病猪群绝不可用于疫苗免疫，猪只体温及食欲不正常或有慢性疾病均不宜做免疫注射。种猪每年免疫一次。注射方法及剂量：无论猪体重大小，均在猪耳根皮肤松软处皮内注射疫苗 1 毫升。吃奶猪必须 2 次免疫注射，出生 20~30 天第一次免疫，间隔 14~21 天第二次免疫，断乳后获得坚强免疫力，免疫期 15 个月。

3. 猪丹毒弱毒菌苗

1954 年获华东农业科技三等奖。获奖人员郑庆端、何正礼、徐汉祥、冯振群、潘乃珍、邱立业、刘宗荣等。

20 世纪 50 年代初猪丹毒在我国中南、西南，尤其是华东等地区流行。据 1952 年江苏、浙江两省统计，死于猪丹毒不下 50 万头。老法预防此病，一般系用猪丹毒强毒菌液与猪丹毒血清共同注射，价格甚昂，且血清制造量不多，未能普遍推广；有时强毒液、血清效价不一或计量配合不当，在防疫时易发生意外事故。针对上述问题，于 1950 年 1 月开始进行进一步研究。将猪丹毒菌种 21 个品系进行毒力测定、减弱、安全性与抗原性测试等工作，选择新减弱的 E.65（4T-20）品系试制菌苗，分批检验其安全与效力等试验，并进行野外试验。1953 年在浙江诸暨免疫试验结果证明，注射菌苗 8 个月对猪仍有较高保护率，在江苏、山东、浙江 3 省试验证明菌苗的安全性和免疫力。菌苗 4℃保存长达 74 天安全无变化，但 18.5~32℃或 25~30℃保存 15 天后毒力增强，证明菌苗安全性与温度关系密切。

4. 猪丹毒氢氧化铝甲醛菌苗

1957 年获农业部奖。本所获奖人：郑庆瑞、何正礼、徐汉祥、冯振群、王梦龄、李容桴。

针对本所研制的猪丹毒减弱菌苗保存期短，高温下变质的问题，1953 年 11 月开始猪丹毒氢氧化铝蚁醛苗研究，并获得成功。菌苗 5℃左右冰库或南京室温（22~37.8℃）的保存期达到 15.5 个月以上。菌苗注射 22 天后产生较坚强的免疫力，注射 4.5 个月、6 个月，甚至 8 个月又 22 天后，免疫力仍属良好。

5. 猪瘟、猪丹毒、猪肺疫三联冻干苗

1978 年获全国科学大会奖。本所获奖人员郑庆瑞、徐汉祥。

1974—1975 年，我国成立猪三联苗研究协作组，参加单位包括中国兽医药品监察所、江苏农业科学院牧医所、哈尔滨所以及成都、郑州、南京、兰州等兽医生物制品厂。通过比较试验，选出了猪丹毒弱毒 GC42 和 GT（10）、猪肺疫 EO-630 以及猪瘟兔化弱毒为制苗用菌毒种。每头剂冻干制剂包含不含抗生素的猪瘟乳兔组织弱毒 0.015 克，猪丹毒弱毒活菌 5 亿~10 亿和猪肺疫弱毒活菌 3 亿~5 亿，无互相干扰现象，与各单价苗的效力大致相同。20% 铝胶生理盐水稀释，皮下注射免疫，14~17 天后攻击猪瘟、猪丹毒及肺疫强毒，保护率分别为 83.02%、83.7% 和 88.37%，免疫 21 天攻猪瘟强毒，保护率为 94.4%。猪瘟免疫期达 8 个月以上，保护率 100%，猪丹毒免疫期 6~7 个月，保护率78%~100%，猪肺疫保护率85%。三联苗免疫6~12日龄哺乳仔猪，有中和抗体的7头仔猪，攻击时无保护力，无中和抗体的13头仔猪保护了8头，说明了母源抗体确有干扰作用，影响免疫力的产生。在生产中改用仅含0.5单位/毫升以下的青、链霉素的兔化猪瘟细胞培养弱毒应注意防止野外毒的污染，和经羧甲基纤维钠浓缩猪丹毒菌液配苗。在全国各地先后注射不同类型猪2 237 841头，接种反应率0.2%~0.34%，死亡率0.006%~0.036%。

6. 猪丹毒G4T（10）弱毒菌苗

1979年获省科技成果二等奖。获奖人员：郑庆瑞、徐汉祥、潘乃珍、王善珠、徐克勤、毛洪先、王宝安。

选用哈尔滨兽医研究所的猪丹毒菌株G370，经用0.01%吖啶黄血琼脂斜面传40代，又以0.04%吖啶黄血琼脂斜面传10代，成功诱变培育菌种G4T（10），实验证明该菌种安全、稳定、免疫原性较好，农业部批准该菌种用于生产菌苗，在全国16个省市推广应用。用该菌种制造的联苗，在北京、山东及江苏进行了3次区域实验，共注射各种生猪1 491 603头，其中三联苗注射1 085 206头，平均反应率0.28%，最低不到0.1%，最高0.51%，死亡率0.019%，最低0.01%，最高0.034%，没有超出同一地区、同类菌苗的反应率与死亡率。在这些注射菌苗的猪中，有80万头进行了6个月的观察，只有2头猪在注射菌苗后3~4个月感染疹块性猪丹毒，其余注射菌苗的猪在自然环境下没有感染猪丹毒。

7. 猪丹毒弱毒菌种G4T（10）培育、诊断及免疫程序改进

1983年获部技术改进二等奖。获奖人员：郑庆瑞、徐汉祥、潘乃珍、徐克勤、胡秀芳、王善珠、毛洪先。

在成功培育菌种G4T（10）基础上，完成血清生长凝集诊断急性猪丹毒，一般12小时可得出结果，个别含菌数特少的才需要培养20小时。用此本法诊断猪丹毒，简单而行，快速准确，只要提供抗猪丹毒血清在基层单位即可推广应用。该研究还采用反向间接血凝试验诊断急性猪丹毒，试验结果表明，反向间接血凝试验检出率高于平皿培养，牛抗猪丹毒IgG致敏红细胞更好，从病料增菌培养8~12小时到反向血凝试验结束，共需12~14小时。另外，还研究了悬浮凝集试验诊断猪丹毒的方法。通过测定母源抗体对仔猪接种菌苗免效果的影响，改进了猪瘟、猪丹毒的免疫程序。

8. 猪肺炎霉形体无细胞培养基和分离技术

1978年获省科学大会奖。主持人金洪效，指导人何正礼，参加获奖人员：储静华、黄夺先、叶爱红、张瑞义、吴美珍。

研制成功江苏2号无细胞培养基KM2。该培养基系Switer氏培养基改良而成，制备简单，营养丰富，成分为：Earles溶液1 000毫升，10克水解乳蛋白溶于Dulbeco和Vogt's磷酸缓冲液，健康猪血清400毫升，0.4%酸红水溶液3.5毫升，0.1%醋酸铊25毫升，青霉素1毫升含200单位，除血清外，逐一经灭菌的蔡氏6号玻璃滤器，滤过液于100毫升玻璃瓶分装80毫升，4℃冰箱备用。用"病肺块接种法"，从168号肺炎组织分离获得168号菌株，根据生长特性，菌体形态和琼脂上产生菌落特征及对健猪的致病力确定为猪肺炎支原体，继代培养130多代，时间达14个月之久的KM2无细胞培养物仍生长旺盛，致病性良好。KM2除适用于猪肺炎支原体生长繁殖外，还具备分离率高，繁殖快速，生长周期短等优点，既可用于猪肺炎支原体分离，又可用于连续继代培养。

9. 以微粒凝集诊断猪地方性肺炎，建立无猪气喘病健康群和鉴定猪肺炎支原体研究

1981年获农业部技术改进一等奖。获奖人员：何正礼、金洪效、储静华、毛洪先、张大隆、蒋宏林、叶爱红、张瑞义。

猪肺炎支原体纯培养物与 56℃灭活 30 分钟的待检血清混合，37℃培养 24~48 小时，涂片瑞氏染色，显微镜下观察微粒（支原体–抗体复合物）形成与否，推断此猪群是否被感染。该方法成功用于建立无病场。试验证明，微粒凝集反应阴性母猪不带菌不感染仔猪，阴性仔猪肺组织病原分离培养试验均为阴性；部分微粒反应阳性母猪带菌排菌并感染仔猪。以两次微粒凝集反应阴性选留母猪，5 个月后复查，在单圈饲养严格的隔离条件下，微粒凝集反应仍为阴性。

10. 猪肺炎霉形体弱毒株的培育和免疫原性研究

1990 年获省科技进步二等奖。获奖人员：金洪效、毛洪先、邵国青、储静华、樊素琴。

经过 15 年努力，培育成一株安全性好，免疫效果确实，能在无猪气喘病猪群的健康杂交猪中应用，用于出生后 15~20 日龄仔猪或断奶猪，无咳嗽和气喘病的架子猪、后备种猪。菌苗用生理盐水或灭菌蒸馏水稀释，左侧向下横卧保定，右侧肩胛骨后缘 2~3 厘米处先用碘酒消毒，再用 75%酒精棉球消毒，用 6~12 号针垂直刺入 2~3 厘米深（视猪只体重大小）缓慢注入肺内，每猪 1 毫升，再用酒精棉球消毒注射部位。预防注射后 2 周产生抗体，至 8~9 周后抗体达到最高水平。对杂交猪免疫保护率可达 90%，免疫期测到 9 个月仍有很好的保护率。

11. 猪气喘病活疫苗（168 株）的研制与控制技术研究

2008 年获省科技进步二等奖。获奖人员：邵国青、何孔旺、刘茂军、周勇岐、侯继波、刘耀兴、赵永前、王继春、还红华、苏国东、吕立新、孙佩元、刘冬霞。

国内外首次创制了安全性高、免疫期长、成本低，具有自主知识产权的无细胞培养的猪气喘病活疫苗（168 株），获国家二类新兽药注册证书和农业部兽药产品批准文号。完成特性鉴定，创立一套完整的规模化生产技术体系，建立了以疫苗免疫为核心的规模化猪场猪气喘病控制技术。

12. 猪支原体肺炎活疫苗（168 株）的研制与综合防控技术的集成应用

主持人：邵国青。

该项成果：2011 年获中华农业科技奖科研类成果一等奖。

获奖人员：邵国青、刘茂军、冯志新、何孔旺、侯继波、张小飞、张道华、王海燕、熊祺琰、周勇岐、甘源。

该项成果：猪肺炎支原体克隆致弱株 2015 年中国专利优秀奖。

获奖人员：邵国青、金洪效、毛洪先、钱建飞、侯继波、何家惠。

该项成果：2015 年获国家技术发明二等奖。

获奖人员：邵国青、金洪效、刘茂军、冯志新、熊祺琰、何正礼。

经过 30 余年三代科学家的共同努力，在超强毒株分离方面，创制了 KM2 无细胞培养基，攻克了强毒株体外培养的关键技术难关。同时，汇集 12 个省市、400 多份病料，通过独创的"病肺块浸泡技术"与"微粒凝集鉴定技术"，成功分离获得临床毒力罕见的猪肺炎支原体安宁系 168 超强毒株。随后，独创了"KM2 无细胞培养-本种动物回归交替传代"的致弱技术，攻克强毒致弱过程中，免疫原性同步减弱的技术难关，历经 14 年连续继代最终育成国际上首个免疫原性高、适应无细胞培养的猪肺炎支原体克隆致弱株，为活疫苗创制和产业化生产奠定了决定性基础。根据猪肺炎支原体呼吸道局部感染的特点，开拓了安全高效的肺内免疫途径，使疫苗保护率达 80%~96%，创制了免疫效力居国际领先水平的猪支原体肺炎活疫苗，2007 年获国家二类新兽药注册证书和农业部兽药产品批文，实现了规模化生产并推广应用。与此同时，发明了猪肺炎支原体抗原与抗体快速敏感检测技术，制订了诊断与防控技术标准，创建了以猪支原体肺炎活疫苗免疫为核心，集早期检测、动态监测、环境控制、饲养管理、生物安全为一体的 168 株活疫苗应用配套技术体系。

发明成果 2007 年起在全国 28 个省市转化应用 3 500 多万头份，新增社会经济效益 60 多亿元。该活疫苗与进口灭活疫苗相比，保护率提高 20%，免疫期延长 3~5 个月，成本降低 80%。上市后一举打破了进口灭活疫苗产品对我国市场的垄断，对我国猪气喘病的高效、低成本防控发挥了重要的推动作用。猪支原体肺炎活疫苗赢得了国际支原体组织等学术同行的高度评价，并引起了国内外动保企业的重点关注，随着中国动保龙头企业中牧集团乾元浩公司等企业产品上市，疫苗的推广应用将形成更大的规模。

获得国内外首次创制安全性高、免疫期长、成本低，具有自主知识产权的无细胞培养猪支原体肺炎活疫苗（168 株），突破了规模化生产的技术瓶颈，开创猪用疫苗的气雾免疫新途径，完成了猪支原体肺炎灭活疫苗（NJ 株）研制，建立了以疫苗免疫为核心的规模化猪场猪支原体肺炎综合防控技术体系。

多年来该项研究获得国家攻关、科技部成果转化、国家自然科学基金等研究课题数十项，省级以上科研项目立项 50 余项。发表相关论文近 200 篇，主编或参篇著作 4 本；申报国家发明专利 19 项，授权 10 项，制订各类标准 7 项，获国家和部省级一、二等奖 17 项，部省级推广一等奖 2 项。2015 年度获国家科技发明二等奖。

"猪支原体肺炎 168 株活疫苗"的成功研制，成为全球第一个无细胞培养的猪支原体肺炎活疫苗。上市 7 年间，在全国 28 个省市应用达 3 500 多万头份，为养殖业增加社会效益 60 多亿元。引起国外主要动保企业的强烈关注，许多国际生产企业提出了合作开发国际市场的愿望，为今后开拓国际市场打下基础。

（二）人兽共患病研究

1. 猪轮状病毒分离鉴定及致病性研究

1985 年获部科技进步三等奖，获奖人员：丁再棣、林继煌、何家惠、江杰元、张瑜。

"轮状病毒弱毒的培育" 1991 年获省科技进步三等奖，获奖人员：丁再棣、林继煌、何家惠、徐之昌、朱建辉、侯继波。

1983—1984 年，在江苏省 57 个养猪场采集 205 份腹泻仔猪粪样，检测表明，其中 89 份粪样有轮状病毒；检测 131 份 25 日龄仔猪粪样，其中 68 份有轮状病毒。从轮状病毒含量高且无其他病毒污染的样本，分离获得四株毒种。应用 MA104 细胞系增殖毒种，经口服接种 1 日龄未吃初乳的新生仔猪，18~56 小时内引起典型腹泻，从其肠内容物中分离出轮状病毒，病理切片观察见肠绒毛上皮内充满典型轮状病毒颗粒。4 株毒均有良好的血凝特性，在 MA104 细胞上均能产生大小形态各异的蚀斑，其差异与血清型相关。将 86 号毒株连续 100 次传代获得致弱毒株，口服免疫怀孕后期母猪，测定产后奶抗体和仔猪发病率，判断免疫保护效果。以上两种免疫方法在基层养猪场进行多批试验，均得到较好结果。

2. 犊黄牛流行型腹泻病原分离鉴定及诊断技术

1990 年获省科技进步三等奖。获奖人员：林继煌、何孔旺、江杰元。

从安徽省界首次分离获得 2 株犊黄牛轮状病毒，应用头胎母牛所生产之不吮初乳 1 日龄牛犊，人工发病获得成功。证实人工感染发病时，加入胰蛋白酶可增加肠道内轮状病毒感染活性。成功建立检测抗原的反向间接血凝试验及检测抗体的反向间接血凝抑制试验，2 小时内检测出粪便中轮状病毒抗原和血清或奶样轮状病毒抗体，在南京部分医院临床推广应用。

3. 猪传染性水疱病（猪 6 号病）研究

1978 年获江苏省科技大会奖。本所获奖人员：何正礼、范文明、潘乃珍、丁再棣、仇家红、周元根、江学余、陈志森、陆昌华、蒋兆春。该项目由我所主持，南京农学院、江苏省商业厅、扬州专区农业处、扬州食品公司、口岸生猪接运站、南京肉联厂、无锡肉联厂等 11 家单位 28 人参加。

1969 年年底，在江苏口岸生猪接运站及其他一些地区发现部分猪跛行，吃食减少，并有掉蹄壳现象，此后该病迅速蔓延。而与猪仅隔 1 米宽走廊的水牛、黄牛和绵羊均未发病。同时，泰州、黄桥、高邮、南京等肉联厂均发生类似猪病。该病的主要特征：猪蹄的蹄叉、蹄冠及蹄部发生水泡，大小不一；口腔上下唇黏膜和牙龈出现大小不等含有半透明液体的水泡，病猪一般体温正常，较易康复，病猪未见死亡。经流行病学调查，症状观察及动物接种试验证明，该病不是口蹄疫，也不是水疱性皮炎和水疱疹，1972 年秋季北京猪病防治会议上，确认为新病，命名为"猪传染性水疱病"。

研制成功乳鼠弱毒疫苗，在南京地区免疫猪 960 头，在兴化免疫猪 3 万头，注射疫苗后第 8 天，不再出现该病症。1973 年，研制成水疱皮灭活疫苗和地鼠传代灭活疫苗，在淮安、六合、东台等县食品公司进行免疫试验，保护率 68%~100%，在盐城肉联厂抗自然保护率达到 84.4%。地鼠传代灭活疫苗在省内外应用 31 950 头份。开展了消毒药品的筛选试验，5% 氨水可有效消毒猪舍、用具等，对控制和消灭猪传染性水疱病起到很大作用。

4. 猪传染性水疱病与口蹄疫诊断技术研究

1979 年省科技进步三等奖，获奖人员：吴纪棠、丁再棣、吴叙苏、董亚芳。1990 年获农业部科技进步三等奖，获奖人员：丁再棣、吴叙苏、吴纪棠、常运生、奚晋弗、何家惠、王春香、董亚芳、计浩、范文明、郭美玲、徐之昌、吕立新、陆昌华。

在提纯特异性球蛋白和载体红血球的筛选等做了大量工作，采用康复病猪进行高免，获得大量特异性高免血清。首先研究成功用反向间血凝技术进行猪传染性水疱病的快速诊断，进而研究成功用同样技术快速诊断猪 O 型口蹄疫。把反向间接血凝技术放在同一块"V"形孔有机板上进行操作，建立了"猪传染性水疱病与 O 型口蹄疫的快速鉴别诊断"技术，2~3 个小时得出结果。

5. 猪弓形虫病的病原分离及快速诊断技术

1978 年获省科学大会奖，获奖人员：范文明、林继煌、周元根、江学余。1981 年获部科学技术改进一等奖，获奖人员：范文明、郑庆端、林继煌、仇家宏、周元根、江学余、计浩、董亚芳、吴美珍。1981 年获国家科技进步三等奖，获奖人员：范文明、林继煌、仇家宏、周元根、江学余。

20 世纪 70 年代末，江苏及国内一些地区猪发生一种不明原因引起的无明高热病。研究证实，弓形虫是"猪无名高热病"的一种病原，采用病猪鲜血直接接种健康猪发病，在猪体内分离到弓形体。在此基础上，展开快速诊断、虫体分裂规律、弱毒株培育及治疗方法等研究，获得较好的结果。应用 SD+TMP 治疗急性猪弓形体病，对弓形体包囊的形成有一定的抑制作用，其抑制效果与不同虫株有关。实验证明，磺胺类药物治疗弓形体病效果确实，不仅可用于治疗，也可用于预防。

6. 猪流行性腹泻与猪传染性胃肠炎快速诊断与免疫技术研究

2001 年获江苏省科技进步三等奖，主持，本所获奖人员：何孔旺、林继煌、倪艳秀、还红华、何家惠、侯继波、江杰元、邵国青、吕立新、王继春。

本成果①成功分离能适应于 Vero 细胞培养的猪流行性腹泻病毒（PEDV）毒株 XS1，并通过细胞连续继代培育成 PEDV 弱毒株，该弱毒株（第 90~140 代）对初生仔猪不引起腹泻或只表现为一过性腹泻。②从国外引进了猪传染性胃肠炎病毒（TGEV）弱毒株 STC3，该弱毒株最适宜培养的细胞是 ST 传代细胞，转瓶培养的 TCID50 可达每毫升 7.67~10。较大剂量口服接种初生仔猪仅能引起一过性腹泻。③建立能快速鉴别诊断 PEDV 与 TGEV 的斑点免疫渗滤法（DIFA）、间接免疫荧光及检测 TGEV 核酸的逆转录-聚合酶链式反应（RT-PCR）。其中 DIFA 能在 5 分钟内完成，其敏感性与常规 ELISA 相当，特异性高于常规 ELISA，由于无须任何特殊的设备，肉眼即可判断，因而非常适合于基层单位应用。RT-PCR 检测 TGEV 与常规 ELISA 特异性一致，但敏感性更高，可用于 TGEV 的诊断和流行病学调查。④成功研制了 PED 与 TGE 二联灭活油乳剂疫苗。疫苗免疫后第 7 天始，两病毒的抗体效价已有升高，至第 14 天抗体效价已达到较高水平，至 1 个月时达到峰值并能持续维持到第 6 个月。二联灭活苗的主动免疫与被动免疫保护率分别为 91.0% 和 98.9%。⑤PEDV 与 TGEV 二联油乳剂灭活疫苗先后在江苏等地猪病毒性腹泻流行较为严重的地区猪场中试，应用共计 50 余万头份，免疫猪的腹泻发生率明显下降，仔猪的存活率明显提高。经济效益和社会效益十分显著。

7. 猪链球菌病快速诊断与免疫预防及其致病机理研究

2004 年获江苏省科技进步二等奖，主持，本所获奖人员：何孔旺、倪艳秀、俞正玉、王继春、何家惠、张雪寒、徐淑菲、马清霞、郭容利。

本成果①建立了猪链球菌 2 型定型和主要毒力因子的 PCR 检测并组装成试剂盒，建立了猪链球菌 2 型与 C 群马链球菌兽疫亚种的 PCR 鉴别诊断。②从基因水平确诊近年来在江苏及周边地区流行的猪链球菌病是由高致病性毒力表现型（mrp+epf+sly+）猪链球菌 2 型所致。并根据流行病学资料提出携带猪链球菌 2 型强毒力表现型菌株的猪可能是本病的主要潜在传染源。③对猪链球菌 2 型江苏分离株毒力因子溶菌酶释放蛋白（mrp）、细胞外因子（epf）、溶血素（sly）、纤黏蛋白结合蛋白（fbp）、new orf 全基因及 C 群菌类 M 基因序列进行了测定和分析；克隆和表达了 2 型菌毒力因子 MRP 和 EF 以及 C 群菌类 M 蛋白基因的主要抗原结构域蛋白，并通过动物免疫保护性试验首次证实 mrp 304~1 168bp 和 1 714~2 499bp、epf 1 585~2 547bp 以及类 M 583~1 062bp 编码蛋白为其主要保护抗原区。④提出猪链球菌 2 型主要毒力因子基因之间具有关联性，它们在菌体基因组上相对集中在 20kb 范围内，其排列顺序依次为 new orf-mrp- epf-fbp-sly，并发现了猪链球菌 2 型 6 个可能的新毒力因子基因。⑤致病性及免疫保护性试验显示，猪链球菌 2 型 MRP 和 EF 毒力因子表现型与其对猪、兔的致病性密切相关；兔可以作猪链球菌病（2 型与 C 群）的实验动物模型。⑥研制成功猪链球菌二价（2 型+C 群）灭活疫苗，效力试验表明二价疫苗经二次免疫猪后对猪链球菌 2 型与 C 群菌强毒攻击的保护率分别达到 96% 和 84%，免疫保护期可达 6 个月。田间试验结果显示疫苗对各种年龄猪均安全，对急性死亡、急性败血型的猪链球菌病保护率达 98%，对关节炎型的保护率达 92%~95%。先后在江苏、浙江、上海、四川、安徽、山东、吉林、河北、广东、福建等省市规模化猪场及养猪户推广应用猪链球菌二价灭活苗 220 万毫升。结果显示该疫苗安全，有效。经济效益和社会效益显著。⑦共撰写论文 45 篇，其中已在核心期刊发表 31 篇，被会议论文集收集 8 篇。

8. 猪链球菌病研究与防控技术

2007 年国家科技进步二等奖，参加，本所获奖人员：何孔旺、倪艳秀。

本成果①研究证实近年来在我国部分地区发生和流行的猪链球菌病的主要病原为猪链球菌 2 型及马链球菌兽疫亚种，阐明了这两种细菌的若干分子致病机理，如 MRP 的致细胞凋亡作用、FBPS 及类 M 蛋白的细胞黏附作用等。克隆表达了猪链球菌 2 型中国分离株的 mrp、epf 和 fbps 等毒力基因及猪源马链球菌兽疫亚种类 M 蛋白基因片段，并证实其具有良好的免疫保护作用。发现了猪链球菌 2 型 5 个新毒力基因片段，建立了斑马鱼及 SPF 微型猪猪链球菌 2 型致病与免疫的动物模型。②研制了猪链球菌 2 型及毒力因子快速 PCR 检测试剂盒，制订了猪链球菌鉴定的 3 项国家标准。③研制成功猪链球菌 2 型及猪链球菌 2 型与马链球菌兽疫亚种二价联灭活疫苗，获得农业部新兽药注册证书。疫苗自 2005 年以来，在四川、江苏等地推广使用 7 786 万头份，直接经济效益达 5.4 亿元。④在 2005 年四川资阳等地暴发猪链球菌病时，本成果提供了诊断试剂，及时诊断此病的病原体为猪链球菌 2 型，且证实流行菌株与 1998 年江苏分离株高度一致，为该病的有效防控赢得了时间。并提供菌种，有关生物制品厂紧急生产疫苗并投入使用，在控制四川猪链球菌病流行的过程中发挥了重要作用，产生了良好的社会影响。⑤发表猪链球菌病相关论文 59 篇，其中 34 篇被他人引用 257 次。

成果内涵丰富，数据翔实，创新性明显，经济效益高，社会效益十分显著。总体水平居国际先进水平，部分国际领先。

（三）兔病研究

1. 家兔 A 型产气荚膜梭菌下痢的病原鉴定及防治研究

1984 年获外贸部科技进步三等奖，1985 年获省科技进步二等奖，获奖人员董亚芳、沈惠芬、江学余、薛家宾、王启明、仇家宏。指导：何正礼。

1980 年以来，我国许多地区养兔场暴发家兔急性水样下痢，病势急剧，引起大批死亡，造成严重经济损失。经过病兔细菌分离培养鉴定和血清学试验，确定病原为 A 型魏氏梭菌。研制成功有效疫苗，对成年兔免疫期为 6.5 个月，保护率 77%~85.7%。临床上，病兔注射血清后，可起到中和毒素的作用，同时配合服用抗生素和收敛药物，可抑制肠道病原微生物。注射血清后 10 天左右，应用灭活菌苗免疫注射，有效免疫期为 4 个月。

2. 兔病毒性出血症（兔瘟）和多杀性巴氏杆菌病的防治研究

1990 年获外贸部科技进步二等奖。获奖人员：董亚芳、江学余、王启明、沈惠芳、郭明璋。

研制成功二联灭活疫苗，制菌用毒（菌）株均为毒力、免疫原性、效力、免疫期等一系列筛选试验最优者。用前充分摇匀，青年兔、成年兔每只皮下注射 1 毫升，免疫期为 4~6 个月。

3. 禽、兔多杀性巴氏杆菌病灭活苗研究

1999 年获省科技进步二等奖，获奖人员：王启明、董亚芳、仇家宏、沈惠芬、江学余。

1980 年以来，从各地分离到兔源和禽源的近 200 个多杀性巴氏杆菌株，筛选鉴定出我所 20 世纪 50 年代初期分离的荚膜 A 型多杀性巴氏杆菌兔 I 株试制灭活疫苗，可抗血清型 05：A、07：A、08：A、09：A 菌株的攻击。兔 3 个月保护率为 90.38%，6 个月 73.07%；鸡 3 个月保护率为 84.61%，4 个月 71.15%。疫苗在 4~15℃ 保存期为 1 年。在江苏、上海、浙江、山东、安徽、湖北、陕西、内蒙古、新疆等省（自治区、直辖市）进行临床实验，共计 200 万头剂。其中较系统反馈材料兔约 20 万头剂，鸡为 18 万头剂，鸭和鹅 5 000 余头剂。反馈材料表明，注射疫苗后，兔、禽大部分有轻微减食反应，一般 24~36 小时恢复正常，在禽霍乱流行地区，注射后 4~6 天可停止死亡。

4. 兔病毒性出血症、多杀性巴氏杆菌病二联灭活疫苗研制

2007 年获省科技进步二等奖，获奖人员：薛家宾、徐为中、王启明、周永银、诸玉梅、董亚芳、王芳、陈兴祥、徐培健、苏雅君、臧鹏伟、张则斌、王平生。

选用具有良好免疫原性的菌、毒株，通过优化培养增殖抗原，制成单苗原液，按一定比例进行配制，添加适当佐剂制成二联疫苗。使原 2 种单苗分别注射 2 毫升变为 1 毫升。多年临床应用证明，该疫苗对兔病毒性出血症的保护率为 100%，对兔多杀性巴氏杆菌病的保护率为 80% 左右，免疫保护期达 6 个月。

（四）禽病研究

1. 家禽巴氏杆菌（禽霍乱）活苗研究

1978 年获省科学大会奖，获奖人员：何正礼、方陔、仇家宏、孙继和、储静华、董亚芳。

该研究报道了"1560Fo"菌种的特性，活苗的制备方法。试验结果："1560Fo"的菌落形态及生物特性："1560Fo"型巴氏杆菌菌落形态极似强毒禽巴氏杆菌。该菌对几种禽畜的毒力测

定：对体重 1 千克左右的鸡和鸭皮下注射该活菌 10 亿个，注射后仅少数在 1~2 天精神不振，减食 1 天后即恢复。体重 0.25 千克的幼鸡皮下注射 30 亿活菌仅 1/3 表现精神稍差、减食，1~2 天即恢复。10 周龄的小鸡皮下注射该活菌 50 亿个，3 周龄幼鸭皮下注射活菌 36 亿，4 周龄幼鸭皮下注射活菌 20 亿，除上述部分现轻微反应外，随即恢复。试验结果表明："1560Fo" 型活菌对鸡鸭几乎是无毒。免疫家禽带菌与排菌检查证明，"1560Fo" 免疫的家禽能产生很强的免疫力，仅在少数注射局部可能有菌存在，但无散毒的危险。抗不同地区强毒出败菌攻击的结果是："1560Fo" 型活菌苗耐受广东、浙江、安徽、南京、东北等禽强毒出败菌的攻击。此种活菌可广泛应用于我国各地。野外试验表明，在全国许多地区疫群中应用 5 天后即可以停止死亡。

2. 鸭病毒性肝炎的诊断与防治

1990 年获省科技进步三等奖，获奖人员：徐克勤、范文明、罗涵禄、张菊英。

在纯化鸭病毒性肝炎获得较满意的结果基础上，应用纯化病毒抗原研究间接血凝试验检测抗体，间接血凝抑制试验检测抗原获得成功。用江苏省盱眙毒株制成弱毒疫苗，小鸭在注苗 3 天后产生坚强的免疫力。以深圳引进的 E52 为始发毒株培育成功 E-85 鸡胚化弱毒株，1 日龄小鸭试验表明，具有良好的免疫原性和安全性。

（五）牛病研究

1. 耕牛吸虫病的诊断和治疗

1978 年获全国科学大会奖，1981 年"硝硫氢胺微粉口服治疗耕牛日本血吸虫病"获农业部技术改进二等奖，获奖人员：范必勤。

1970 年 8 月，江苏省血防办公室和省农林厅组织成立"江苏省耕牛血防小分队"，我所主持，南京农业大学，江苏农学院，省血防研究所和南京药物研究所参加，对耕牛血吸虫病诊断和治疗开展研究。在试验探明血吸虫卵、毛蚴、尾蚴和成虫生物学特性的基础上，主持制定了《耕牛血吸虫病粪便孵化诊断法》由农业部颁发全国施行。研究成功治疗家畜血吸虫的 9 种疗法，在全国疫区推广应用，对消灭血吸虫病起了重要作用。用硝硫氰胺微粉口服治疗耕牛日本血吸虫病是全国协作项目，本所为参加单位。

2. 盱眙水牛病研究

1980 年获省科技进步三等奖，本所获奖人员：吴继棠、徐汉祥、潘乃珍。省协作项目，本所为主持单位。参加单位及人员：包括盱眙县兽医站许金亭，苏北农学院李俊保、方定一、朱堃喜，南京农学院蔡宝祥、杜念兴。

20 世纪 60 年代，江苏省盱眙县山区发生一种水牛特有的急性高热水肿病。呈散发性地方性流行，死亡率几乎达到 100%。该病仅感染水牛，同群的黄牛以及绵羊、山羊、驴等其他家畜虽与水牛密切接触，均不感染或不发生有症状的感染。健康水牛与病水牛直接接触，也不感染。经详细调查，该病的发生与山羊（而非绵羊）有密切的关系。该病的临床特征为，体温呈高热（40℃以上）稽留，皮下水肿，从额下开始逐渐延及颈部、胸前以及四肢，大部分病牛肩前、股前体表淋巴结肿胀，鼻腔流浆性或黏性分泌物，后变成黏性脓液，呼吸困难，吸气恶臭，眼结膜潮红、流泪，有少数病例眼膜发生边缘混浊。红白细胞和血红蛋白明显减少；血液稀薄，不易凝固，有神经症状，步伐摇晃，易激动。病程一般 15 天，快的 3~7 天，慢的一个多月。基本病理变化，一般为全身败血症，出血，水肿，肝、脾和全身淋巴结等淋巴网状器官发生多发性坏死，全身器官中以淋巴细胞及单核细胞为主的细胞浸润。经过多年的研究，用大剂量病牛全血静脉注射，人工复制该病终于获得成功，明确该病的传播与山羊的密切关系，后通过牛、羊隔离饲养放牧，大大降低了该病的发生率。

3. 奶牛繁殖障碍中草药防治技术及作用机理

1997年获省科技进步二等奖，获奖人员：蒋兆春、苏德辉、奚晋弗、黄夺先、瞿永前。

研制成功防治奶牛繁殖障碍的系列制剂，"复方仙阳汤"（散）、"仙阳酊"治疗奶牛卵巢功能失调性不孕症528例，有效率达95%，治愈后发情配种受胎率达85.86%；"清宫消炎混悬剂"治疗子宫内膜炎1370例，有效率达95.04%，治愈后发情配种，三个情期的受胎率为90.8%，在省内外数十家奶牛场推广应用30 000余例，疗效显著。同时进行了中草药系列制剂防治奶牛繁殖疾病对作用机理探讨，应用激素的放射免疫测定，从生殖内分泌的角度做了分析，建立了子宫内膜炎的动物模型，进行了"祛衣灵"治疗奶牛胎不下的血液流变学指标观测。

（六）其他成果

1. 灭虫丁（阿佛菌素）防治毛皮动物寄生虫病的临床效果

1995年获外贸部科技进步二等奖，获奖人员黄夺先、周元根、赵伟等。

2. 灭虫丁（阿佛菌素）的发酵工艺和兽医临床应用

1995年获省科技进步三等奖，获奖人员黄夺先、施宝坤（南京农业大学）、周元根、赵伟、孙益兴。

与江苏省畜牧兽医总站、内蒙古呼伦贝尔盟畜牧兽医研究所、南京农业大学动物医学系协作，进行了比较完整的灭虫丁注射液临床药效试验。试验畜种有黄牛87头（剖杀6头），水牛7头，猪136头（剖杀9头），绵羊1 402头，山羊58头（剖杀21头），兔子695头，家禽45羽（剖杀35羽），寄生虫种类有多种圆形线虫、毛线虫、尖尾线虫、柔线虫、蛔虫和毛首线虫，以及螨、蜱、虱等。除对毛首线虫的驱杀效果不稳定外，对其他虫种均取得显著的疗效。用人工感染的方法进行了灭虫丁注射液驱除猪蛔虫幼虫、猪肺丝虫和鹅裂口线虫的试验，驱虫效果确切可靠。研究证明灭虫丁注射液不仅具有高效、广谱、安全、使用方便的特点，是我国自行研制的唯一广谱驱（杀）虫药。

第二节　成果奖清单

获奖科研成果之畜牧部分（1951—2015年）

序号	成果名称	获奖单位	受奖人员		奖励等级	奖励时间（年）
1	江苏省农业区划	省协作项目，为参加单位	李瑞敏　潘锡桂　舒畔青　阮德成　胡家骦　陆昌华		全国科学大会奖	1978
2	新淮猪选育	省协作项目，为第一主持单位	李瑞敏　葛云山　王庆熙　胡家骦　张必忠　沈幼章　黄夺先等		省科学大会奖	1978
					部技术改进一等奖	1981
3	猪、鸡饲料成分及营养价值表	全国协作项目，为参加单位	徐朝哲		部技术改进一等奖	1979
4	新淮猪为母本二元杂交效果研究	省协作项目，主持单位	葛云山　王庆熙　黄夺先　吴鹤鸣　陈樵　刘明智		省科技成果四等奖	1980
					省农牧技术改进四等奖	1979

（续表）

序号	成果名称	获奖单位	受奖人员		奖励等级	奖励时间（年）
5	二花脸猪繁殖生理特性研究	省协作项目，主持单位	范必勤 黄夺先	胡家骊 裴德顺	省农牧技术改进四等奖	1980
6	江苏省地方猪各品种杂交肥育试验及应用	省协作项目，为主要完成单位之一	许金友		部技术改进一等奖	1982
					省科技成果二等奖	1981
7	中国畜牧业综合区划	国家区划办主持，为参加单位	陈樵		部技术改进二等奖	1982
					全国农业区划二等奖	1984
8	"快育灵"饲养生长育肥兔增重效果显著	省协作项目，为参加单位	葛云山 徐筠遐		省农林厅农业技术改进四等奖	1982
9	湖羊人工引产提高羔皮质量的研究	省协作项目，主持单位	褚衍普 王金荣	沈锡元	外贸部科技成果三等奖	1984
10	江苏省海岸带和海涂资源综合调查	省协作项目，为参加单位	潘锡桂 蒋达明		省科技进步特等奖	1984
11	商品瘦肉猪二元杂交组合试验	省协作项目，主持单位之一	葛云山　蒋达明 徐筠遐　杨锐 刘明智　吴翔 朱建明		徐州市科技成果三等奖	1983
12	中国饲料成分及营养价值表	全国协作项目，为参加单位	徐朝哲		国家科技进步二等奖	1985
					经委、计委、科委、财政部表彰奖	1986
13	中国主要地方猪种质特性研究	东北农学院（主持）等10家单位协作，本所为主要完成单位之一	葛云山 葛云山	徐筠遐	部科技进步一等奖	1985
					国家科技进步二等奖	1987
14	中国家畜家禽品种志（本所承担中国羊品种志）的编写	全国协作项目，为参加单位	潘锡桂		部科技进步一等奖	1985
15	江苏省综合农业区划	省协作项目，为参加单位	潘锡桂		全国农业区划委员会一等奖	1985
					省科技进步一等奖	1985
16	猪配合饲料的研制与生产推广应用	省协作项目，主持单位	曹文杰 冷和荣	易培智	省科技进步三等奖	1985

（续表）

序号	成果名称	获奖单位	受奖人员		奖励等级	奖励时间（年）
17	提高肥猪瘦肉率的研究与应用	省协作项目，主持单位之一	葛云山 杨　锐 吴　翔	徐筠遐 刘明智 朱建明	省科技成果三等奖	1985
18	江苏省主要地方猪种种质测定及若干特性利用的研究	省协作项目，主持单位之一	葛云山 杨　锐 陈　樵	徐筠遐 刘明智 蒋达明	省科技成果三等奖	1985
					省农业科学院奖励	1985
19	新淮猪选育与推广	省协作项目，第一主持单位	李瑞敏	葛云山	省开发苏北优秀科技项目一等奖	1985
20	万头联片商品瘦肉猪生产技术	省协作项目，主持单位之一	葛云山 蒋达明	徐筠遐 吴　翔	省农业厅技术改进四等奖	1985
21	商品瘦肉猪三元杂交试验	省协作项目，主持单位之一	葛云山 吴　翔 许鹤倩	徐筠遐 朱建明	省农业厅技术改进四等奖	1985
22	商品瘦肉猪肉质研究	省协作项目，主持单位之一	葛云山 徐筠遐 许鹤倩	吴　翔 杨　锐	省农业厅技术改进四等奖	1985
23	家兔精液冷冻技术改进及其应用	江苏省农业科学院牧医所	胡家骝 刘铁铮 刘茂祥	洪振银 张　芸	省农牧技术改进四等奖	1985
24	种猪数据档案库和若干应用软件的研究	江苏省农业科学院现代化所，牧医所	葛云山		省农牧科技成果四等奖	1985
25	江苏省畜牧区划	江苏省农业科学院牧医所	潘锡桂 舒畔青	蒋达明 顾方烈	省农业科学院奖励	1985
26	商品瘦肉猪生产配套技术	省协作项目，主持单位之一	葛云山 杨　锐 朱建明 刘明智	徐筠遐 吴　翔 许鹤倩	徐州市科技成果一等奖	1985
					徐州市多种经营管理局技术改进三等奖	1985
27	商品瘦肉猪杂交组合试验	省协作项目，主持单位之一	葛云山 徐筠遐 刘明智 朱建明	蒋达明 杨　锐 吴　翔	徐州市多种经营管理局技术改进三等奖	1985
					农林厅技术改进三等奖	1985
28	杜淮杂种一代育肥猪生长发育规律的研究	省协作项目，主持单位之一	葛云山 徐筠遐 刘明智 朱建明	蒋达明 杨　锐 吴　翔	徐州市多种经营管理局技术改进四等奖	1985
29	屠体重与瘦肉率的关系	省协作项目，主持单位之一	葛云山 徐筠遐 刘明智 朱建明	蒋达明 杨　锐 吴　翔	徐州市多种经营管理局技术改进四等奖	1985

（续表）

序号	成果名称	获奖单位	受奖人员		奖励等级	奖励时间（年）
30	肉猪饲养方式的研究	省协作项目，主持单位之一	葛云山 徐筠遐 刘明智 朱建明	蒋达明 杨　锐 吴　翔	徐州市多种经营管理局技术改进四等奖	1985
31	不同蛋白质水平对育肥猪生长及胴体品质的影响	省协作项目，主持单位之一	葛云山 徐筠遐 刘明智 朱建明	蒋达明 杨　锐 吴　翔	徐州市多种经营管理局技术改进四等奖	1985
32	配合饲料资源调查研究	全国协作课题，为参加单位	曹文杰 易培智 包承玉 徐朝哲	舒畔青 陈　樵 冷和荣	计委、经委、科委、财政部表彰奖	1986
33	黄淮海商品瘦肉猪配套技术的研究	省协作项目，主持单位之一	葛云山 徐筠遐 刘明智 朱建明	蒋达明 杨　锐 吴　翔	计委、经委、科委、财政部表彰奖	1986
					省农林厅技术改进三等奖	1986
34	兔毛长添加剂	江苏省农业科学院牧医所	沈幼章 王庆熙	梁美丽 唐余华	省科技进步四等奖	1986
35	长毛兔胚胎移植	江苏省农业科学院牧医所	范必勤 邵春荣 刘铁铮	熊惠卿 纪小平	省农牧技术改进五等奖	1986
36	家畜家禽品种资源调查及《中国畜禽品种志》的编写	全国协作项目，参加单位	潘锡桂		国家科技进步二等奖	1987
37	家兔冷冻精液的研究及推广应用	省协作项目，主持单位	胡家骊 刘铁铮 张　芸	洪振银 刘茂祥	部科技进步三等奖	1987
					外贸部科技进步二等奖	1989
38	德系长毛兔的选育和饲养配套技术	江苏省农业科学院牧医所，为主持单位	王庆熙 黄夺先 朱瑾佳 董柯岩 沈明贤 齐毓敏 蒋达明 孙　期	沈幼章 许燕吉 潘锡桂 冷和荣 王永忠 王　新 梁美丽	部科技进步三等奖	1988
			王庆熙 黄夺先 朱瑾佳	沈幼章 许燕吉 董柯岩	外贸部科技成果三等奖	1987
39	江苏省淮北粮棉油牧果桑优势产品增产技术研究和配套技术开发	省协作项目，为主要完成单位之一	葛云山		省科技进步一等奖	1987

（续表）

序号	成果名称	获奖单位	受奖人员	奖励等级	奖励时间（年）
40	江苏省饲料资源调查及常用饲料的营养价值分析评定研究	省协作项目，主持单位	曹文杰 舒畔青 易培智 陈樵 包承玉 冷和荣 徐朝哲	省科技进步二等奖	1987
41	现代农业生物技术的研究和应用	省协作项目，为参加单位之一	范必勤	省科委三等奖	1987
42	猪、鸡复合添加剂	江苏省农业科学院牧医所	包承玉 蒋达明 黄素琴 谢云敏 刘明智 徐志辉	省科技进步四等奖	1987
43	卵母细胞和胚胎的体外操作和发育	江苏省农院牧医所	范必勤	省农牧科技成果四等奖	1987
44	牛乳孕酮酶免疫测定技术及其在早期诊断上的应用	省协作项目，主持单位	黄夺先 侯继波 赵伟 吴美珍 周元根	省科技进步四等奖	1988
45	江苏省丘陵山区种植牧草发展畜牧业综合技术研究	省协作项目，主持单位之一	冷和荣 沈锡元 刘明智 潘锡桂 吴连根 刘茂祥	省科技进步四等奖	1988
				镇江市科技进步二等奖	1988
46	江苏省饲料含硒量与补硒应用	省协作项目，主持单位之一	包承玉 尹承勇 张连连（丹阳多种经营管理局）	省农林厅科技进步二等奖	1988
				省农林厅科技进步三等奖	1988
47	山羊简易输精技术	省协作项目，主持单位之一	蒋达明 许燕吉 褚衍普	省农牧科技进步三等奖	1988
				外贸部科技进步四等奖	1989
48	灭虫丁（阿佛菌素）防治毛皮动物寄生虫病的临床效果	省协作项目，主持单位	黄夺先 施宝坤 周元根 赵伟	外贸部科技进步二等奖	1995
				南京市科技进步一等奖	1988
49	30 万只笼养鸡机械化半机械化综合配套技术开发	省协作项目，主持单位之一	包承玉 谢云敏 黄素琴 刘明智 徐志辉	国家星火科技三等奖	1989
				省科技进步三等奖	1989
				南京市技术推广一等奖	1989
50	全国主要多年生栽培草种区划研究	全国协作项目，为参加单位	冷和荣	部科技进步二等奖	1989
51	哺乳动物体外受精研究	江苏省农业科学院牧医所	范必勤 江金益 钟声 熊慧卿 王斌	省科技进步二等奖	1990

（续表）

序号	成果名称	获奖单位	受奖人员		奖励等级	奖励时间（年）
52	建立湖羊资源保护区和湖羊保种及利用的研究	省协作项目，主要完成单位	沈锡元		省科技进步四等奖	1990
					省农林厅科技进步一等奖	1990
53	笼养蛋鸡日粮配套的研制	省协作项目，主持单位	包承玉 黄素琴 徐志辉	谢云敏 刘明智	省农牧科技成果二等奖	1990
54	山羊经济杂交配套技术	省协作项目，主持单位	蒋达明 沈锡元 胡来根	许燕吉 褚衍普	省农牧科成果二等奖	1990
55	试管猪技术研究	全国协作项目，主持单位	范必勤 熊慧卿 王斌	江金益 钟声 汪河海	农业部科技进步二等奖	1991
					国家科技进步三等奖	1992
56	山羊人工授精综合配套技术	省协作项目，为参加单位	褚衍普		江苏省农林厅农业科技进步三等奖	1991
57	提高肉兔产肉性能的研究	省协作项目，主持单位	沈幼章 李保全 林志宏	张振华 董柯岩	江苏省科技进步四等奖	1992
58	商品肉猪快速生长饲养技术	省协作项目，为参加单位	刘铁铮 徐小波	葛云山	江苏省农林厅农业科技进步三等奖	1992
59	SF-450饲料配方电脑	省协作项目，为参加单位	葛云山		饲料业新技术新产品金杯奖	1992
60	镇江丘陵农区农牧结合种植制度研究初探	省协作项目，为参加单位	冷和荣		江苏省农业经济优秀成果二等奖	1992
61	丘陵地区山羊饲养繁殖技术研究	省协作项目，为参加单位	蒋达明 沈锡元 胡来根	许燕吉 褚衍普 冷和荣	省科技进步三等奖	1992
62	黄淮海中低产地区农业持续发展综合技术	全国协作项目，为参加单位	褚衍普 冷和荣	胡来根	农业部特等奖	1992
63	江苏省南方丘陵地区水稻农作制度的单元模式	省协作项目，为参加单位	冷和荣	刘明智	江苏省镇江市科技进步一等奖	1992
64	睢宁花碱土农业持续发展综合技术研究	省协作项目，为参加单位	褚衍普 冷和荣	胡来根	江苏省农业科学院农牧科技进步一等奖	1992
65	睢宁花碱土改良综合技术	省协作项目，为参加单位	褚衍普 冷和荣	胡来根	江苏省科技进步二等奖	1992

（续表）

序号	成果名称	获奖单位	受奖人员		奖励等级	奖励时间（年）
66	饲料原料标准 29 项	全国协作项目，为参加单位	包承玉 黄素琴 邵春荣	谢云敏 黄　熙	国家技术监督局颁发 1992 年度科技进步二等奖	1992
67	长毛兔胚胎移植技术及其应用	省协作项目，主持单位	范必勤 邵春荣 王　斌	熊慧卿 江金益	江苏省科学进步三等奖	1993
68	畜禽免疫增重和免疫去势原理与效果	省协作项目，主持单位	黄夺先 孙益兴	赵　伟 朱建辉	江苏省科学进步四等奖	1993
69	哨呋烯腙的研制和应用研究	省协作项目，主持单位	葛云山 徐小波等	刘铁铮	江苏省农业科学院农牧科技成果三等奖	1993
70	粗毛型长毛兔培育研究	省协作项目，主持单位	沈幼章 林志宏 牛小固 董柯岩	张振华 孙　期 梁美丽	经贸部科技进步一等奖	1994
71	中国培育猪种的研究	全国协作项目，参加单位	葛云山		农业部科技进步三等奖	1994
72	显微注射转基因动物技术	省协作项目，主持单位	范必勤 江金益 熊慧卿	王　斌 汪河海	江苏省科技进步三等奖	1994
73	黄淮海农业资源开发	省协作项目，为参加单位	褚衍普	冷和荣	江苏省黄淮海资源开发局科技成果一等奖	1994
74	山羊杂种优势利用及繁殖体系研究	省协作项目，为参加单位	冷和荣 褚衍普	胡来根	江苏省农林厅科学技术进步二等奖	1994
75	中国粗毛型长毛兔新品系培育	全国协作项目，主持单位	沈幼章 张振华	翟　频 林志宏	农业部科技进步三等奖	1996
76	菜饼粕质量、毒性机理及其合理应用研究	本所为主持单位	包承玉 沙文锋 张顺珍	邵春荣 刘明智 孙有平	江苏省科技进步三等奖	1996
77	猪应激综合征的基因诊断及其应用	省协作项目，主持单位	孙有平 刘铁铮 邵春荣	包承玉 张顺珍	江苏省农业科学院科技进步一等奖 江苏省科技进步四等奖	1996 1997
78	苏（Ⅰ）长毛兔新品系及应用	省协作项目，主持单位	沈幼章 翟　频 梁美丽 牛小固	张振华 林志宏 孙　期	江苏省农业科学院科技进步一等奖	1996

（续表）

序号	成果名称	获奖单位	受奖人员		奖励等级	奖励时间（年）
79	商品瘦肉猪杂交配套系及其饲养技术研究	省协作项目，主持单位	葛云山　徐筠遐	徐小波　刘铁铮等	江苏省科技进步四等奖	1997
80	403肉猪添加剂的研制与应用	省协作项目，主持单位	包承玉　徐长明　李保全等	胡来根　纪开林	江苏省农业科学院科技进步二等奖	1997
81	梅山猪的种质特性及其杂交利用	省协作项目，主持单位	葛云山　张顺珍　徐小波等	徐筠遐　林志宏	江苏省科技进步三等奖	1998
82	中国猪氟烷基因及其对肉质和生长发育的影响	省协作项目，主持单位	刘铁铮　徐小波　邢光东	葛云山　谢云敏	江苏省农业科学院科技进步一等奖	2000
83	实施农业新科技革命和现代化对策研究	省协作项目，畜牧所为参加单位	刘铁铮		省科技进步四等奖	2001
84	波杂山羊繁育与波杂山羊规模化生产技术体系研究	省协作项目，畜牧研究所为主持单位	钟　声　程云辉　赵　伟　徐小波　钟小仙　纪孝萍	钱　勇　顾洪如　丁成龙　王公金　张　俊	江苏省农业科学院科技进步一等奖	2007
85	南方农区优质高产牧草新品种选育与综合利用	省协作项目，畜牧研究所为主持单位	顾洪如　丁成龙	钟小仙	江苏省科技进步二等奖	2007
86	苏钟猪三元杂交体系及其生产配套技术	畜牧研究所为主持单位	任守文　李碧侠　徐小波　师蔚群	葛云山　王学敏　邢光东	江苏省农业科学院科技进步二等奖	2008
87	长三角区域高效健康养殖关键技术研究、集成与应用	省协作项目，畜牧研究所为参加单位	刘铁铮		江苏省科技进步二等奖	2010
88	耐盐优质牧草象草和杂交狼尾草新品种选育	省协作项目，畜牧研究所为参加单位	钟小仙		浙江省绍兴市科学技术三等奖	2010
89	猎豹繁育研究	协作项目，畜牧研究所为参加单位	赵　伟　林　勇		上海市绿化市容科技成果奖一等奖	2010
90	南方农区肉羊舍饲规模化安全生产关键技术研究与应用	省协作项目，畜牧研究所为主持单位	钟　声　钱　勇　曹少先		江苏省科学技术二等奖	2012
91	农区肉羊高床舍饲规模化养殖关键技术集成与推广	省协作项目，畜牧研究所为参加单位	钟　声　钱　勇		全国农牧渔业丰收奖农业技术推广成果一等奖	2013
92	长江中下游农区多花黑麦草高产栽培及高效利用的基础研究	省协作项目，畜牧研究所为参加单位	顾洪如　许能祥	丁成龙	中国草业科技二等奖	2013

获奖科研成果之兽医部分（1951—2015 年）

序号	成果名称	获奖单位	获奖人员		奖励等级	奖励时间（年）
1	猪瘟结晶紫疫苗	华东农科所牧医系	何正礼 李容樗 王梦龄	方陝 仇家宏	华东农业科技二等奖	1954
2	猪肺疫蚁醛氢氧化铝菌苗	华东农科所牧医系	何正礼 李容樗 王梦龄	方陝 仇家宏 潘乃珍	农业部爱国丰产奖	1954
3	猪丹毒菌苗研究	华东农科所牧医系	郑庆端 徐汉祥 潘乃珍 刘宗荣等	何正礼 冯振群 邱立业	华东农业科技三等奖	1954
4	猪丹毒氢氧化铝甲醛菌苗研究	全国协作项目	郑庆端 徐汉祥 王梦龄	何正礼 冯振群 李容樗	农业部奖	1957
5	猪丹毒、猪瘟、猪肺疫三联弱毒冻干苗	全国协作项目，为参加单位	郑庆端	徐汉祥	全国科学大会奖	1978
6	耕牛血吸虫病的诊断和治疗	省协作项目，主持单位	范必勤		全国科学大会奖	1978
7	家禽巴氏杆菌（禽霍乱）活菌苗	江苏省农业科学院牧医所	何正礼 仇家宏 储静华	方陝 孙继和 董亚芳	省科学大会奖	1978
8	猪肺炎霉形体无细胞培养基和分离技术	江苏省农业科学院牧医所	金洪效 黄夺先 张瑞义 指导：何正礼	储静华 叶爱红 吴美珍	省科学大会奖	1978
9	家畜 6 号病研究	省内协作项目本所为主持单位	何正礼 潘乃珍 仇家宏 江学余 陆昌华	范文明 丁再棣 周元根 陈志森 蒋兆春	省科学大会奖	1978
10	猪弓形体病的研究	江苏省农业科学院牧医所	范文明 周元根	林继煌 江学余	省科学大会奖	1978
11	育成安全有效的猪丹毒弱毒菌株［G4T（10）］	省协作项目，主持单位	郑庆端 潘乃珍 徐克勤 王宝安	徐汉祥 王善珠 毛洪先	省科技成果二等奖	1979
12	猪弓形体病的诊断及感染来源的研究	江苏省农业科学院牧医所	董亚芳 计浩 林继煌 仇家宏	范文明 周元根 江学余	省科技成果三等奖	1979
13	猪传染性水疱病与口蹄疫（O 型）的快速鉴别诊断	江苏省农院牧医所	吴纪棠 吴叙苏 奚晋弗等	丁再棣 董亚芳	省科技成果三等奖	1979

（续表）

序号	成果名称	获奖单位	获奖人员		奖励等级	奖励时间（年）
14	猪瘟快速诊断	江苏省农院牧医所	吴纪棠 董亚芳 奚晋弗	丁再棣 施善清	省科技成果四等奖	1979
15	电针肚角脾俞穴治疗牛瘤胃积食及其对瘤胃运动的影响	省协作项目，主持单位	王道福 苏德辉 邹介正	周开国 蒋兆春	省科技成果四等奖	1979
16	盱眙水牛病研究	省协作项目，主持单位之一	吴纪棠 潘乃珍等	徐汉祥	省科技成果三等奖	1980
17	家畜血吸虫病治疗的研究	省协作项目，主持单位	范必勤	周元根	省农牧技术改进三等奖	1980
18	健脾理气散在治疗牛前胃弛缓时对瘤胃若干内环境的影响	省协作项目，为完成单位之一	苏德辉	周开国	省农林厅技术改进三等奖	1980
19	氯苯胍防治家兔球虫病研究	省协作项目，主持单位	范必勤	周元根等	省农牧技术改进四等奖	1980
20	弓形体在细胞核内寄生繁殖的证实及细胞浆内新型虫落的发现	江苏省农业科学院牧医所	计浩 指导：郑庆端		省农牧技术改进三等奖	1980
					省科技成果三等奖	1981
21	以微粒凝集诊断猪地方性肺炎，建立无猪气喘病健康群和鉴定	江苏省农业科学院牧医所	何正礼 储静华 张大隆 叶爱红	金洪效 毛洪先 蒋宏林 张瑞义	部技术改进一等奖	1981
					省科技成果三等奖	1981
22	猪弓形体病的病原分离感染来源及快速诊断技术	江苏省农业科学院牧医所	范文明 林继煌 周元根 计浩 吴美珍	郑庆端 仇家宏 江学余 董亚芳	部技术改进一等奖	1981
		江苏省农业科学院牧医所	范文明 仇家宏 江学余	林继煌 周元根	国家科技进步三等奖	1981
23	猪硫氰胺微粉口服治疗耕牛日本血吸虫病	全国协作项目，为参加单位	范必勤		部技术改进二等奖	1981
24	交巢穴埋藏肠线治疗仔猪白痢	江苏省农业科学院牧医所	王道福 周开国 徐筠遐	苏德辉 蒋兆春	省科技成果四等奖	1981
25	猪丹毒血清学快速诊断方法的研究	江苏省农业科学院牧医所	郑庆端 徐克勤 胡秀芳	徐汉祥 潘乃珍	省农牧技术改进三等奖	1981

（续表）

序号	成果名称	获奖单位	获奖人员		奖励等级	奖励时间（年）
26	选择电针促进瘤胃运动最佳条件	省协作项目，为参加单位	蒋兆春 苏德辉	周开国 王道福	省农林厅农牧技术改进三等奖	1981
27	口服吡唑酮、硝硫氰胺治疗家畜血吸虫病	省协作项目，主持单位	范必勤	周元根	省农牧技术改进四等奖	1981
28	中草药"复方仙阳汤"治疗奶牛卵巢静止和持久黄体性不孕症	省协作项目，主持单位	周开国 王道福 黄夺先	蒋兆春 苏德辉	省科技成果四等奖	1982
29	猪丹毒弱毒菌种[G4T（10）]的培育、猪丹毒的诊断及仔猪免疫程序的改进	省协作项目，主持单位	郑庆端 潘乃珍 胡秀芳 毛洪先	徐汉祥 徐克勤 王善珠	部技术改进二等奖	1983
30	江苏省家畜流行病与防治的调查研究	省协作项目，为参加单位	徐汉祥	何家惠	省农林厅技术改进一等奖	1983
31	《中兽医学》的编著	省协作项目，主持单位	邹介正 周开国 苏德辉等	王道福 蒋兆春	省农牧技术改进三等奖	1983
32	家兔A型产气荚膜梭菌下痢的病原鉴定及防治研究	省协作项目，主持单位	董亚芳 江学余 王启明 指导：何正礼	沈惠芬 薛家宾 仇家宏	外贸部科技成果三等奖 省科技成果二等奖	1984 1985
33	应用国产人工合成LRH类似物对乳牛卵巢机能失调等临床效果试验	全国协作项目，为参加单位	蒋兆春 周开国 苏德辉	黄夺先 王道福	上海市重大科技成果三等奖	1984
34	猪轮状病毒分离鉴定及致病性研究	江苏省农业科学院牧医所	丁再棣 何家惠 张瑜	林继煌 江杰元	部科技进步三等奖 省科技成果三等奖	1985 1985
35	新生仔猪大肠杆菌病（黄痢）的诊断技术	江苏省农业科学院牧医所	吴纪棠 常运生 奚晋弗	吴叙苏 丁再棣 陆昌华	省科技成果三等奖	1985
36	改进仔猪防疫注射程序防制猪瘟、猪丹毒技术的推广	省协作项目，主持单位	徐汉祥		省科技成果四等奖	1985
37	猪肺炎霉形体无细胞培养基和病肺块接种法分离技术及其应用效果	江苏省农业科学院牧医所	金洪效 黄夺先 何正礼等	储静华 叶爱红	省农牧科技成果四等奖	1985
38	提高奶产量综合措施研究（不孕症的综合防治措施）	省协作项目，为参加单位	蒋兆春 苏德辉 周开国	黄夺先 王道福	南京市科技进步二等奖	1985

（续表）

序号	成果名称	获奖单位	获奖人员		奖励等级	奖励时间（年）
39	太湖农区奶牛养殖开发研究（含中草药防治奶牛不孕症）	省协作项目，为主持单位之一	王道福 蒋兆春 郭成华	苏德辉 周开国	计委、经委、科委、财政部表彰奖	1986
					省科技进步三等奖	1986
40	我国动物猪丹毒杆菌的血清型以及两个新血清型的发现	江苏省农业科学院牧医所	徐克勤 徐汉祥 陆琴英	胡秀芳 高成华	部科技进步三等奖	1986
41	仔猪腹泻病原与诊断	江苏省农业科学院牧医所	吴纪棠 吴叙苏 何家惠	丁再棣 林继煌	部科技进步三等奖	1986
42	家畜血吸虫病的诊断和治疗	江苏省农业科学院牧医所	范必勤	周元根	省农业科学院奖励	1986
43	黄牛、山羊部分俞穴及山羊经络电阻特性的研究	省协作项目，主持单位之一	苏德辉 周开国 宋保田	王道福 蒋兆春	省科技进步四等奖	1987
					省农林厅农牧技术改进二等奖	1987
44	猪丹毒毒菌生长特性、变异、免疫及人工发病规律	江苏省农业科学院牧医所	潘乃珍 汪宁 戴祖海	徐汉祥 徐克勤	省农牧科技成果四等奖	1987
45	猪弓形体病的免疫机理研究	江苏省农业科学院牧医所	郑庆端 周元根 戴祖海	计浩 吴美珍	省农牧科技成果五等奖	1987
46	促孕酊的研制及其在奶牛不孕症中的推广应用	省协作项目，主持单位	苏德辉 蒋兆春 郭成华等	王道福 周开国	省农牧科技进步三等奖	1988
47	家畜附红细胞体的发现与研究	省协作项目，主持单位	计浩		南京市多种经营管理局农业科技进步四等奖	1988
48	淮北地区犊黄牛腹泻的研究	省协作项目，为主要完成单位之一	林继煌 何孔旺	江杰元	安徽省重大科技成果三等奖	1989
49	猪肺炎霉形体弱毒株的培育和免疫原性研究	江苏省农业科学院牧医所	金洪效 邵国青 樊素琴	毛洪先 储静华	省农牧科技成果四等奖	1990
50	1号、5号病诊断液的研制和推广应用	江苏省农业科学院牧医所	丁再棣 吴纪棠 奚晋弗 何家惠 董亚芳 范文明 徐之昌 陆昌华	吴叙苏 常运生 施善清 王春香 计浩 郭美玲 吕立新	部科技进步三等奖	1990

57

（续表）

序号	成果名称	获奖单位	获奖人员		奖励等级	奖励时间（年）
51	犊黄牛流行性腹泻的病原分离鉴定及诊断技术	省协作项目，主持单位	林继煌 江杰元	何孔旺	省科技进步三等奖	1990
52	鸭病毒性肝炎的诊断与防治技术	与家禽所合报	徐克勤 张菊英	范文明	省科技进步三等奖	1990
53	江苏省 5 号病综合防治	省协作项目，为个人参加	丁再棣	吴叙苏	省科技进步三等奖	1990
54	猪轮状病毒弱毒株的培育及免疫方法与诊断技术	江苏省农业科学院牧医所	丁再棣 何家惠 朱建辉 刘冬霞	林继煌 徐之昌 侯继波	省农牧科技成果一等奖	1990
55	中国人畜弓形虫的调查研究	协作项目，为参加单位	计 浩 齐毓敏	林继煌	广西壮族自治区科学进步二等奖	1990
56	兔病毒性出血症和巴氏杆菌病的防治技术	江苏省科院牧医所（主持单位）江苏省畜产品进出口（集团）公司	董亚芳 王启明 郭明璋	江学余 沈惠芬	经贸部科技进步二等奖	1991
57	猪轮状病毒弱毒株的培育	省协作项目，主持单位	丁再棣 何家惠 朱建辉	林继煌 徐之昌 侯继波	省科技进步三等奖	1991
58	清宫消炎混悬剂防治奶牛子宫内膜炎的研究	省协作项目，主持单位	蒋兆春 王道福 胡秀芳	苏德辉 奚晋弗	省科技进步四等奖	1991
59	小儿轮状病毒快速诊断技术	协作项目，为参加单位	何孔旺		全军科学进步三等奖	1992
60	肿瘤病毒——马立克疱疹病毒应用基础研究	省协作项目，为参加单位	钱建飞		国家教委科学进步二等奖	1992
61	奶牛不孕症中草药防治技术与作用机理	江苏省农业科学院牧医所	蒋兆春 奚晋弗 周开国	苏德辉 王道福	院科技成果一等奖	1994
62	灭虫丁（阿佛菌素）的发酵工艺和兽医临床应用	省协作项目，主持单位	黄夺先 （南农大） 赵 伟	施宝坤 周元根 孙益兴	省科技进步三等奖	1995
63	兔鹅致病性霉形体分离和鉴定	省协作项目，主持单位	毛洪先 钱建飞	邵国青 吕立新	省科技进步四等奖	1995
64	弓形虫病免疫监测及防制技术	省协作项目，主持单位	计 浩	吴叙苏	省科技进步四等奖	1996
65	牛、羊、猪"猝死症"病原病因及防治技术	省协作项目，为第二主持单位	王启明 薛家宾		省科技进步三等奖 省农林厅科技进步二等奖	1997 1997

（续表）

序号	成果名称	获奖单位	获奖人员		奖励等级	奖励时间（年）
66	奶牛繁殖障碍中草药防治技术及作用机理	省协作项目，主持单位	蒋兆春 奚晋弗 瞿永前	苏德辉 黄夺先	省科技进步二等奖	1997
67	鸡传染性法氏囊病复合防治技术	省协作项目，主持单位	罗涵禄 李 银 张菊英	范文明 王立钧	院科技进步二等奖	1997
68	弓形虫及弱毒株培育研究	省协作项目，主持单位	计 浩 王长江 吕立新	吴叙苏 罗涵禄	院科技进步三等奖	1997
69	腹泻病常见病原实验室快速诊断技术研究	协作项目，为协作单位	何孔旺		全军科技进步三等奖	1997
70	以防治口蹄疫为主的养猪综合配套技术	省协作项目，为协作单位	何家惠		省农林厅科技进步一等奖	1998
71	兔、禽多杀性巴氏杆菌病灭活疫苗的研究	省协作项目，为主持单位	王启明 仇家宏 江学余等	董亚芳 沈惠芬	省科技进步二等奖	1999
72	饲料防霉保鲜技术及防霉剂、霉菌素检测的方法	省协作项目，为参加单位	董亚芳	王启明	农业部科技进步二等奖	1999
73	传染性法氏囊病毒的生态学及免疫防治研究	省协作项目，为参加单位	罗函禄 李 银	范文明	江苏省科技进步二等奖	1999
74	疫苗穴位接种机理及应用研究	协作项目，为参加单位	何家惠		北京市科技进步三等奖	2000
75	猪流行性腹泻与猪传染性胃肠炎快速诊断与免疫技术研究	江苏省农业科学院牧医所	何孔旺 俞正玉 何家慧	倪艳秀 王继春 张雪寒	江苏省科技进步三等奖	2001
76	猪链球菌病快速诊断与免疫防御防治及治病机理研究	江苏省农业科学院兽医所、南京农业大学	郭容利		江苏省科技进步二等奖	2004
77	猪流行性腹泻、传染性胃肠炎和轮状病毒的诊断及三联苗研制	省协作项目，为参加单位	何孔旺 林继煌	何家惠	上海市科技进步二等奖	2004
78	江苏省畜禽疫病诊断与监测体系的标准化技术示范	省协作项目，为参加单位	何家惠		江苏省科技进步三等奖	2005

（续表）

序号	成果名称	获奖单位	获奖人员		奖励等级	奖励时间（年）
79	防治奶牛繁殖障碍及乳房炎中草药系列制剂的研究与应用	江苏省农业科学院牧医所主持	戴鼎震 周新民 徐德闯 王晓丽 夏兴霞	赵永前 胡元亮 方泰惠 甘黎明 蒋兆春	江苏省科技进步三等奖	2005
80	猪链球菌病研究及防控技术	南京农业大学、江苏省农业科学院兽医所	何孔旺	倪艳秀	国家科技进步二等奖	2007
81	兔病毒性出血症、多杀性巴氏杆菌病二联灭活疫苗研制	江苏省农业科学院兽医研究所	薛家宾 王启明 诸玉梅 王 芳 徐培健 臧鹏伟 王平生	徐为中 周永银 董亚芳 陈兴祥 苏雅君 张则斌	江苏省科技进步二等奖	2007
82	江苏省畜禽疫病诊断与监测体系的标准化技术示范与推广	省协作项目，兽医所参加单位	何家惠	何孔旺	江苏省农业技术推广二等奖	2008
83	猪气喘病活疫苗（168 株）的研制与控制技术研究	江苏省农业科学院南京天邦生物科技有限公司	邵国青 刘茂军 侯继波 赵永前 还红华 吕立新 刘冬霞	何孔旺 周勇岐 刘耀兴 王继春 苏国东 孙佩元	江苏省科学技术进步奖二等奖	2009
84	猪支原体肺炎疫苗的研制与综合防控技术的集成应用	江苏省农业科学院南京天邦生物制品有限公司	邵国青 冯志新 侯继波 张道华 熊祺琰 甘 源	刘茂军 何孔旺 张小飞 王海燕 周勇岐	中华农业科技奖科研类成果一等奖	2011
85	猪支原体肺炎活疫苗（168 株）	江苏省农业科学院	邵国青 冯志新 白方方 何孔旺 张小飞 白 昀 孔 猛 朱晓伟 刘冬霞	刘茂军 熊祺琰 王海燕 侯继波 王占伟 甘 源 韦艳娜 丁美娟 王 丽	第五届中国技术市场协会金桥奖优秀项目奖	2011
86	猪肺炎支原体克隆致弱株	江苏省农业科学院	邵国青 毛洪先 侯继波	金洪效 钱建飞 何家惠	中国专利优秀奖	2015
87	安全高效猪支原体肺炎活疫苗的创制及应用	江苏省农业科学院	邵国青 刘茂军 熊祺琰	金洪效 冯志新 何正礼	国家技术发明二等奖	2015

（续表）

序号	成果名称	获奖单位	获奖人员	奖励等级	奖励时间（年）
88	规模化猪场健康养殖清洁生产工艺及配套设备	江苏省农业科学院（第三单位）	胡肄农	教育部科学技术进步奖二等奖	2008
89	生猪及其产品可追溯体系的研究	江苏省农业科学院	胡肄农	省科学技术进步奖二等奖	2009
90	生猪及其产品溯源关键技术集成与示范	江苏省农业科学院（第二单位）	陆昌华 胡肄农	中国农业科学院科学技术成果二等奖	2010
91	冷却猪肉质量安全技术创新与应用	江苏省农业科学院（第四单位）	胡肄农	全国商业科技进步奖特等奖	2009

注：（1）科研成果统计表由林继煌、蒋兆春、肖琪供稿；

（2）受奖人员主要撰写本所人员名单。

第三节 学术论文

1950—2015 年，据不完全统计，畜牧、兽医研究所共发表论文 2 049 篇，其中畜牧 853 篇，兽医 1 196篇；因篇幅所限，难以一一列出。

第四节 专业论著（1951—2015 年）

出版论著

序号	书名	主编	参编	出版年份	出版社
1	《中兽医学初编》	江苏农业科学研究所		1974	江苏人民出版社
2	《中国家畜家禽品种志》		潘锡桂	1985	
3	《中兽医学》	邹介正 王道福 周开国 蒋兆春 苏德辉等		1983	江苏科学技术出版社
4	《家畜家禽品种资源调查》		潘锡桂	1987	
5	《中国人兽共患病学》		林继煌 徐汉祥	1988	福建科技出版社
6	《家畜传染病学》		何正礼 郑庆端 徐汉祥	1989	农业出版社
7	《常用牛病中西兽医验方》		蒋兆春	1990	江苏省科技出版社
8	《养兔生产综合配套技术》	沈幼章 董亚芳	王庆熙 王启明 胡家骝等	1990	江苏省科技出版社
9	《高技术新技术农业应用研究》		范必勤	1991	中国科技出版社

（续表）

序号	书名	主编	参编	出版年份	出版社
10	《中国培育的猪种》		葛云山	1992	四川科技出版社
11	《弓形虫病学》	林继煌（副）	计 浩	1992	福建科技出版社
12	《养兔生产综合配套技术（再版）》	沈幼章　董亚芳	王庆熙　王启明 胡家骧等	1993	江苏科技出版社
13	《猪气喘病》	金洪效　毛洪先		1993	江苏科技出版社
14	《畜牧兽医技术人员培训教材》		何家惠	1993	江苏科技出版社
15	《实用兽医治疗手册》		何家惠	1993	江苏科技出版社
16	《家畜繁殖原理及其应用》		刘铁铮	1994	江苏科技出版社
17	《现代养猪技术展望》《畜牧科学进展》		刘铁铮	1994	中国农业科技出版社
18	《兽医微生物实验手册》		徐汉祥	1995	
19	《基因治疗与基因诊断学》		范必勤　江金益	1995	东南大学出版社
20	《淮北花碱土壤农业持续发展技术研究进展》		冷和荣　褚衍谱	1995	中国科技出版社
21	《有机物过腹还田对土壤和增肥效果》		冷和荣　褚衍谱	1995	中国科技出版社
22	《动物传染病学》		林继煌	1995	吉林科学出版社
23	《中国人兽共患病学（2 版）》	林继煌（主编之一）	徐汉祥　董亚芳	1996	福建科技出版社
24	《中国畜牧兽医辞典》	何正礼 郑庆端 （副） （副）	宋保田　陈志森 吴纪棠　范必勤 徐汉祥　曹文杰 葛云山　黄夺先 潘锡桂	1996	上海科技出版社
25	《药用动物生产与病虫害防治》		苏德辉　蒋兆春	1996	上海科技出版社
26	《分子和细胞生物学进展》	范必勤		1997	南京师范大学出版社
27	《生物工程在农业上的应用》		范必勤	1997	中国大百科全书出版社
28	《养兔实用新技术》	沈幼章　王启明	翟 频	1997	江苏省科技出版社
29	《鸡病最新防治技术》		邵国青	1997	辽宁科技出版社
30	《实用农业新技术》		孙佩元	1997	江苏科技出版社

（续表）

序号	书名	主编	参编	出版年份	出版社
31	《猪病诊断与防治实用技术》	江杰元	何孔旺　蒋兆春	1998	中国农业出版社
32	《波尔羊养殖新技术》	范必勤　钟声		1998	南京出版社
33	《獭兔养殖图册》	薛家宾（副）		2000	青海出版社
34	《肉兔养殖图册》	薛家宾　徐为中（副）		2000	青海出版社
35	《牛病防治》	林继煌	戴杏庭　蒋兆春　苏德辉　许金亭	2000	科学技术文献出版社
36	《中国弓形虫病——动物弓形虫病》		林继煌　范文明　何孔旺	2000	亚洲医药出版社
37	《新发现和再肆虐的传染病》	邵国青（副）	何家惠　王继春　林继煌	2000	亚洲医药出版社
38	《猪肺炎支原体和鸡毒支原体分子生物学研究进展》		邵国青	2000	亚洲医药出版社
39	《中国奶业50年——中国医药在奶牛生产中的应用研究》		蒋兆春　苏德辉　瞿永前　赵永前	2000	海洋出版社
40	《农业技术知识问答》		王启明　邢光东　陈家斌　董亚芳	2000	江苏科技出版社
41	《中国养兔技术》	张振华　薛家宾　瞿频		2000	中国农业出版社
42	《养猪生产关键技术》	葛云山　林继煌	黄瑞平　何家惠	2000	江苏科技出版社
43	《肉鸡生产关键技术》	钱建飞（主）孙佩元　陆福军（副）	张则斌　刘宇卓　李银　凌雯　罗涵禄	2000	江苏科技出版社
44	《蛋鸡生产关键技术》	罗涵禄　孙佩元	刘宇卓　李银　张则斌　钱建飞　凌雯　陆福军	2000	江苏科技出版社
45	《肉羊生产关键技术》	钟声　钱勇		2000	江苏科技出版社
46	《养牛生产关键技术》	蒋兆春　戴杏庭	许金亭　顾丽华　苏德辉　赵永前	2000	江苏科技出版社
47	《养兔生产关键技术》	张振华　王启明	吕立新　董亚芳　傅则红　瞿频	2000	江苏科技出版社
48	《鸭鹅生产关键技术》	何家惠　陈桂银	尤明珍　殷修军　陆宏军	2000	江苏科技出版社
49	《肉鸽生产关键技术》	苏德辉　丁再棣　蒋兆春　赵永前　瞿永前		2000	江苏科技出版社

（续表）

序号	书名	主编	参编	出版年份	出版社
50	《饲料生产关键技术》	周维仁　葛云山　朱泽远	顾洪如　翟　频　申爱华　邵春荣　李保全　王　冉	2000	江苏科技出版社
51	《江苏省畜、禽品种志》	潘锡桂（副）		1987	江苏科技出版社
52	《中国家禽品种志》		许翕云		
53	《家禽饲养研究》	许翕云			
54	《怎样养家禽》	许翕云			
55	《实用养鹅技术》	许翕云			
56	《奶牛生产大全》	蒋兆春	江凤龙　戴鼎震　连陵章　汤春华　赵永前　王晓丽　宋正明　王　冉　戴杏庭	2002	江苏科技出版社
57	《肉羊生产大全》	钟　声　林继煌	何家慧　钱　勇	2002	江苏科技出版社
58	《养兔生产大全》	张振华　董亚芳	王启明　张振华　杨　杰　徐为中　傅则红　董亚芳　翟　频　薛家宾	2002	江苏科技出版社
59	《肉鸽生产大全》	戴鼎震（主）赵永前（副）	周伟峰　张义康　王晓丽	2002	江苏科技出版社
60	《优质牧草生产大全》	顾洪如	丁成龙　胡来根　钟小仙	2002	江苏科技出版社
61	《放心奶生产配套技术》	蒋兆春（主）江凤龙（副）吴丽莉（副）	戴鼎震　汤春华　王晓丽　瞿永前　夏兴霞等	2003	江苏科技出版社
62	《牛病防治》	林继煌　蒋兆春	戴杏庭　江凤龙　苏德辉　许金亭	2004	科学技术文献出版社
63	《牛病鉴别诊断与防治》	蒋兆春　林继煌	江凤龙　戴鼎震　何孔旺　王晓丽　倪艳秀　夏兴霞　俞正玉	2005	金盾出版社
64	《奶牛疾病中西兽医诊疗技术大全》	蒋兆春（主）戴鼎震（副）汤春华（副）	段启忠　江凤龙　王晓丽　夏兴霞　刘　静　诸玉梅	2010	凤凰出版传媒集团江苏科技出版社
65	《肉鸽生产关键技术》	苏德辉	丁再隶　蒋兆春　赵永前　瞿永前	2006	凤凰出版传媒集团江苏科技出版社
66	《饲料生产关键技术》	周维仁　葛云山　朱泽远	顾洪如　翟　频　申爱华　邵春荣　李宝全　王　冉	2006	凤凰出版传媒集团江苏科技出版社
67	《肉羊生产关键技术》	钟　声　钱　勇		2006	凤凰出版传媒集团江苏科技出版社

（续表）

序号	书名	主编	参编	出版年份	出版社
68	《养兔生产关键技术》	张振华 王启明	吕立新 董亚芳 傅泽红 翟频	2006	凤凰出版传媒集团江苏科技出版社
69	《蛋鸡生产关键技术》	罗函禄 孙佩元	刘玉卓 李银 张则斌 钱建飞 凌雯 陆福军	2006	凤凰出版传媒集团江苏科技出版社
70	《肉鸡生产关键技术》	孙佩元 钱建飞 陆福军（副）	张则斌 刘玉卓 李银 凌雯 罗函禄	2006	凤凰出版传媒集团江苏科技出版社
71	《养牛生产关键技术》	蒋兆春 戴杏庭	许金亭 顾丽华 苏德辉 赵永前	2006	凤凰出版传媒集团江苏科技出版社
72	《鸭鹅生产关键技术》	何家惠 陈桂银		2006	凤凰出版传媒集团江苏科技出版社
73	《奶牛生产关键技术速查手册》	蒋兆春 汤春华 江凤龙（副）	戴鼎震 王晓丽 王冉 赵永前 李保全 夏兴霞	2006	凤凰出版传媒集团江苏科技出版社
74	《养猪生产关键技术速查手册》	任守文 何孔旺	李碧侠 葛云山 王芳 何孔旺 张雪寒 俞正玉 倪艳秀 郭容利	2006	凤凰出版传媒集团江苏科技出版社
75	《养兔生产关键技术速查手册》	翟频 薛家宾	徐为中 陈兴祥 马云省	2006	凤凰出版传媒集团江苏科技出版社
76	《养鹅生产关键技术速查手册》	顾洪如 李银	师蔚群 时勇 张敬峰	2006	凤凰出版传媒集团江苏科技出版社
77	《肉羊生产关键技术速查手册》	林继煌 任守文	李碧侠 王芳 张雪寒 俞正玉 倪艳秀	2006	凤凰出版传媒集团江苏科技出版社
78	《牧草生产关键技术速查手册》	顾洪如	丁成龙 钟小仙 郑凯	2005	凤凰出版传媒集团江苏科技出版社
79	《怎样养牛赚钱多》	汤春华 蒋兆春	刘静 高昆 孙芳清 徐静	2006	凤凰出版传媒集团江苏科技出版社
80	《怎样养羊赚钱多》	钱勇	钟声 程云辉 张俊	2006	凤凰出版传媒集团江苏科技出版社
81	《牛病防治路路通》	蒋兆春（主） 王晓丽 汤春华（副）	刘静 高昆 夏兴霞 诸玉梅 董晨红等	2008	凤凰出版传媒集团江苏科技出版社
82	《羊病防治路路通》	王晓丽 蒋兆春（主） 张则斌 汤春华（副）	夏兴霞 刘静 高昆 诸玉梅 杨蕾 董晨红	2008	凤凰出版传媒集团江苏科技出版社
83	《鸡病防治路路通》	张则斌（主） 马丽 葛国君（副）	何孔旺 王芳 徐为中 范智宇 周庆泽 胡波 杨蕾	2008	凤凰出版传媒集团江苏科技出版社

（续表）

序号	书名	主编	参编	出版年份	出版社
84	《猪病防治路路通》	倪艳秀　何孔旺	郭容利　吕立新 茅爱华　温立斌 俞正玉　张雪寒		凤凰出版传媒集团江苏科技出版社
85	《兔病防治路路通》	王　芳　薛家宾	徐为中　范志宇	2008	凤凰出版传媒集团江苏科技出版社
86	《奶牛健康养殖与疾病合理防控》	蒋兆春　汤春华（主） 王晓丽　任建清 杨蕾（副）	刘　静　殷玉武 高　昆　葛国君 夏兴霞　诸玉梅 肖　琦　高以明 董晨红	2010	中国农业出版社
87	《图文精讲蛋鸡饲养技术》	林　勇	赵　伟　吴云良	2009	凤凰出版传媒集团江苏科学技术出版社
88	《图文精讲鸭饲养技术》	赵　伟	林　勇　吴云良	2009	凤凰出版传媒集团江苏科学技术出版社
89	《图文精讲獭兔饲养技术》	杨　杰	翟　频	2009	凤凰出版传媒集团江苏科学技术出版社
90	《图文精讲种猪饲养技术》	任守文　李碧侠	王学敏　方晓敏 何孔旺	2009	凤凰出版传媒集团江苏科学技术出版社
91	《图文精讲肉羊饲养技术》	钱　勇	钟　声　张　俊	2009	凤凰出版传媒集团江苏科学技术出版社
92	《图文精讲肉鸽饲养技术》	潘孝青	李　健　冯国兴	2010	凤凰出版传媒集团江苏科学技术出版社
93	《图文精讲毛兔饲养技术》	杨　杰	翟　频	2010	凤凰出版传媒集团江苏科学技术出版社
94	《图文精讲肉牛饲养技术》	师蔚群	李　晟　程云辉 邵　乐	2010	凤凰出版传媒集团江苏科学技术出版社
95	《图文精讲鹅饲养技术》	顾洪如	丁成龙　许能祥 张建丽	2010	凤凰出版传媒集团江苏科学技术出版社
96	《图文精讲肉鸡饲养技术》	吴云良	赵　伟　林　勇	2010	凤凰出版传媒集团江苏科学技术出版社
97	《图文精讲奶牛饲养技术》	曹少先	张　俊　孟春花	2010	凤凰出版传媒集团江苏科学技术出版社
98	《图文精讲肉兔饲养技术》	翟　频	杨　杰	2010	凤凰出版传媒集团江苏科学技术出版社
99	《图文精讲商品猪饲养技术》	任守文　王学敏	李碧侠　方晓敏 何孔旺	2010	凤凰出版传媒集团江苏科学技术出版社
100	《肉兔场消毒与疫苗使用技术》	王　芳　薛家宾 李明勇（主） 范志宇　胡　波 魏后军　宋艳华 徐为中　潘雨来 牟　特 王召朋（副） 宋大伟	杨　杰　翟　频 胡春晖　邵　乐 徐洪青　庄桂玉 王　红　刘　曼	2015	中国农业出版社
101	《中国养兔学》	谷子林　秦应和 任克良（主） 薛家宾（副）	王　芳　范志宇 胡　波　宋艳华	2013	中国农业出版社

第五节　知识产权（2000—2015 年）

获国家新兽药注册证书

序号	成果名称	获奖单位	获奖人员		奖励等级	奖励时间（年）
1	兔病毒性出血症、多杀性巴氏杆菌病二联灭活疫苗研制	江苏省农业科学院兽医所	薛家宾 董亚芳 江学余 仇家宏 诸玉梅	王启明 徐为中 沈慧芬 周永银	国家一类新兽药证书	2005
2	猪支原体肺炎活疫苗（168 株）	江苏省农业科学院兽医所	邵国青 刘茂军 王继春 吴叙苏 何家惠 毛洪先 孙佩元 吕立新	金洪效 周勇歧 张道华 侯继波 钱建飞 何孔旺 倪艳秀 刘冬霞	国家二类新兽药证书	2007
3	鸡新城疫低毒力耐热保护剂活疫苗（La Sota 株）	南京天邦生物科技有限公司	张道华 于　漾 肖　琦 魏新秀	何家惠 侯继波 胡来根 惠艳华	国家三类新兽药注册证书	2008
4	兔病毒性出血症、多杀性巴氏杆菌病、产气荚膜梭菌病（A 型）三联灭活疫苗（皖阜株＋C51-17 株＋苏 84-A 株）	江苏省农业科学院兽医研究所、南京天邦生物科技有限公司	薛家宾 周永银 诸玉梅 张则斌	徐为中 尹秀凤 王　芳	国家三类新兽药注册证书	2008
5	鸡新城疫、传染性支气管炎、禽流感（H9）亚型三联灭活疫苗（La Sota 株＋M41 株＋NJ02 株）	国家兽用制品工程技术研究中心、南京天邦生物科技有限公司、江苏省农业科学院兽医研究所	何家惠 侯继波 李　银 肖　琦 张道华	于　漾 邓碧华 张小飞 王伟峰	国家三类新兽药注册证书	2010
6	鸡新城疫、传染性支气管炎、减蛋综合征、禽流感（H9 亚型）四联灭活疫苗（La Sota 株＋M41 株＋AV127 株＋NJ02 株）	国家兽用制品工程技术研究中心、南京天邦生物制品有限公司、江苏省农业科学院兽医研究所	何家惠 侯继波 张小飞 李　银 张敬峰	于　漾 邓碧华 肖　琦 王伟峰 张道华	国家三类新兽药注册证书	2011

国家计算机软件著作权登记证书

序号	名称	著作权人	研制人	发证日期	证书编号	登记证号
1	简明瘦肉型猪饲料配方系统 V1.0	江苏省农业科学院 王学敏	任守文	2011.11.26	软著登字第 0361307 号	2011SR087633

（续表）

序号	名称	著作权人	研制人			发证日期	证书编号	登记证号
2	猪场养殖盈亏分析软 V1.0	江苏省农业科学院	王学敏 李碧侠	任守文 方晓敏	葛云山	2012.1.19	软著登字第 0372409 号	2012SR004373
3	种猪系谱图绘制软件 V1.0	江苏省农业科学院	王学敏 李碧侠	任守文 方晓敏	葛云山	2012.4.16	软著登字第 0397384 号	2012SR029348
4	种猪近交系数计算软件 V1.0	江苏省农业科学院	王学敏 李碧侠	任守文 方晓敏	葛云山	2012.7.16	软著登字第 0431988 号	2012SR063952
5	群体家禽个体采食量监测系统服务端软件 V1.0	江苏省农业科学院	施振旦 戴子淳	孙爱东	练剑峰	2013.7.15	软著登字第 0671260 号	2013SR065498
6	群体家禽个体采食量实时记录嵌入式系统 V1.0	江苏省农业科学院	施振旦 戴子淳	孙爱东	练剑峰	2013.7.15	软著登字第 0671267 号	2013SR065505
7	猪场规划设计辅助系统软件 V1.0	江苏省农业科学院	王学敏 李碧侠 赵 芳	任守文 方晓敏 涂 峰	葛云山 付言峰	2013.9.17	软著登字第 0608365 号	2013SR102603
8	现代种鹅生产智能管理平台 V1.0	江苏省农业科学院	施振旦 陈 哲	孙爱东 邵西兵	应诗家	2014.8.28	软著登字第 0798473 号	2014SR129230
9	屠宰厂条码管理系统 V1.	江苏省农业科学院	胡肆农				国家计算机软件著作权登记证书 2009SR029133	2009
10	猪肉质量安全追溯养殖场管理	江苏省农业科学院	胡肆农				国家计算机软件著作权登记证书-V1.0 2009SR029217	2009

获国家知识产权专利授权（畜牧部分）

序号	专利号	名称	发明人			公开（公告）日
1	ZL200710132279.9	象草耐盐体细胞突变体的离体筛选方法	钟小仙 倪万潮	佘建明 张建丽	顾洪如 丁成龙	2008.04.16
2	ZL 200710066909.7	海雀稗幼穗离体培养植株再生技术	梁流芳 董民强 陈志一	佘建明 吴瑛瑛 倪万潮	杨郁文 钟小仙	2007.08.08
3	ZL 200510122788.4	苏丹草体细胞培养高频率植株再生技术	钟小仙 丁成龙 倪万潮	佘建明 张建丽	顾洪如 何晓兰	2006.05.24
4	ZL 200610085256.2	象草体细胞培养高频率植株再生技术	钟小仙 梁流芳 张保龙	佘建明 张建丽 倪万潮	顾洪如 丁成龙	2006.11.15
5	ZL 200810025388.5	一种农杆菌介导基因转化苏丹草的方法	钟小仙 何晓兰 倪万潮	佘建明 顾洪如 邹轶	蔡小宁 张建丽	2008.12.10
6	ZL 201020260979.3	一种经济型可移动发酵床猪舍	任守文 方晓敏	王学敏	李碧侠	2011.1.26

（续表）

序号	专利号	名称	发明人			公开（公告）日
7	ZL 2014201921678	一种猪饮水装置	任守文　吴国太　张宏伟 王学敏　李碧侠　方晓敏 付言峰　赵为民　赵　芳 涂　枫　吕海元			2014.09.03
8	ZL 201310087992.1	用狼尾草人造板加工剩余物改善其产品表面性能方法	张　洋　周定国　王思群 江　华　钟小仙　吴娟子等			2013.05.22
9	ZL200810155333.6	美洲狼尾草不育系和保持系提纯方法	钟小仙　顾洪如　杨运生 丁成龙　张建丽			2009.03.11
10	ZL201220046838.0	一种低碳节约型环保猪舍	顾洪如　李　健　杨　杰 冯国兴　潘孝青　邵　乐 李　晟			2012.11.28
11	ZL201220018829.0	一种薄垫料发酵床猪舍内设结构	顾洪如　李　健　杨　杰 冯国兴　潘孝青　邵　乐 李　晟			2012.09.26
12	ZL201220018910.9	一种夏季畜舍降温装置	顾洪如　李　健　杨　杰 冯国兴　潘孝青　邵　乐 李　晟			2012.09.26
13	ZL201010507035.6	一种鸽性别鉴别方法	邢光东　夏　银　茆　骏 李　银			2011.01.05
14	ZL201010507070.8	一种微量动物细胞基因组DNA模板制备液及相应的DNA模板制备方法	邢光东　夏　银　王根林			2011.01.19
15	ZL201020261017.X	一种普通地面经济型可拆卸移动猪舍	任守文　王学敏　李碧侠 方晓敏　葛云山			2011.04.27
16	ZL201020261044.7	一种高床养猪床面设计	任守文　李碧侠　王学敏 方晓敏			2011.01.26
17	ZL201210028272.3	群养种鹅个体监控记录装置	孙爱东　施振旦　赵　伟 刘玮孟　林　勇			2012.07.18
18	ZL201210031913.0	一种低碳节约型环保猪舍的应用	顾洪如　李　健　杨　杰 冯国兴　潘孝青　邵　乐 李　晟			2012.07.11
19	ZL201210137233.7	一种用于动物个体身份识别和/或肉产品溯源的条形码编制方法及其应用	邢光东　胡肄农　赵庆顺 顾洪如　王晓晓　朱振坤 施振旦			2012.09.19
20	ZL201210012895.1	一种薄垫料发酵床猪舍的应用	顾洪如　李　健　杨　杰 冯国兴　潘孝青　邵　乐 李　晟			2012.07.04
21	ZL201210012406.2	一种低碳并节约型夏季畜舍降温方法	顾洪如　李　健　杨　杰 冯国兴　潘孝青　邵　乐 李　晟			2012.07.11
22	ZL200910264439.4	一种羔羊育肥全价颗粒饲料	钱　勇　钟　声　程云辉 张　俊			2010.06.23

（续表）

序号	专利号	名称	发明人			公开（公告）日
23	ZL200910234927.0	象草的快速繁殖方法	钟小仙 梁流芳	张建丽 潘玉梅	顾洪如	2010.05.12
24	ZL200920282972.9	一种篮式饲料青贮设备	钟 声 张 俊	钱 勇	程云辉	2011.01.26
25	ZL200920282971.4	一种装配式羊舍围栏	钟 声 张 俊	钱 勇	程云辉	2010.12.29
26	ZL201220602105.0	一种快速降低夏季兔笼内温度的装置	潘孝青 秦 枫 李 健	杨 杰 李 晟	翟 频 邵 乐	2013.05.15
27	ZL201220542101.8	一种稻秆打捆裹包微贮的微生物自动添加装置	丁成龙 董臣飞	许能祥	程云辉	2013.05.22
28	ZL201220417291.0	一种稻麦秸秆即时回收发酵饲料化利用装置	顾洪如 杨 杰 邵 乐	丁成龙 冯国兴 李 晟	李 健 潘孝青 秦 枫	2013.03.27
29	ZL201220366335.1	一种双层猪舍内部结构	任守文 王学敏	付言峰 方晓敏	李碧侠 涂 枫	2013.01.30
30	ZL201220366096.X	一种双层猪舍	任守文 李碧侠	王学敏 付言峰	方晓敏 涂 枫	2013.04.10
31	ZL201220366010.3	一种双层猪舍排污系统	任守文 付言峰	方晓敏 李碧侠	王学敏 涂 枫	2013.04.10
32	ZL201220293814.5	一种可移动猪舍组装地板	任守文 方晓敏	李碧侠 王学敏	付言峰 涂 枫	2012.12.26
33	ZL201220602164.8	一种防划耐磨保暖降温易清洗兔笼底板	杨 杰 秦 枫 李 健	潘孝青 李 晟	翟 频 邵 乐	2013.05.15
34	ZL201310265047.6	一种提高断奶仔兔体重饲料及其生产方法	杨 杰 李 晟	邵 乐 潘孝青	秦 枫	2013.10.09
35	ZL201520090994.0	一种秸秆作为猪用发酵床垫料的资源化利用的猪舍	顾洪如 张 霞 秦 枫	李 健 邵 乐 李 晟	杨 杰 潘孝青	2015.07.29
36	ZL201320325670.1	一种可移动、可升降、可延伸式赶猪台	顾洪如 秦 枫 李 晟	潘孝青 李 健 邵 乐	杨 杰 冯国兴 张 霞	2013.11.27
37	ZL201320419681.6	一种蛋肉兼用型鸭发酵床生态旱养设施	林 勇 汤业朝 张广勇	赵 伟 张胜富 丁 沛	施振旦 赵永高 蒋 岩	2014.04.16
38	ZL201320073760.6	负压式花粉采集器	吴娟子 张建丽	钟小仙	束 元	2013.09.04
39	ZL201420307955.7	一种桶装青贮压实装置	董臣飞 顾洪如	许能祥 张文洁	丁成龙 程云辉	2014.10.22
40	ZL201320133380.7	一种降温、保暖、易清扫的简易兔舍	翟 频 李 晟 杨 杰	邵 乐 秦 枫	潘孝青 李 健	2013.10.16

（续表）

序号	专利号	名称	发明人			公开（公告）日
41	ZL201020260977.4	一种猪圈围栏装置	任守文 李碧侠	方晓敏	王学敏	2011.01.26
42	ZL201020260979.3	一种经济型可移动发酵床猪舍	任守文 方晓敏	王学敏	李碧侠	2011.01.26
43	ZL201020261004.2	一种猪舍内部粪沟	任守文 李碧侠	方晓敏	王学敏	2011.05.25
44	ZL201020261005.7	一种经济型可拆卸移动组装地面猪舍	任守文 方晓敏	李碧侠	王学敏	2011.04.27
45	ZL201110370949.7	一种基于青贮玉米秸的羔羊育肥全混合日粮	钱　勇	钟　声	张　俊	2012.04.25
46	ZL201210204564.8	一种鸡的养殖方法	宦海琳 张康宁	周维仁 徐小明	闫俊书	2012.10.03
47	ZL201210195308.7	一种提高初产母猪断奶后发情率的饲养方法	李碧侠 方晓敏	任守文 付言峰	王学敏 涂　枫	2012.10.10
48	ZL201210195309.1	一种提高经产母猪断奶后发情率的饲养方法	李碧侠 王学敏	任守文 付言峰	方晓敏 涂　枫	2012.10.10
49	ZL201210299916.2	一种稻麦秸秆即时回收发酵饲料化利用的方法	顾洪如 杨　杰 邵　乐	丁成龙 冯国兴 李　晟	李　健 潘孝青 秦　枫	2012.12.05
50	ZL201420766898.9	便携式水禽半自动产蛋笼	应诗家 赵　伟	施振旦	孙爱东	2015.05.13
51	ZL201420389156.9	一种可移动经济型猪舍配套食槽	任守文 涂　枫 赵为民	付言峰 李碧侠 王学敏	赵　芳 方晓敏	2014.11.19
52	ZL201420386905.2	一种可移动经济型猪舍围栏	任守文 吴国太 涂　枫	任天一 付言峰	赵为民 赵　芳	2015.02.18
53	ZL201420389020.8	一种可移动经济型生长育肥猪舍	任守文 张　载 赵为民 吴国太	王学敏 付言峰 赵　芳	方晓敏 李碧侠 涂　枫	2014.11.19
54	ZL201420389048.1	一种可移动经济型产仔保育猪舍	任守文 张　载 王学敏 吴国太	赵为民 付言峰 涂　枫	李碧侠 方晓敏 赵　芳	2014.11.19
55	ZL201420387210.6	一种可移动经济型猪舍配套粪沟	任守文 王学敏 赵为民	方晓敏 李碧侠 赵　芳	涂　枫 付言峰	2015.01.07
56	ZL201520339503.1	全自动网床下发酵床翻耙系统	施振旦 李毅念	应诗家 朱　冰	赵　伟	2015.09.16
57	ZL201420492663.5	一种环保、卫生和节约型肉种鸭发酵床饲养舍	林　勇 顾洪如 蒋　岩 吴庆平	李　健 施振旦 余新鹏	赵　伟 张广勇 刘　珊	2015.04.22

（续表）

序号	专利号	名称	发明人			公开 （公告）日
58	ZL201310295216.0	一种鹅 FSH 的双抗体夹心 ELISA 检测方法	施振旦 陈 蓉	秦清明	李 辉	2013.11.13
59	ZL201410254558.2	促进牛发情和提高牛配种受胎率的方法	施振旦 梅 承	李 辉		2014.09.03
60	ZL201410003465.2	一种发酵床生态养猪方法	顾洪如 秦 枫 李 晟 徐小波	潘孝青 李 健 邵 乐	杨 杰 冯国兴 张 霞	2014.04.30
61	ZL201410330739.9	一种畜舍卷帘窗的安装方法	钱 勇 李隐侠	钟 声	张 俊	2014.10.08
62	ZL201410335116.0	用可移动猪舍饲养产仔保育猪的方法	任守文 付言峰 赵为民 吴国太	李碧侠 方晓敏 涂 枫	张 戟 王学敏 赵 芳	2014.10.08
63	ZL201310668749.9	一种重组蛋白复性缓冲液及其配制方法和应用	李 辉	施振旦		2014.03.12
64	ZL201420824673.4	减少仔猪断奶及并圈应激的仔猪动物福利饲养装置	顾洪如 张 霞 秦 枫	李 健 邵 乐 李 晟	杨 杰 潘孝青	2015.11.11
65	ZL201410130166.5	一种猪发酵床三元复合菌剂	宦海琳 周维仁	闫俊书 徐小明	顾洪如 冯国兴	2014.06.18
66	ZL201410334613.9	用可移动猪舍饲养生长育肥猪的方法	任守文 李碧侠 赵为民 吴国太	王学敏 方晓敏 赵 芳	张 戟 付言峰 涂 枫	2014.10.01
67	ZL201420192073.0	一种仔猪料槽	任守文 王学敏 付言峰 赵为民	吴国太 李碧侠 赵 芳 吕海元	张宏伟 方晓敏 涂 枫	2014.09.03
68	ZL201420192167.8	一种猪饮水装置	任守文 王学敏 付言峰 涂 枫	吴国太 李碧侠 赵为民 吕海元	张宏伟 方晓敏 赵 芳	2014.09.03
69	ZL201110307720.9	一种猪 TLR4 基因 T611A 碱基突变的检测方法	方晓敏 孟 翠	刘 筱 李碧侠	任守文 王学敏	2012.04.04
70	ZL201410513630.9	一种猪 FTO 基因编码区 A227G 单碱基突变的检测方法及应用	付言峰 方晓敏 周艳红	李 兰 李碧侠	任守文 王学敏	2015.01.14
71	ZL201120266265.8	一种经济型肉鸭发酵床旱养设施	赵 伟 蒋 岩 顾洪如	林 勇 丁 沛	张广勇 朱红陆	2012.04.18
72	ZL200910234274.6	一种基于微卫星指纹图谱的湖羊和陶赛特羊鉴别方法	曹少先 孟春花	曾检华 丰秀静	刘铁铮	2011.12.14

获国家知识产权专利授权（兽医部分）

序号	专利号	名称	申请（专利权）人	发明（设计）人		公开 （公告）日
1	ZL 99114276.4	猪肺炎支原体克隆致弱株	江苏省农业科学院畜牧兽医研究所	邵国青 毛洪先 侯继波	金洪效 钱建飞 何家惠	2000.02.16
2	ZL99114277.2	鸡毒支原体克隆致弱株	江苏省农业科学院畜牧兽医研究所	邵国青 侯继波 还红华 倪艳秀	钱建飞 何家惠 王继春	2000.02.16
3	ZL 99142772.2	鸡传染性法氏囊病病毒疫苗、制备方法及其应用		邵国青 侯继波 王继春	钱建飞 还红华 倪艳秀	2003.01.19
4	ZL200510038211.5	检测猪胸膜肺炎放线杆菌野毒感染的试剂盒	江苏省农业科学院	何孔旺 王　芳 张雪寒 郭容利 陆承平	彭小华 邱索平 倪艳秀 俞正玉	2005.07.27
5	ZL200710134465.6	猪链球菌2型次黄嘌呤核苷酸脱氢酶缺失菌株	江苏省农业科学院 南京天邦生物科技有限公司	张雪寒 刘亚彬 俞正玉 郭容利 周　萍	何孔旺 周俊明 倪艳秀 吕立新 沈江萍	2008.05.07
6	ZL200810019269.9	兔病毒性出血症病毒衣壳蛋白基因重组杆状病毒及疫苗	江苏省农业科学院	王　芳 范志宇 徐为中 何孔旺	薛家兵 胡　波 张则斌	2008.07.09
7	ZL 200810020791.9	一种病毒或细菌的浓缩方法	江苏省农业科学院	侯继波	王继春	2008.08.20
8	ZL200910029628.3	兔出血症病毒胶体金检测试纸条	江苏省农业科学院	王　芳 胡　波 蔡少平 张则斌	李超美 范志宇 徐为中 何孔旺	2009.09.02
9	ZL 200810122692.1	一种禽流感基因工程多肽抗原	江苏省农业科学院	侯继波 侯红岩	徐　海	2009.09.16
10	ZL 200910027159.1	猪肺炎支原体P97R1基因重组毕赤酵母及表达蛋白	江苏省农业科学院	刘茂军 祝永琴 王海燕 甘　源	邵国青 冯志新 吴叙苏	2009.10.28
11	ZL 200910027160.4	猪肺炎支原体P36基因重组毕赤酵母及表达蛋白	江苏省农业科学院	邵国青 冯志新 王海燕 甘　源	祝永琴 刘茂军 吴叙苏	2009.10.28
12	ZL200910181759.3	大肠杆菌O157：H7鼠血清抗体胶体金免疫层析检测试纸条	江苏省农业科学院	王永山 夏兴霞 张雪寒	刘　洁 何孔旺 费荣梅	2010.03.10

（续表）

序号	专利号	名称	申请（专利权）人	发明（设计）人		公开（公告）日
13	ZL 201010157599.1	一种快速检测细胞内火鸡疱疹病毒的方法	国家兽用生物制品工程技术研究中心	揭鸿英 何家惠 吴培培	侯继波 唐应华 于 漾	2010.08.25
14	ZL201010118499.8	肠出血性大肠杆菌O157：H7Tir 与Tccp 的重组蛋白	江苏省农业科学院	何孔旺 卢维彩 温立斌 李 彬 倪艳秀 周俊明 茅爱华 沈江萍	张雪寒 赵攀登 郭容利 王小敏 吕立新 俞正玉 周 萍	2010.09.15
15	ZL 201010190806.3	一种复方免疫佐剂及疫苗	国家兽用生物制品工程技术研究中心	卢 宇 邓碧华	张金秋 侯继波	2010.10.06
16	ZL201010507035.6	一种鸽性别鉴别方法	江苏省农业科学院	邢光东 茆 骏	夏 银 李 银	2011.01.05
17	ZL 201010264699.4	嗜肾型鸡传染性支气管炎病毒强毒疫苗株及其应用	国家兽用生物制品工程技术研究中心	唐应华 于 漾 揭鸿英 何家惠	吴培培 张道华 侯继波	2011.01.19
18	ZL201010118490.7	O157：H7 增强黏膜免疫多价融合型重组菌及疫苗	江苏省农业科学院	张雪寒 卢维彩 温立斌 李 彬 倪艳秀 周俊明 茅爱华 沈江萍	何孔旺 赵攀登 郭容利 王小敏 吕立新 俞正玉 周 萍	2011.01.19
19	ZL 201010288021.X	猪气喘病活疫苗的疫苗佐剂及其制备方法和应用	江苏省农业科学院	熊祺琰 张道华 刘茂军	邵国青 冯志新	2011.01.26
20	ZL 201010288025.8	猪支原体肺炎活疫苗的疫苗佐剂及其制备方法和应用	江苏省农业科学院	熊祺琰 张道华 刘茂军	邵国青 冯志新	2011.01.26
21	ZL 201010522899.5	含 CpG 基序的核酸序列的制备方法及应用	国家兽用生物制品工程技术研究中心	张金秋 邓碧华 吕 芳	卢 宇 徐 海 侯继波	2011.02.23
22	ZL201010523434.1	唾液乳杆菌株 SIL1 及其应用	江苏省农业科学院	王晓丽 朱小翠 刘小娟 王 冉	王永山 诸玉梅 周 宇	2011.05.18
23	ZL201110063287.9	一种用于检测猪博卡病毒核苷酸片段的引物和探针序列	江苏省农业科学院	李 彬 毛 立 张雪寒	何孔旺 温立斌 倪艳秀	2011.08.03

（续表）

序号	专利号	名称	申请（专利权）人	发明（设计）人		公开（公告）日
24	ZL 201010617364.6	在动物细胞反应器中同步化悬浮培养哺乳动物细胞的方法	国家兽用生物制品工程技术研究中心	冯　磊　吴培培	侯继波	2011.08.17
25	ZL201110063355.1	一种检测猪Hokovirus的PCR方法	江苏省农业科学院	李　彬　毛　立　张雪寒　郭容利　茅爱华	何孔旺　温立斌　倪艳秀　周俊明　王小敏	2011.08.17
26	ZL 201110033271.3	用于检测猪肺炎支原体的LAMP试剂盒及其制备方法	江苏省农业科学院	刘茂军　冯志新	邵国青　熊祺琰	2011.08.17
27	ZL 201110029283.9	密码子优化的猪CD40L基因及表达其编码蛋白的重组杆状病毒的制备方法	国家兽用生物制品工程技术研究中心	郑其升　侯继波	薛　刚	2011.08.17
28	ZL201110063354.7	一种用于检测猪Hokovirus核苷酸片段的引物和探针序列	江苏省农业科学院	李　彬　毛　立　张雪寒	何孔旺　温立斌　倪艳秀	2011.09.07
29	ZL201110047388.7	一种鸡胚同时增殖H9亚型禽流感病毒及禽巴氏杆菌的方法	江苏省农业科学院	张敬峰　刘宇卓　黄欣梅　梁国民	李　银　魏雪涛　赵冬敏　吴继红	2011.09.07
30	ZL201110087699.6	肠出血性大肠杆菌O157：H7三基因缺失菌株	江苏省农业科学院	何孔旺　卢维彩　叶　青　郭容利　王小敏　吕立新　俞正玉　周　萍	张雪寒　赵攀登　温立斌　李　彬　倪艳秀　周俊明　茅爱华　沈江萍	2011.10.05
31	ZL 201110305962.4	公猪去异味重组噬菌体疫苗	江苏省农业科学院	徐　海　侯继波	王义伟	2012.02.01
32	ZL 201110373859.	A型禽流感重组噬菌体疫苗及其构建方法	江苏省农业科学院	徐　海　侯继波	王义伟	2012.04.04
33	ZL201110307176.8	猪细小病毒样颗粒B细胞表位插入位点的分子设计	江苏省农业科学院	潘群兴　温立斌　王晓丽　欧阳伟　肖　琦	何孔旺　郭容利　王永山　李　彬	2012.04.18

（续表）

序号	专利号	名称	申请（专利权）人	发明（设计）人	公开（公告）日
34	ZL201120282312.8	一种水禽试验专用号牌	江苏省农业科学院	刘宇卓　李　银　张敬峰　黄欣梅　赵冬敏	2012.06.06
35	ZL201120331457.2	搅拌、通气及细胞过滤一体化生物反应器	江苏省农业科学院	冯　磊　吴培培　王伟峰　侯继波	2012.07.04
36	ZL201110170215.4	一种无筛选标记的双表达重组MVA病毒及其构建方法	江苏省农业科学院	陈　瑾　郑其升　侯继波　侯红岩	2012.07.11
37	ZL201310099542.4	肠出血性大肠杆菌O157：H7多价fliC-hcpA-tir-eae重组菌及疫苗	江苏省农业科学院	张雪寒　何孔旺　叶　青　栾晓婷　倪艳秀　温立斌　郭容利　李　彬　周俊明　王小敏　吕立新　俞正玉　茅爱华	2012.07.18
38	ZL201210111344.0	携带O型口蹄疫病毒B细胞表位的VP60蛋白重组杆状病毒	江苏省农业科学院	王　芳　盛　蓉　范志宇　胡　波　魏后军　薛家兵　姜　平	2012.07.25
39	ZL201210170783.9	用于检测猪鼻支原体的LAMP试剂盒及其制备和使用方法	江苏省农业科学院	杜改梅　刘茂军　邵国青　白方方　冯志新　熊祺琰	2012.09.05
40	ZL201210115339.7	猪鼻支原体巢式PCR检测方法	江苏省农业科学院	白方方　邵国青　武昱孜　刘茂军　冯志新　熊祺琰	2012.09.19
41	ZL201210025738.4	囊素样多肽衍生物作为复方猪瘟疫苗免疫增强剂的应用	江苏省农业科学院	卢　宇　邓碧华　张金秋　吕　芳　侯继波	2012.10.03
42	ZL201210204906.6	抗嗜肾型鸡传染性支气管炎病毒DS10株的单克隆抗体	江苏省农业科学院	陆吉虎　高　峰　唐应华　杨维维　侯继波	2012.10.10
43	ZL201210204910.2	检测嗜肾型鸡传染性支气管炎病毒及其抗体的间接ELISA试剂盒	江苏省农业科学院	陆吉虎　高　峰　唐应华　杨维维　侯继波	2012.10.10
44	ZL201210244908.8	一种猪肺炎支原体多重组抗原ELISA检测试剂盒	江苏省农业科学院	刘茂军　杜改梅　邵国青　韦艳娜　冯志新　白方方　熊祺琰	2012.10.17
45	ZL201210235427.0	一种复方免疫增强剂、禽用疫苗及其制备方法	江苏省农业科学院	唐应华　陆吉虎　吴培培　杨维维　李　兰　刘振兴　田　震　侯继波	2012.10.24

（续表）

序号	专利号	名称	申请（专利权）人	发明（设计）人		公开 （公告）日
46	ZL 201210296912.9	实时荧光定量检测猪鼻支原体的引物和探针	江苏省农业科学院	白方方 武昱孜 冯志新	邵国青 刘茂军 熊祺琰	2012.11.07
47	ZL 201210275639.1	一种猪支原体肺炎雾化活疫苗及其制备与检验方法	江苏省农业科学院	冯志新 刘茂军 华利忠	邵国青 熊祺琰 甘　源	2012.11.07
48	ZL201210413985.1	一株无毒 ST28 猪链球菌及其应用	江苏省农业科学院	吕立新 张雪寒 何孔旺 虞　凤 俞正玉 温立斌 郭容利 汪　伟 沈江萍	周俊明 茅爱华 倪艳秀 祝昊丹 茅爱华 李　彬 王小敏 周　萍	2013.01.16
49	ZL201210436587.1	SYBR Green Ⅰ 荧光定量 PCR 检测类猪圆环病毒 P1 的引物	江苏省农业科学院	温立斌 高晓静 李　彬 俞正玉 倪艳秀 吕立新 胡屹屹 叶　青 于　洋 周　萍	何孔旺 王小敏 郭容利 茅爱华 张雪寒 周俊明 汪　伟 祝昊丹 沈江萍	2013.01.23
50	ZL 201210344084.1	一种 H1N1 型猪流感病毒疫苗株及其应用	江苏省农业科学院	白　昀 邵国青 白方方 王海燕 甘　源	冯志新 刘茂军 熊祺琰 王占伟 刘冬霞	2013.01.30
51	ZL201210436636.1	一种检测类猪圆环病毒 P1 抗体的间接 ELISA 试剂盒	江苏省农业科学院	何孔旺 温立斌 李　彬 俞正玉 倪艳秀 吕立新 胡屹屹 叶　青 于　洋 周　萍	文世富 王小敏 郭容利 茅爱华 张雪寒 周俊明 汪　伟 祝昊丹 沈江萍	2013.02.13
52	ZL 201210429480.4	一种猪肺炎支原抗体检测试剂盒及其制备方法	广东现代农业集团研究院有限公司 江苏省农业科学院	李其昌 邵国青 李中圣 罗　均 陈克宏	白方方 陈善真 刘小琴 赵　焱 王贵平	2013.02.13
53	ZL 201210398407.5	猪乙型脑炎病毒株及其应用	江苏省农业科学院	张道华 张雪花	唐　波 侯继波	2013.02.13

（续表）

序号	专利号	名称	申请（专利权）人	发明（设计）人		公开（公告）日
54	ZL 201220435911.3	一种猪肺炎支原体气溶胶采样器	江苏省农业科学院	华利忠 冯志新 白方方	邵国青 刘茂军 熊祺琰	2013.02.20
55	ZL 201210467482.2	猪伪狂犬病毒、疫苗组合物及其应用	江苏省农业科学院	唐 波 张雪花	张道华 侯继波	2013.03.06
56	ZL 201210467462.5	猪细小病毒、疫苗组合物及其应用	江苏省农业科学院	张雪花 唐 波	张道华 侯继波	2013.03.13
57	ZL 201210204910.2	搅拌、通气及细胞过滤一体化生物反应器	江苏省农业科学院	冯 磊 王伟峰	吴培培 侯继波	2013.03.20
58	ZL 201310004607.2	一种耐热保护剂及其应用	江苏省农业科学院	卢 宇 邓碧华 侯继波	吕 芳 张金秋	2013.04.17
59	ZL 201310004445.2	一种活疫苗的耐热冻干保护剂、活疫苗冻干粉及其制备方法	江苏省农业科学院	吕 芳 邓碧华 侯继波	卢 宇 张金秋	2013.04.17
60	ZL 201220357811.3	一种雾化疫苗定量收集装置	江苏省农业科学院	冯志新 华利忠 甘 源	邵国青 韦艳娜 孔 猛	2013.04.24
61	ZL 201310017232.3	猪支原体肺炎疫苗专用稀释剂及其制备方法	江苏省农业科学院	熊祺琰 韦艳娜 冯志新	邵国青 刘茂军 白方方	2013.05.01
62	ZL 201310021011.3	一种兽用疫苗的即用型佐剂、制备及其应用	江苏省农业科学院	张金秋 邓碧华 侯继波	卢 宇 吕 芳	2013.05.01
63	ZL 201310042983.0	一种免疫增强剂、灭活疫苗及其制备方法	江苏省农业科学院	陈 瑾 侯立婷 于晓明 侯继波	郑其升 李鹏成 徐 海	2013.05.08
64	ZL 201210204910.2	编码重组猪圆环病毒 2 型 Cap 蛋白的基因及其应用	江苏省农业科学院	李鹏成 乔绪稳 侯继波	郑其升 陈 瑾	2013.05.15
65	ZL 201310117452.3	用于鉴别鸭瘟病毒的引物组合物及试剂盒	江苏省农业科学院	王继春 许梦微 侯继波	张传健 王志胜	2013.06.12
66	ZL 201310114768.7	用于禽免疫球蛋白的温控缓释注射剂、其制备方法及其应用	江苏省农业科学院	邓碧华 吕 芳 侯继波	卢 宇 张金秋	2013.06.26
67	ZL 201310124644.7	一株血清 4 型副猪嗜血杆菌疫苗株的应用	江苏省农业科学院	邵国青 周勇岐	刘茂军	2013.07.03

（续表）

序号	专利号	名称	申请（专利权）人	发明（设计）人		公开（公告）日
68	ZL 201310125433.5	一株血清 5 型副猪嗜血杆菌疫苗株	江苏省农业科学院	刘茂军 周勇岐	邵国青	2013.07.10
69	ZL 201310126191.1	一株血清 4 型副猪嗜血杆菌疫苗株	江苏省农业科学院	邵国青 周勇岐	刘茂军	2013.07.10
70	ZL 201310126147.0	一株血清 5 型副猪嗜血杆菌疫苗株的应用	江苏省农业科学院	周勇岐 刘茂军	邵国青	2013.07.10
71	ZL.201310087506.6	一种检测猪输血传播病毒 2 型抗体的间接 ELISA 试剂盒	江苏省农业科学院	何孔旺 张文文 温立斌 张雪寒 吕立新 周俊明 叶　青 周　萍	王小敏 倪艳秀 俞正玉 郭容利 李　彬 茅爱华 汪　伟 沈江萍	2013.08.07
72	ZL201310085194.5	分泌高中和活性传染性法氏囊病毒单克隆抗体的杂交瘤细胞	江苏省农业科学院	王永山 诸玉梅 毕振威 王晓丽 董晨红	吴晓悠 夏兴霞 潘群兴 欧阳伟	2013.08.07
73	ZL.201310072085.X	猪圆环病毒 2 型密码子优化的 ORF2 基因的重组病毒样粒子	江苏省农业科学院	王小敏 汪　伟 俞正玉 温立斌 郭容利 李　彬 茅爱华 周　萍	何孔旺 周忠涛 倪艳秀 张雪寒 吕立新 周俊明 叶　青 沈江萍	2013.08.21
74	ZL 201310255769.3	一种重组噬菌体双表达载体及应用	江苏省农业科学院	徐　海 鲍　熹	王义伟 侯继波	2013.09.18
75	ZL 201310271651.X	抗弓形虫 MIC3 蛋白单克隆抗体及其应用	江苏省农业科学院	白　昀 刘茂军 王海燕 熊祺琰 甘　源	邵国青 冯志新 白方方 王占伟 刘冬霞	2013.10.02
76	ZL 201310317416.1	一种副猪嗜血杆菌间接血凝检测试剂	江苏省农业科学院	王占伟 邵国青 熊祺琰 王海燕 吴叙苏 王　丽	刘茂军 冯志新 白方方 白　昀	2013.10.23
77	ZL201310350871.1	传染性法氏囊病病毒样颗粒与单克隆抗体组合双功能疫苗	江苏省农业科学院	王永山 欧阳伟 李月华 诸玉梅 王晓丽	夏兴霞 毕振威 刘华洁 潘群兴 董晨红	2013.11.27

（续表）

序号	专利号	名称	申请（专利权）人	发明（设计）人		公开（公告）日
78	ZL 201310489742.0	一株鸭病毒性肝炎病毒及其应用	江苏省农业科学院	邓碧华 吕 芳 侯继波 赵艳红	卢 宇 张金秋 赵晓娟	2014.01.22
79	ZL 201310489683.7	鹅细小病毒及其应用	江苏省农业科学院	卢 宇 吕 芳 侯继波 赵艳红	邓碧华 张金秋 赵晓娟	2014.01.22
80	ZL 201320497672.9	一种动物气管灌洗液采集器	江苏省农业科学院	华利忠 刘茂军	邵国青 王占伟	2014.01.29
81	ZL 201310605986.0	猪支原体肺炎疫苗株的应用	江苏省农业科学院	刘茂军 熊祺琰 甘 源 白方方 王占伟 王海燕 刘冬霞	邵国青 冯志新 韦艳娜 吴叙苏 白 昀 王 丽 马庆红	2014.02.19
82	ZL 201310608564.9	猪支原体肺炎疫苗株	江苏省农业科学院	刘茂军	邵国青	2014.02.26
83	ZL201210013152.6	一种猪瘟病毒重组E2蛋白及其IgM抗体ELISA检测试剂盒	江苏省农业科学院	李文良 江杰元	毛 立	2014.03.05
84	ZL.201410130127.5	一株松鼠葡萄球菌、疫苗及其制备方法	江苏省农业科学院	吕立新 倪艳秀 茅爱华 张雪寒 李 彬 王小敏	何孔旺 俞正玉 周俊明 郭容利 温立斌 汪 伟	2014.06.18
85	ZL201410130211.7	大肠杆菌O157：H7的PCR检测引物及检测试剂盒	江苏省农业科学院	张雪寒 李 盟 倪艳秀 李 彬	何孔旺 汪 伟 温立斌	2014.06.18
86	ZL201410132107.1	一种检测大肠杆菌O157：H7核苷酸片段的引物和探针序列	江苏省农业科学院	张雪寒 栾晓婷 温立斌 王小敏	何孔旺 汪 伟 李 彬	2014.06.18
87	ZL201410130191.3	大肠杆菌O157：H7的LAMP检测引物及检测试剂盒	江苏省农业科学院	张雪寒 何孔旺 温立斌 周俊明	汪 伟 倪艳秀 李 彬 王小敏	2014.06.18
88	ZL201310565243.5	高表达gga-miR-9*的鸡胚成纤维传代细胞株	江苏省农业科学院	欧阳伟 潘群兴 夏兴霞 张海彬	王永山 王晓丽 刘华洁	

（续表）

序号	专利号	名称	申请（专利权）人	发明（设计）人		公开（公告）日
89	ZL201310350871.1	传染性法氏囊病病毒样颗粒与单克隆抗体组合双功能疫苗	江苏省农业科学院	王永山 欧阳伟 李月华 诸玉梅 王晓丽	夏兴霞 毕振威 刘华洁 潘群兴 董晨红	
90	ZL201210081170.8	一种分泌高中和活性犬瘟热病毒单克隆抗体的杂交瘤细胞 1D7 株	江苏省农业科学院	王永山 夏兴霞 范红结 温海 张汇东	毕振威 孙婧 赵艳兵 秦海斌	
91	ZL201110127319.7	双 chU6 启动子双 shRNA 表达质粒的构建及应用	江苏省农业科学院	欧阳伟 马金荣	王永山 张海彬	

第六节　科技服务

一、畜牧兽医所

农业科研面向农村，为基层服务，为养殖户排忧解难，始终是畜牧兽医科研人员责无旁贷的任务。老一代科研专家经常走乡串户，调查研究，解决生产实际中的问题和难题，为后辈树立了好的榜样。到了 20 世纪 90 年代，农业科学院党委提出在苏北地区开展科技促小康工程，畜牧兽医研究所科研人员积极响应，广泛开展科技服务工作。1996—1998 年间，牧医所曾选派多批科技人员奔赴滨海、睢宁、淮阴、泗阳等 10 多个县，以多种形式开展科技促小康工程。

（1）首先从调查入手，提出畜牧业发展的新思路。提出了畜禽的集约化饲养，加快畜禽品种改良，科学饲养，疫病防治手段；提出了在苏北稳定发展养猪生产，适当规模发展养禽业，大力发展草食畜禽的布局，提高科技饲养水平，加强疫病防治工作，促进这一地区畜牧业生产的稳定发展。

（2）积极开展科技宣传，科技咨询，科技服务。先后 20 余名科技人员（葛云山、钟声、陆福军、罗函禄、林继煌、刘明智、张则斌、孙佩元、张振华、包承玉、董亚芳、沈幼章、徐小波等）同志，根据畜禽生产发展的需要，组织了 25 批次，80 余人次，赴滨海、睢宁、泗洪、淮阴、盱眙、涟水、阜宁等县，举办多种培训班，进行技术咨询、技术服务，发放出各种科技资料 5 万多份材料（40 多万字），听课人数 5 万多人次。通过广泛的科技宣传教育活动和现身说法，转变了观点，增强了科技意识，市场意识，提高科技水平，在统一思想认识的基础上，加快了科技兴牧事业的发展，促进了畜牧业的发展，提高了经济效益。

（3）增加科技投入，给予必要的物资支持，促进科技促小康工程健康发展。在搞好科技服务的同时，江苏农科院畜牧兽医研究所和各有关研究室提供必要的物质支持。三年来，给贫困地区无偿提供多种禽苗、兔苗、猪苗 400 多万头剂，提供添加剂、灭虫丁等兽药等，以及在滨海县扶贫工作组的努力下，帮助滨海县建立兽医疫病诊断室，该所无偿支持干燥箱、离心机、多种试剂及必要的仪器设备，赠送给县兽医站一台 SF-450 型饲料电脑等。为全县的疫病诊断和实施科学饲养饲料配方提供了必要的条件，取得了很好的效果；无偿支持泗阳县良种兔12对；以优惠的价格提供本所培育的苏钟I、II系良种瘦肉型猪等。三年来，无偿支持科技促小康工程的各种疫苗、兽药、仪器设备、种畜以及交通工具等总经费15万元左右。促进科技促小康工程的健康发展。

（4）加快畜禽品种改良取得成效。

①以良种为核心，建立健全猪的良种系列体系，提高人工授精的普及率和猪的良种覆盖率，大力推广商品瘦肉型三元杂交猪。三年来，先后派出猪育种家葛云山研究员在滨海三干会上作了"国内外养猪动态和发展趋势"的学术报告，受到县委、县政府的高度重视，并多次组织科技人员与县领导和专业人员进行多次座谈，共商该县养猪生产发展方向问题；帮助县论证猪品种改良、推广三元杂交猪的实施方案，积极帮助引进良种，1996年该县引进良种公猪300多头（长白、约克、杜洛克等）。以县种猪场为基地，建立了以我所培育的瘦肉型猪新品种系：苏钟I、II系的核心群30多头，繁殖群220头，向社会推广二元母猪1000余头，该乡已建成了二元杂交母猪繁殖场和基地村15个，年饲养母猪4000多头，基本上形成母猪良种繁殖体系。滨海县现被省定为商品瘦肉猪生产基地，江苏省农业科学院牧医所为技术依托单位，又被农业部定为星火计划项目。1998年在生猪市场下滑的情况下，滨海县生猪仍保持良的发展势头。睢宁县也引进我所培育的苏钟瘦肉型猪I、II系60头，促进了该县良种推广。

②以良种为核心，帮助睢宁、滨海做好山羊的品种改良工作。通两年的科技服务，睢宁、滨海两县的山羊品种得到改良，本所钟声同志在帮助引进波尔羊的基础上，进一步解决了波尔羊引进后的饲养管理等方面的问题，传授波尔羊精液冷冻和人工授精技术。帮助睢宁、滨海建立精液冷冻实验室，无偿提供部分实验器材和化学试剂；协助睢宁羊场建立了白山羊核心群，建立全套羊技术档案和管理技术方案，培训各类人员2000人次，发放科技资料1万多份。1996—1997年杂交改良本地山羊3万多只。贮存冻精1万多粒，增加经济效益1200多万元。

（5）家畜防疫工作得到加强，促进了畜牧业生产的发展，在积极宣传家畜防疫条例的基础上，帮助制定家禽免疫程序，提高了兽医人员的业务素质。经过了解，有些地方家禽防疫密度不高，一些农户小鸡的成活率只有30%~70%，严重挫伤了农民养鸡的积极性，针对这些情况，本所多次派科技人员陆福军、罗函禄、孙佩元同志等，在有关县和乡政反复宣传家禽疾病防治技术和免疫程序，由于加强了防疫工作，有效控制了鸡病的发生，促进了养禽业的发展。如滨海县临淮乡养禽业的数量由1996年38万羽猛增到1997年的80万羽，成活率由原来的62%提高到91.5%。

另外，各地在畜禽生产中出现问题，及时帮助解决，睢宁波尔山羊生病，该所科技人员及时对病料进行诊断，提出防制措施，有效控制了疾病的发生，滨海禽蛋公司禽发生疫病，本所迅速组织科技人员到现场了解情况，帮助诊断，制定防治措施，有效控制了疫病的发生。本所为公司的技术顾问单位，同时帮助该公司培训技术人员。

通过数年努力，苏北养殖业得到较快发展，无论从数量和规模上有了较大增加，促进了贫困地区畜牧业生产的发展。

2000年以来，农业科学院院党委加大农业科技服务工作，每年选派科研骨干到基层单位挂职，解决农民和农村实际困难。牧医所也曾先后选派胡来根、赵永前、丁成龙等同志到苏北任科技副县长，为发展规模养殖，疫病防治等提供服务。

二、畜牧所

2008年，畜牧所在全院首批组建科技服务项目组，赵伟任项目组组长（成员有林勇、吴云良、刘玮孟），带领团队有效开展科技服务工作，获得院所领导及职能部门好评，取得了显著的社会和经济效益。

2006 年来在灌云县南岗乡、陡沟乡，滨海县界牌镇官庄村，沭阳县万匹乡，新沂市阿湖镇黑埠村，沛县鹿楼镇、栖山镇开展科技服务工作，项目组人员每年驻点 100 天以上，培训农民 1 000 多人次，农民增收 1 360 万元，效益显著，得到当地村民及政府部门的高度评价。

2006—2008 年在灌云县南岗乡、陡沟乡实施了林下生态鸡养殖、肉牛养殖和甘薯种植项目。从草鸡品种引进、育雏、饲料配制、饲养管理和疫病防治等技术进行示范、培训，引导农户利用林地资源发展草鸡养殖。几年间草鸡养殖发展迅速，培育大小养殖户共 23 家，累计出栏 80 多万羽，带来经济效益 200 多万元。通过肉牛标准化饲养与疾病防治技术专题讲座、上门指导农户等各种形式的技术支持，肉牛养殖业得到了很好的发展，已发展养牛户 34 户，累计出栏肉牛 2 000 多头。按照每头肉牛获利 1 000 元计算，纯收入可达 200 多万元。与此同时，还在该地推广我院山芋品种，种植面积已有 2 000 多亩，销售山芋 7 000 多吨，按平均售价 0.3 元/千克，产值 210 万元。

2008—2012 年在滨海县界牌镇官庄村实施林地生态鸡养殖示范项目，帮助成立滨海县谭燕草鸡专业合作社，吸纳 30 个贫困户劳动力务工，辐射带动周边 101 户贫困户发展草鸡养殖，2012 年实现产值 450 万元。全年完成孵化推广苗鸡 200 万羽，销售鸡蛋 450 吨，产值达到 1 020 万元；合作社新吸纳社员 80 人，带动 400 户农户走上致富之路。

2009—2010 年在新沂市阿湖镇黑埠村开展"挂县强农富民"工作，协助完成了肉鸡产业园的规划；提供肉鸡市场行情预测报告；推荐引进肉鸡新品种，直接经济效益近 60 万元；举办技术培训，培训 57 人次，发放资料 100 多份，效果良好；现场技术指导，使肉鸡养殖工作正常有序开展。通过卓有成效的科技服务工作，阿湖肉鸡产业园的肉鸡养殖，带动了当地村民的就业，直接提供了 300 多人的就业岗位，肉鸡产业间接带动全村农民增收。

2011—2015 年为了解决沛县肉鸭养殖污染问题，在鹿楼镇进行了肉鸭健康养殖技术示范。建成了占地 100 亩、30 栋大棚的肉鸭发酵床养殖示范小区，年出栏量达 40 余万羽，直接经济效益 100 余万元。与常规养殖相比，肉鸭发酵床养殖低排放解决了养殖环境与周边环境污染问题，NH_3 平均浓度下降了 47%，料重比从 2.1∶1 下降至 2.05∶1，肉鸭存活率从 93% 提高至 96%，节水率约为 80%，每只肉鸭直接经济效益提高 1 元。肉鸭发酵床养殖新模式在沛县基本成形，并将继续完善，推广应用，带动更多养殖户发家致富。

肉种鸭发酵床旱养新模式在沛县鹿楼镇推广，建有占地 80 亩的肉种鸭发酵床养殖小区，建成简易钢架发酵床肉种鸭舍 19 栋，可养 4 万余只种鸭。建筑成本 180 元/米^2，还包括建成污水设施一套，以及生产、生活辅助设施等。

在栖山镇沛县三农鸭业专业合作社建有占地 100 亩的肉种鸭发酵床养殖小区，已建成简易钢架发酵床肉种鸭舍 11 栋，养 5 万余只种鸭。2015 年该养殖模式覆盖面占沛县的 80%，彻底解决了种鸭养殖的污染问题，为鸭产业可持续发展作出了贡献。

三、兽医所

按照院党委要求科技服务"一所一特色"的规划部署，兽医所结合自身工作实际制定了"应用研究为主、基础研究为辅""科研贴近临床、成果服务产业"的学科发展定位。充分发挥学科优势和人力资源优势，科技服务工作主要体现以下几个方面。

1. 科技服务类项目的实施

（1）"中小型规模猪场标准化养殖模式的建立"项目实施。该项目 2011 年以来，研究制定了猪场标准化生产操作规程、免疫程序及驱虫程序，不断探索研究和优化调整，形成了一套科学合理、切实可行的技术规程。通过该项技术的推广，有效地提高了生猪的平均体重、抗病力，降低了料肉比、发病率，产生了显著的经济效益和社会效益。还对项目实施猪场饲养员及其他相关人员开展了养猪生产知识培训，并对猪场实施了流行病学监测及实验室检测工作。每年对猪场进行 4~5 次实验室病原及/或抗体检测，每年检测病原数百份；血清抗体数百份。

（2）"林下草鸡微生态养殖模式技术研究及示范"项目实施情况。研究制订了《生态草鸡微生态模式养殖技术标准》《林地草鸡微生态养殖疾病综合防治措施》等相关技术规范。通过泗阳苏羽生态禽业发展有限公司作为项目示范基地，自 2011 年 3 月建成草鸡养殖基地并投产以来，进行微生态模式养殖草鸡 5 批共 6 万羽，养殖成活率均在 98% 以上，获得了良好的经济效益和社会示范效益。公司在积极开展养殖生产的同时，为更好地推广家禽微生态养殖模式和技术并带动当地农户科技养殖致富，特组织成立了草鸡养殖专业合作社。至今在农业科学院兽医所技术支持下已帮助 50 余户养殖户进行科学养殖指导并协助销售草鸡 20 多万羽。

（3）江苏省农业科学院基本科研专项"动物疫病病原学调查监测与遗传变异分析"项目。在苏南（常州、镇江、苏州）、苏中（南京、扬州）及苏北（宿迁、盐城、淮安）8 市分别选定 2 个以上监测猪场，对 47 家猪场共采集样品 4 300 余份，分别进行了当前主要疫病病原的监测；对部分分离病原进行生物学特性、致病性及现有疫苗对其保护性试验，为新兽药产品的研发提供了资源基础保证；初步撰写完成"江苏省规模猪场主要疫病监测分析报告"，并针对江苏省当前猪场疫病流行情况提出了风险预警评估，为相关猪场减少疫病发生所造成的经济损失数百万元。

（4）江苏省农业科技自主创新"规模猪场圆环病毒病等重大疫病防控技术集成与示范"项目。在项目示范基地进行自主创新成果产品"猪圆环病毒杆状病毒载体疫苗"示范应用共 4 000 头份，分别进行了疫苗安全性试验和效力试验。总体达到安全性 100%、免疫保护率 90% 以上；在宿迁、淮安等地开展生猪健康养殖及疫病防控技术培训讲座 3 次，培训养殖户 450 人次以上；派驻专业人员进行现场指导 20 人次以上，并培养当地 8 名兽医技术人员开展疫病防控、临床诊断、监测相关工作；通过对 4 个示范基地示范养殖，年产生直接效益 100 万元以上。带动规模养殖户 15 户以上开展生猪健康养殖，获得了良好的社会经济效益。

（5）江苏省农业科技自主创新"涟水县规模养猪场重大疫病控制与净化研究及推广应用"项目。完成了对涟水县规模猪场流行病学调查，开展了不同企业生产的猪瘟活疫苗、口蹄疫灭活苗的防疫效力比较试验，以及猪瘟、口蹄疫、猪伪狂犬病疫苗免疫后抗体消长规律的研究，完成了两个规模猪场伪狂病的初步净化；在此基础上，编制了适合涟水县规模猪场使用的规模猪场重大疫病防控和净化技术规程各一个；开展集中技术培训 6 场次，累计培训人员 300 人次以上，现场指导与培训 20 人次，指导培训人员 60 人次以上，为多个发生疫情的猪场提供技术服务，减少经济损失数百万元；研究成果在涟水县各规模猪场推广应用 30 万头以上，猪场重大疫病发病率同比降低 30% 以上。

2. 组建了动物疫病诊断检测中心，积极实施科技服务"一所一亮点"

2011 年，何孔旺、赵永前牵头组建了"江苏省农业科学院动物疫病诊断检测中心"，从事猪、禽、兔、羊等畜禽疫病的诊断、抗原抗体的检测与监测，每年接诊猪、禽、兔、羊等各类畜禽临床诊断病例 600 余例，接受各地各类动物血清、病料样品 15 000 余份/样，分别进行了实验室诊断包括各类抗原抗体检测，并提供了检测结果分析及疫病防控建议报告，直接为 300 多家养殖户（养殖场）提供疫病防控技术指导并有效地解决了疫病防控问题，挽回直接经济损失 5 000 万元以上。

3. 积极开展科技培训、咨询服务，提升行业整体技术水平

所组织具有丰富临床经验、熟悉基层生产实践的专家，前往全国十多个省，举办了 30 余场畜禽（猪、禽、兔、羊）健康养殖和疫病综合防控技术知识讲座，为约 500 名技术人员和 4 000 余名养殖业者传授了畜禽养殖生产中的操作规范、疫病防控、诊断技术，以及在一些动物重大疫病防控技术研究方面取得的新进展，不仅提高了养殖业者的技术水平和操作技能，也从观念上切实更新广大养殖户的一些传统固有思想，提升了行业整体技术水平，取得了良好的社会效益。

每年还组织派遣具有实践经验的科技人员百余人次前往宿迁、淮安、南通等地规模养殖场开展宣传、流行病学调查、临床诊断等技术服务工作，并与地方兽医部门开展交流。与院六合基地明天农牧有限公司、上海黄海农贸总公司畜牧水产养殖公司、南京六邦农牧、常州康乐农牧有限公司、江苏立华牧业有限公司、江苏永康、扬州创日猪场等近五十家较大规模的养殖企业保持密切的业务联系，将最新的研究成果输送到企业、应用到生产一线，帮助企业在动物疫病防控、生物安全隔离区建设、网络等方面破解了一系列生产技术难题。

结合国家兔产业技术体系疾病预防与控制研究室主任岗位科学家的工作需要，多年来兔病项目组薛家宾、王芳、范志宇等在江苏、河南、山东、河北、四川、重庆等全国养兔主产区举办各种形式培训活动，累计培训农技人员、农民 5 000 人以上。通过网络、电话等解答问题、传播养兔技术累计达万次。

邵国青研究员、刘宇卓研究员作为江苏省科技入户工程专家，在对工程项目实施技术指导员开展相关知识培训之余，还实地走访了泗阳、通州、海门、东海、东台等县（市）的部分科技示范户，针对畜牧业生产中存在的问题给予现场指导和示范，赢得了养殖户的认可和好评。

为继续开展好对养殖户的技术指导工作，邵国青研究员编写的《养猪生产与健康管理操作》一书，已印刷两版，为了方便给发酵床养猪模式下的技术人员和饲养员提供技术服务，在新编的第三版中特别新列了"发酵床养猪浅浅说"一章内容，由于该书对养猪生产中常见问题提出了切实可行的解决方法，深得基层生产一线人员的欢迎。

此外，所内相关研究室还通过新华社"三农资讯"、时代养猪咨询网、江苏省农村科技服务超市论坛、中国猪 E 网、爱猪网、中国养兔网、中国养兔论坛、中国东兔论坛、江苏省农信通专家平台、发酵床养猪技术 QQ 群等网络新媒体及电话等平台，答疑解惑，提供技术咨询达万余次。

4. 为疫苗生产企业提供工艺技术辅导，有效提高了动物疫苗的生产质量

国家兽用生物制品工程技术研究中心研究的 Marc145 细胞悬浮培养和猪瘟免疫增强剂 2 项新技术获得突破，技术相对成熟、定型。其中，Marc145 细胞悬浮培养技术成功推广至青岛易邦生物工程有限公司、天津瑞普生物技术股份有限公司、哈药集团生物疫苗有限公司、广东永顺生物制药股份有限公司 4 家优秀疫苗制造企业；猪瘟免疫增强剂推广至南京天邦生物科技有限公司和成都天邦生物科技有限公司 2 家疫苗制造企业。为保证科研成果的优效推广与应用，国药中心派出科技人员 80 余人次，到相关企业开展技术辅导，累计培训技术人员 70 余人，形成新产品 5 000 万头份，产生了较大的社会效益和经济效益。

5. 科技服务走向信息化、国际化时代

新时期，科技服务面向媒体、网络化、集团化和国际化，2016 年兽医所主办了首届猪支原体病国际论坛，来自五大洲和全国二十几个省规模化猪场 100 多人参加了会议，建立了猪支原体肺炎学术网、时代养猪资讯（www.piginfo.com）、英文版支原体网，成为国内外学术沟通和科技服务的重要桥梁。

第七节　技术开发

1978 年全国召开第一次科学大会，随着科技体制改革的深化，科学技术必须面向经济建设，科技成果必须转化为生产力。1985 年，一场科技体制改革的浪潮席卷科技界，科技人员必须面向经济建设的主战场。畜牧兽医所科技人员和广大职工积极投身到这场改革洪流。"八五"期间，在全国农业科技开发十强研究所评比中，我所排名第五，总计开发产品 77 项，到 1998 年累计产值 5 000 万元，纯收入 2 000 万元，创造社会经济效益数十亿元。

一、主要科技产品

（1）紫金牌猪、鸡系列饲料添加剂和浓缩料，兔毛、兔肉促生长剂。

（2）家禽、兔系列生物制品和猪气喘病弱毒苗、仔猪水肿病多价灭活苗、猪病毒性腹泻多价灭活疫苗及弓形虫弱毒苗。兔病研究室是全院最早一批把科研成果转化为生产力的单位。自 20 世纪 80 年代中期开始兔用疫苗批量生产。随着技术服务在全国各地的开展，兔用疫苗生产量大幅上升，从开始每年生产疫苗的产值几十万元到几百万元，利润也不断增加，为兔病研究及 SPF 兔研究提供了资金来源。2003 年后，兔病研究室的几项研究成果在南京天邦生物科技有限公司生产和推广，最高年份生产销售额达 1 700 多万元。继续扩大了科技成果的应用，为养兔业的生产提供了很好的保障作用，同时也扩大了江苏省农业科学院兔病研究在全国的影响力。

（3）多种动物疫病诊断试剂。

（4）清宫消炎混悬剂、促孕酊等中草药制剂。

（5）苏钟猪（Ⅰ、Ⅱ系种猪），德系长毛兔、苏Ⅰ系粗毛型长毛兔。

二、推广举措

（1）举办多种培训班。每年举办养兔、养禽、养猪等培训班，宣传我所的最新科研成果和科研新产品，提高专业人员的科学知识水平，加深对我所的了解。召开产品销售单位人员座谈会，签订购销产品合同等事宜，做到按时按质保证产品的供销。

（2）深入基层做服务。产品营销人员和有关科技人员，经常深入基层及时了解用户对产品使用意见，帮助解决使用中出现的问题。及时做好饲养户的咨询服务工作，如在全国形成"养兔热"的时期，兔病组同志及时回复了全国数千封咨询信件，帮助解决生产中的问题。

（3）广开渠道造影响。利用各种科研研讨会、科技服务、讲学机会，宣传该所的科技产品。如在淮阴召开的全国农业现场会上，开展产品宣传和技术咨询服务，提高了本所在省内外的影响。

（4）编写科技产品小册子。全书 3 万余字，全面介绍了 77 个产品的特点、用途、用法用量、储存注意事项、联系人，便于用户科学使用产品。

三、经济效益

1987—1994 年，科技开发产值 2 838 万元，利润 1 327 万元，到 1998 年累计 5 000 万元，纯利润 2 000 万元以上，创造社会效益数十亿元，1996—1997 年，禽类疫苗销售近 7 亿羽以上，家兔疫苗 2 000 万毫升以上，卵黄抗体血清类制剂 2 000 万毫升，年销售总额 800 万元以上，利润 300 万~400 万元。

四、开发基地

1993 年，建成兽用生物制品中试车间（1 800米^2）和冻干机房（200 米^2），配建完成强毒隔离场、检验动物饲养场及无公害处理的动物焚尸炉等辅助设施。中试车间后经改造，1998 年 4 月通过农业部 GMP 验收，验收专家包括殷震（院士）、蔡宝祥、于震康、崔冶中、曾溢涛（院士）、陈溥言。其后，省农林厅发放生产兽药生物制品的《兽药生产许可证》［农牧药（1998）43 号文"关于对江苏农业科学院畜牧兽医研究所畜禽生物制品生产车间的批复"］。同年，增挂"江苏省畜禽生物制品工程技术研究中心"，获得省科厅的经费支持。

利用科技开发收益，建成畜牧科研大楼（2 000米^2），实验鸡场、兔场及实验场等（7 000米^2），完成畜牧兽医大楼改造。兔病研究室建成 SPF 兔动物房。

第四章　专家队伍

第一节　部分老专家简介

一、蔡无忌（1898—1980）

浙江绍兴人，民主革命家和教育家蔡元培先生的长子。1914 年留学法国，曾先后就读法国翁特农业学校、国立格里农学院、阿尔福兽医大学，1924 年获兽医学博士。1926—1930 年间，先后就职于上海乳肉管理所技师、中央大学农学院院长和上海商品检验局局长。在上海工作期间有感于中国兽医行业人才贫乏，创办了上海兽医专科学校，自任教授兼校长，培养了我国第一批兽医生物学人才，为我国现代畜牧兽医发展奠定了基础。1936 年发起成立了中国畜牧兽医学会，被推选为首届会长。组织国内专家会同外籍学者考察我国重点畜牧业，编写发展中国畜牧业计划和家畜图谱。

1941 年，重庆国民政府农林部成立中央畜牧实验所，任命蔡无忌为首任所长。中央畜牧实验所（简称"中畜所"）成立后，接收前农林部兽疫防治大队为中央兽疫防治队，协助各省防治牛瘟病，接收中央农业实验所畜牧兽医系，并附设一个血清厂。举办各种类型短训班，培养了一大批兽医人才，促进了抗日战争时期大后方畜牧兽医事业的发展。

1945 年抗日战争胜利后，重返商品检验工作岗位。抗美援朝期间，以兽医专家身份，参加国际和平组织和中朝政府共同组织的"国际科学家对美军在朝鲜和中国东北细菌战调查团"，进行科学调查。

晚年致力于提高我国畜产品的国际市场竞争力工作。20 世纪 60 年代，他已年近古稀，不顾年迈体弱，不辞辛劳，深入边远地区，指导改进出口肉食品的质量，改进肉食品冷冻储存技术，解决了我国出口肉食品关键问题。他领导过中国第一个商品检验机构，起草了中华人民共和国第一个商品检验条例，组织编写了《中国现代畜牧兽医史料》一书。

二、程绍迥（1901—1993）

四川黔江县人，1921 年清华学校毕业后赴美留学，1926 年毕业于美国依阿华州立农工学院，获兽医博士学位。1927—1930 年在美国约翰斯·霍普金斯大学公共卫生学院学习，同时从事研究工作，获免疫学博士学位。

1931—1935 年，受聘于实业部上海商品检验局兽医技正，同蔡无忌等共同创建了上海兽医专科学校，兼任上海兽医专科学校、上海复旦大学、上海中法大学药学专科学校教授。1940 年

重庆国民政府成立农林部，任命程绍迥为渔牧司司长。任职 4 年期间，与蔡无忌共同创建了中国第一个畜牧兽医研究机构——中央畜牧实验所，在全国各地筹建了一批畜牧兽医机构。

1945 年，回"中畜所"任所长直到新中国成立。主持牛瘟弱毒苗研究工作，对牛瘟等兽疫的防治作出了杰出贡献。1983 年 5 月，美国约翰·霍普金斯大学为表彰他在中国消灭牛瘟工作中的卓越贡献，推选为该校荣誉学会"约翰·霍普金斯学者学会"会员，发给荣誉证书和荣誉大奖章。1990 年 6 月，美国依阿华州立科技大学兽医学院授予他"斯坦奖"。

中华人民共和国成立后，出任农业部畜牧兽医局局长。先后担任中国农业科学院副院长，院学术委员会副主任委员，全国人民代表大会第二、第三届人民代表，全国政协第五、第六届全国委员会委员，政协第六届全国委员会农业工作组副组长，农业部科学技术委员会常务委员，国家科委畜牧专业组组员和抗生素组组员。同我国畜牧兽医界其他老前辈共同创建了中国畜牧兽医学会，担任学会第五、第六届理事会理事长，中国农学会第二届副理事长，中国微生物学会常务理事，中国畜牧兽医学会名誉理事长，中国农学会荣誉理事。九三学社社员，历任九三学社北京分社常委委员，九三学社第七届中央常务委员、中央参议委员会常务委员。

三、许康祖（1904—1966）

浙江嘉兴县人，1924 年毕业于北京农业大学畜牧系，1927 年赴美国康乃尔大学研究院深造，获硕士学位，1929 年回国任浙江大学农学院教授。1933—1937 年任江苏省建设厅技正。抗日战争期间，任经济部农本局专员。1940 年任渔牧司科长。1942 年任农林部西北羊毛改进处处长兼西北农学院教授，主讲绵羊学课程。抗战胜利后，任中央畜牧实验所副所长，中央大学农学院畜牧系教授。长期从事养羊研究及养羊教学，对我国养羊业的开拓和西北地区绵羊业的发展方面作出了很大贡献。

四、何正礼（1908—2003）

江苏赣榆县人，1934 年毕业于国立中央大学农学院畜牧兽医学系，获农学学士学位。是年就业于实业部上海商品检验局、上海市兽医防治所，1936 年，先后担任浙江家畜保育所技师、主任、所长。1941—1946 年，先后在浙江英士大学农学院、中央大学农学院畜牧兽医系任副教授，中央畜牧实验所任技正。1947—1949 年，进入美国加利福尼亚州立大学柏克莱研究院，进行多杀性巴氏杆菌研究，期满获得硕士学位。1949 年返回祖国，任中畜所技正。1950 年后，曾先后担任华东农业科学研究所畜牧兽医系研究员、副系主任，江苏省农业科学院畜牧兽医研究所副所长等职务。

1934—1935 年，同程绍迥先生一起研究牛传染性胸膜肺炎的传染途径、诊断方法和弱毒菌苗。20 世纪 50 年代，鉴于当时猪瘟蔓延，引进国外技术，改进猪瘟结晶紫苗，研制成功猪肺疫甲醛氢氧化铝菌苗和牛出败菌苗；1958 年起，开始研究猪气喘病病原特性和免疫途径，建立了微粒凝集法；1979 年分离鉴定猪支原体肺炎 168 株强毒株，经过长期实验室与临床试验证明安全稳定，具有良好的免疫原性。为以后研制猪气喘病（168 株）活疫苗打下了坚实的基础。

何正礼研究员在猪瘟、猪肺疫、禽巴氏杆菌病、猪气喘病、猪传染性水疱病、兔 A 型魏氏梭菌下痢病方面的研究均取得了重大成果，贡献巨大。

一生治学严谨，科研一丝不苟。他要求身边的年轻同志在对待研究工作要"慎思之，熟虑之，抓住现象，求其本质，考虑利用"，为我所形成求真务实的科研作风奠定了良好的基础。主要论著包括：《猪瘟结晶紫疫苗的研究》《猪肺疫菌苗的研究》《猪气喘病免疫研究初报》《在显微镜下观察微粒集反应对猪地方性肺炎的诊断和鉴定猪肺炎支原体的研究》等。主要参编著作有《中国家畜传染病》《中国大百科全书》《中国近代畜牧兽医史料集》等。科研业绩入编《中国大百科兽医卷》《中国兽医传染病巴氏杆菌病》《中国近代畜牧兽医史料集》。

先后担任中国农业科学院学术委员会委员，江苏省农业科学院学术委员会副主任，江苏省畜牧兽医高级职称评委会主任委员，江苏省畜牧兽医学会第三、第四届理事会副理事长，江苏省中西兽医结合研究会名誉理事长，农业部兽药典评委会委员，全国禽病研究会理事等职。他是江苏省第五届政协委员，曾两次荣获"江苏省劳动模范"称号，一次荣获"全国劳动模范"称号。1990 年起享受"国务院政府特殊津贴"。

五、郑庆端（1909—1985）

福建仙游人，1929 年毕业于福建协和大学生物系；1935 年就读于燕京大学研究生院，获理学硕士学位；1940 年留学美国密执根州立大学，1945 年获兽医和哲学博士学位；1950—1986 年任华东地区农科所畜牧兽医系主任、江苏省农业科学院畜牧兽医所所长、名誉所长。1950 年晋升为研究员。曾任江苏省畜牧兽医学会理事长、卫生部医学科学院血吸虫病专题委员会委员。江苏省第三届、第五届人大代表。

早年从事兔化牛瘟冻干苗研制工作，继后从事猪丹毒病及弓形虫病的研究。先后获科技成果奖 9 项，其中主持研制的"猪丹毒菌苗研究""猪丹毒氢氧化铝甲醛菌苗研究"1954 年获华东农业科技三等奖，1957 年获农业部奖；"猪瘟、猪丹、猪肺疫"三联苗 1978 年获全国科技大会奖，"猪丹毒弱毒菌种 G4T（10）的培育"1983 年获省科技成果二等奖。

多年从事人兽共患病研究，对弓形体病的发病机理、诊断、流行病学、治疗与预防方面有较深入的研究，其成果获得国家农牧渔业部 1981 年度一等奖、国家科技进步 3 等奖。在家畜寄生虫病方面，进行了江苏猪寄生虫调查，共查出猪的内外寄生虫 25 种，通过实验提出驱除体内外寄生虫有效、安全的药物；对弓形虫的病因、诊断与防治做了较系统的研究，取得了成果。还参与编著、编译《中国家畜传染病》《家畜传染病》《家兔养殖业》等书。

国庆十周年之际，他应邀赴京参加观礼，之后当选江苏省人民代表，被评为省先进工作者。

六、吴纪棠（1910—1992）

江苏武进人，1933 年毕业于中央大学心理学系。后转入本校农学院畜牧兽医系学习，1935 年毕业，同年 8 月入中央农业实验所畜牧兽医系工作。1937 年抗日战争开始，随单位迁到贵州。1939 年获得中华教育文化基金会资助，赴美国 IOWA 州农工大学兽医微生物学与预防医学系学习，获硕士学位。

1945 年抗日战争胜利前夕回，先在重庆任国民政府农林部专员，后至农林部畜牧实验所任技正，兼该所上海工作站主任。1949 年成立上海血清厂，到该厂负责领导生产抗血清。1951

年上海血清厂与南京血清厂合并成立南京兽医生物药械厂，转入南京华东农业科学研究所畜牧兽医系任副研究员。1975年晋升为研究员。1978—1985年，任江苏省微生物学会副理事长兼兽医微生物专业组负责人。1956年参加九三学社。

1938年在贵州东北地区防治牛瘟。在美国进修期间，主要研究课题为"猪霍乱沙门氏杆菌及其类似菌种的生化试验"，后又攻读过数门兽医课程，为他回国后从事兽医科学研究奠定了较深厚的基础。在担任农林部中央畜牧实验所上海工作站主任期间，曾建立过兽医诊断实验室。在上海血清厂主要负责领导制造抗炭疽血清。

1957年发表"鸡新城疫减弱病毒的保存试验"和"鸡新城疫印度系弱毒疫苗免疫持续期试验"两篇研究报告。20世纪60年代初，任"盱眙水牛病"研究组组长，发现牛、山羊同圈和共牧可能造成该病的流行，确认传播和山羊的密切接触有关，采取牛和山羊隔离饲养和分别放牧的措施，降低了发病率。20世纪70年代，猪水疱病和口蹄疫在江苏省先后流行，他指导猪病实验诊断组人员，在国内首次采用反向间接血凝试验对这两种严重的疾病进行快速鉴别诊断，在预防口蹄疫的工作中发挥了作用。20世纪70年代中期，指导从病原的基础性研究着手，对致病性大肠杆菌和轮状病毒做了大量研究。80年代，年逾古稀仍然坚持在南京农业大学家畜传染病教研组为研究生作关于"病毒的进化与病毒病的防治"系列讲座。

主要论著有：《鸡新城疫减弱病毒的保存试验》《用反向间接血凝试验作猪1、5号病的鉴别诊断》《脊椎动物病毒的分类与检索》《国际病毒分类委员会批准的新病毒科和组》。

七、徐汉祥（1915—2013）

上海崇明人，1942年毕业于江西兽医专科学校，在广西壮族自治区家畜保育所任技佐，参加牛瘟疫苗与抗血清研究；1943—1944年在甘肃省农业改进所任技佐，主持陇南牛瘟防治工作；1946年甘肃省畜牧兽医研究所研究生结业；1947—1949年在南京东南兽疫防治处任技佐，参加兔化牛瘟冻干苗的研究；1959年起先后晋升为华东农业科学研究所副研究员、江苏农业科学院副研究员、1978年晋升为研究员，1961年始历任中兽医研究室主任、猪丹毒研究室副主任，1984—1986年任畜牧兽医研究所副所长、江苏省畜牧兽医学会常务理事等职。1992年享受国务院政府特殊津贴。

解放初期，成功研制出牛瘟弱毒疫苗。20世纪50年代开始，主要从事猪丹毒疫苗的研究工作，重点研究猪丹毒氢氧化铝甲醛菌苗；参与培育成猪丹毒弱毒菌种 G_4T（10）；与南京兽医生物制品厂等单位协作，1977年成功研制猪瘟、猪丹毒二联苗；应用血清生长凝集试验诊断急性猪丹毒在国内首先获得成功，改进了猪瘟、猪丹毒的免疫程序及免疫监测手段，对猪瘟、猪丹毒两大疫病的防治起到重要作用。

20世纪60年代，主持中兽医研究室的工作，深入基层蹲点，经过临床试验，研究成功牛前胃疾病、马属动物急腹症的有效中药方剂及针灸方法，不仅在生产上起到了明显的效果，而且帮助当地兽医人员显著提高了医疗水平。

1956—1966年期间，先后两次、历时3年半，作为政府派往越南民主共和国的兽医专家，在越南培训兽医技术干部，帮助开展兽医生物制品制造及兽医寄生虫的分类与鉴定等工作，获越南政府颁发的友谊奖章与三级劳动勋章。1974 年，被我国政府派往阿尔巴尼亚，任兽医专家组组长，率领专家培训阿方兽医干部，指导猪病诊断与兔化猪瘟疫苗的制造等技术，赢得阿方的好评。

作为主要完成者之一，取得了 10 余项具有重大影响的研究成果。猪丹毒菌苗研究，1954 年获华东农业科技三等奖；猪丹毒氢氧化铝甲醛菌苗研究 1957 年获农业部奖；猪丹毒、猪瘟、猪肺疫三联弱毒冻干苗 1978 年获全国科学大会奖；育成安全有效的猪丹毒弱毒菌株 G4T（10）1979 年获省科技成果二等奖；盱眙水牛病防治研究 1980 年获省科技成果三等奖；猪丹毒血清学快速诊断方法的研究 1981 年获省农牧技术改进三等奖；猪丹毒弱毒菌种（G4T（10））的培育、猪丹毒的诊断及仔猪免疫程序的改进 1983 年获农业部技术改进二等奖；江苏省家畜流行病与防治的调查研究 1983 年获省农林厅技术改进一等奖；改进仔猪防疫注射程序防制猪瘟猪丹毒技术的推广 1985 年获省科技成果四等奖。

主笔发表论文 19 篇，参与撰写发表论文 16 篇；主编和参与主编专著 9 本。

八、潘锡桂（1916—2001）

江苏南京人，1943 年毕业于西北农学院畜牧兽医系。先后在西北农林厅羊毛改进处、中央畜牧实验所、华东农林部畜产处就职。江苏农业科学院畜牧兽医所任技正、副研究员。1987 年晋升为研究员。

主要从事湖羊改良，畜禽品种资源调查工作。曾先后获得科研成果奖 6 项。参与和主持编写《中国家畜家禽品种志》（中国羊品种志），1985 年获农业部科技进步一等奖；"江苏省综合农业区划"1985 年分别获全国农业区划委员会一等奖和江苏省科技进步一等奖；家畜家禽品种资源调查及《中国畜禽品种志》的编写 1987 年获国家科技进步二等奖。两次参加和主持江苏省畜牧区划研究，提出各区发展畜牧生产和途径，该成果汇入全国综合农业区划。发表论文 22 篇，出版《养羊学讲义》。南京市第九届人民代表大会代表、南京市栖霞区第九届人民代表大会代表。

九、李瑞敏（1920—1975）

辽宁海城人，1947 年毕业于铭贤学院畜牧兽医系，获农学学士学位，同年进入中央畜牧实验研究所从事畜牧科研工作。受中共地下党组织的派遣，负责收发报通讯联络工作。1949 年南京解放，李瑞敏和苏国勤、傅沙丁接管中畜所，担任助理军代表；新中国成立后，他曾先后担任畜牧兽医系秘书、副主任。1959 年获江苏省农业劳动模范称号，1963 年晋升为副研究员。

李瑞敏刻苦钻研业务，深入基层调查，从畜牧生产实际出发首先提出新淮猪的选育、乳役兼用牛的改良、小尾寒羊、湖羊的改良和新狼山鸡的选育等一系列研究课题。主持参与"江苏省农业区划"省协作项目，1978 年获全国科学大会奖；"新淮猪选育"作为第一主持人获省科学大会奖，1982 年获农业部技术改进一等奖。他作为新中国第一代科研战线上的共产党员，有着坚定的理想信念和无私的奉献精神。面对解放初期各种艰难困苦，他积极主动、乐观向上，用自己的实际行动带领科研团队攻克难关，把毕生精力奉献于畜牧业生产，终于培育出江苏省知名优良品种——新淮猪。他临终前的遗言是死后将骨灰安葬在淮阴种猪场与新淮猪长守。

十、杨运生（1922—2016）

湖北襄阳人，1946 年毕业于浙江大学农学院农艺系。1947 年初到中央畜牧实验所工作，1959 年在中国农业科学院江苏分院院办公室从事科研管理，历任办公室副主任、主任、副研究员、研究员，江苏省农业科学院土壤肥料研究所常务副所长，兼任江苏省农学会秘书长，中国土壤学会常务理事，江苏省草地研究会副理事长等职。享受政府特殊津贴。

20 世纪 40 年代中期开始从事土窖藏玉米青贮料的调制研究，在南方多雨的情况下首获成功，并在华东地区推广应用。50 年代初期主持华东地区牧草研究，鉴定、选育出一批适宜华东地区栽培的优良牧草品种，1951 年获华东农林部的奖励；研究利用牧草和绿肥改良盐土，探索出利用生物改良盐土的有效途径，1984 年获江苏省科技进步二等奖。60 年代从事科研管理期间，参与组织大"样板"，推广"陈永康种稻经验"等工作。80 年代继续从事牧草和草地建设研究，先后承担了国家自然科学基金和部、省重点研究项目，结合农区发展养殖业生产的特点，探索农区在以农为主的前提下，研究农牧（渔）结合的途径、方法。先后开展了种草养鱼的研究，获得较完整的配套技术，并在生产上推广应用，1987 年获省科技进步二等奖；"狼尾草属牧草选育及在长江以南农区的应用"1992 年获农业部科技进步三等奖；"农区不同类型地区草地农业系统的研究"1988 年获省科技进步四等奖。80 年代初期开展"热带型"牧草研究，并提出在夏季高温的长江中下游地区应用热带型牧草是缓解夏季缺青的有效途径，通过品种资源研究，选育出"杂交狼尾草"和"宁牧26-2"狼尾草两个高产优质新品种，在华东和华南地区大面积生产中应用。1983 年秋，赴日本考察交流牧草育种和草地建设经验，后与日本九州农试场佐藤博保博士合作，引进一批热带型牧草品种资源，充实了热带型牧草研究。除带硕士研究生外，并联系推荐青年科技人员赴日本学习进修。他指导和培养了一批中青年牧草研究骨干，为继承牧草研究作出了贡献。

发表论文有《关于江苏省发展牧草和草地建设的意见》《养鱼青饵料的供需量和解决的途径》《美洲狼尾草和象草种间杂种的细胞学观察》以及《牧草与草地建设研究论文集》等 20 多篇。

十一、王庆熙（1925—）

河南西平人，高中文化，1946 年任中畜所小动物室负责人，1978 年任养兔研究室主任，1987 年晋升为副研究员。

20 世纪 50 年代起，长期参加"新淮猪"的选育研究，该项研究 1981 年获农牧渔业部奖励成果一等奖，个人排名第三。"新淮猪为母本二元杂交效果研究"获省科技成果四等奖、省农牧技术改进四等奖，个人排名第二。1980 年后，主持"德系长毛兔的选育和饲养配套技术"研究，于 1987 年获农业部科技进步三等奖、外贸部科技成果三等奖，个人排名第一。

主要发表的论文有：《德系长毛兔选育》《实验兔场的建筑与设备》等。参加编著的书籍有《养兔生产综合配套技术》。参与发表学术论文 18 篇。

十二、储静华（1926—）

江苏金坛人，1950 年毕业于南通学院畜牧兽医系。1950 年 6 月分配到苏北行署农水处畜产科；1953 年，苏南、苏北行署合并，在南京成立江苏农水处，调到农水处畜牧兽医科，负责苏北畜牧工作；7 月初，去泰兴种猪场搞民主改革，10 月被分配到苏北农学院畜牧兽医系微生物教研组任助教；教学工作之外，还从事猪瘟白血球左移，猪气喘病，鸡新城疫鼠化弱毒苗以及小鹅瘟活疫苗等研究工作。1960 年 10 月调至华东农业研究所畜牧兽医系工作。1969 年下放五七干校，1972 年回原单位工作，1982 年被评为副研究员。

长期从事细菌学研究工作，在猪瘟，猪丹毒病，猪大肠杆菌病，鸡白痢诊断做过研究，参与了鼠化鸡新城疫弱毒疫苗，小鹅瘟疫苗和鸭瘟疫苗的制备工作。在禽出败病和猪气喘病等方面做了大量工作。她作为主要工作人员参加的"家禽巴氏杆菌（禽霍乱）活菌苗"研制和"猪肺炎霉形体无细胞培养基和分离技术"1978 年获江苏省科学大会奖；"以微粒凝集诊断猪地方性肺炎"1981 年获农业部技术改进一等奖；"猪肺炎霉形体无细胞培养基和病肺块接种法分离技术及其应用效果"1985 年获省农牧科技成果四等奖。发表论文 10 余篇。

十三、许嘉云（1928—2016）

浙江嘉兴人，大专学历。1947—1948 年，中央畜牧实验所接收为练习生；1949 年 7 月起，在军管会接管的中央畜牧实验所参加工作；1959 年 9 月晋升为研究实习员。1959 年 10 月至 1968 年间，奉农业部之命和陈锷、方陔赴扬州市邵伯镇参加筹建中国农业科学院家禽研究所，并担任科研管理及办公室主任等职务；1963 年 10 月至 1965 年 7 月赴古巴协助协筹办养鸭场，并担任养鸭场负责人；1968—1969 年，赴坦桑尼亚参加农业考察工作；1970—1972 年间，在南京农业局援外办公室工作；1974—1982 年任畜牧兽医研究所副所长（主持工作），1980 年晋升为副研究员。

长期从事家禽新品种培育和饲养技术推广工作。1952 年与李瑞敏、陈锷等人用澳洲黑鸡与狼山鸡导入杂交，提高鸡的品质；1958 年培育成新狼山鸡。1959 年后，参与筹建如东、南通二个狼山鸡场，对狼山鸡整顿鸡群，择优定型、闭锁扩群选育，经过 26 年保种、选育，狼山鸡种质增强，外貌趋于一致，性能稳定，扩展到 20 多个省市，总数达 1 000 多万只。

主编出版专著《家禽饲养研究》《怎样养家禽》《实用养鹅技术》等。参编 2 本著作。

十四、胡家骠（1928—2013）

浙江镇海人，1952 年毕业于南京农学院畜牧系，同年入职华东农林干部学校任学生辅导员，1953 年调华东农业科学研究所畜牧兽医系工作。1973—1975 年间曾先后任盱眙县畜牧兽医站技术员、江苏省农业局畜牧处技术员职务。1953—1975 年先后参加新淮猪的推广和新狼山鸡的选育，1979 年参加"二花脸猪"的繁殖生理特性研究，1981 年开始主持"家兔繁殖技术研究，1988 年应日本爱知县农业水产部邀请，在该县农业综合实验厂畜牧所进行梅山猪的合作研究。所参加的新淮猪的选育 1987 获农业部技术改进一等奖，该所获奖人员排名第四。家兔冷冻精液的研究及推广应用获外贸部科技进步二等奖。发表重要学术论文有《家兔冷冻精液初报》《夏秋两季西德长毛兔和本地家兔冷冻精液品质变化》等 19 篇，参与编写专著一部。1987 年晋升为副研究员，1993 年起享受国务院政府特殊津贴。

十五、曹文杰（1930—）

上海市人，1954 年毕业于江苏农学院畜牧兽医系。同年分配到华东农业科学研究所畜牧兽医系工作。曾先后从事狼山鸡、淮阴黑猪的繁育调查研究；1958 年起从事饲料营养研究，1970—1977 年下放到镇江市句容县，先后担任农技站技术员、县外贸局、商业局技术员。1979 年调回农业科学院牧医所从事饲料营养研究。1983—1985 年担任牧医所副所长，1986 年，农业科学院成立了饲料食品研究所，调任该研究所第一任所长。1987 年晋升研究员，1988 年被授予江苏省中青年突出贡献专家，1990 年享受国务院特殊津贴。

主持完成省部级科研项目 10 余项。主持"猪配合饲料的研制与生产推广应用"1985 年获江苏省科技进步三等奖，个人排名第一；"配合饲料资源调查研究"1986 年获国家计委、经委、科委、财政部表彰奖；"江苏省饲料资源调查及常用饲料的营养价值分析评定研究"1987 年获省科技进步二等奖个人排名第一。发表学术论文数十篇，出版专著 4 部。

曹文杰还兼任江苏省饲料工业协会副会长、江苏省畜牧兽医学会常务理事、饲料营养研究会理事长，中国动物营养研究会江苏省联络员等职。是江苏省动物饲料营养有突出贡献的专家、研究员、硕士生导师，还创建了江苏省畜牧兽医学会饲料营养研究分会，连任三届研究会会长。研究会创办了会刊，定期发布新产品信息，在全国同行中有较大的影响力。

十六、范必勤（1931—）

福建长汀人，1955 年毕业于南京大学。1982—1983 年，留学美国密西根州立大学，完成六项专题研究，获多项创新性成果，被评为该校杰出研究学者。1987 年聘为研究员。

多年从事家畜繁殖与人工授精、血吸虫病和胚胎工程研究。研究成功水牛和奶牛精液的低温与冷冻保存和精子冻干保存技术；建立了牛、羊、猪、兔胚胎移植系统技术；研究成功我国首例试管兔、试管牛和试管猪；胚胎分割同卵孪生山羊，国际首例转基因超级家兔和转基因猪；转入抗猪瘟病毒核酶基因，具抗病性可传代的转基因兔，为转基因抗病育种提供了依据；研究成功单

精子注入原核卵细胞获首例显微授精兔，细胞核移植克隆兔等技术。

主持省部级以上重大研究项目14项，获得国家、部省级科研成果16项。其中国家级奖励2项，省（部）级二等奖以上成果4项。"试管猪技术研究"1991年获得农业部科技进步二等奖，1992年获国家科技进步三等奖；"哺乳动物体外受精研究"1990年获江苏省科技进步二等奖，在国内外期刊发表论文235篇，译文、畜牧兽医文摘400余篇，出版编译专著7部。1988年起先后兼任厦门大学、南京大学、南京师范大学和南京农业大学教授，博士生导师。培养博士研究生7人，硕士研究生8人。1990年被评为省级有突出贡献中青年专家，1991年起，享受国务院政府特殊津贴。

在国内外曾先后担任：农业部生物技术专家委员会顾问、国家自然科学基金委员会学科评委、国家自然科学奖评委、国家重点基础研究973重大项目评委、国家863高技术项目评委、美国国际期刊《*The Member of Assisted Reproductive Technology/Andrology*》编委、亚洲动物生物技术学会副会长、会长；中国畜牧兽医学会生物技术研究会副主任、名誉理事长；中国农业生物技术学会常务理事、动物生物技术专业委员会主任委员；江苏省畜牧兽医学会秘书长，副理事长；江苏省动物繁殖研究会理事长；江苏省动物学会常务理事；全国动物繁殖研究会常务理事；江苏省细胞生物学副理事长等职务。

十七、阮德成（1932—）

江苏淮阴人，1954年毕业于南京农学院畜牧兽医系，同年进入华东农业科学研究所畜牧兽医系。曾先后参与和主持研究项目有：鲁西黄牛调查、新淮猪培育、农牧结合、滩涂利用、青饲料周年轮替等研究。在家畜饲料来源、饲料营养和发展畜牧业区域对策等有较深入研究，特别对南方地区充分利用土地资源，在大田粮食作物种植中插种绿肥、饲料作物，实行农牧结合，养地用地，解决畜牧业发展中的青饲料来源，提高土地利用率上做出贡献。先后发表《利用紫云英作猪饲料的研究》《青刈油菜的栽培利用》《利用绿肥先喂猪后肥田研究》等论文30余篇。

阮德成曾于1960年先后担任畜牧场场长、1971—1973年担任江苏农业科学研究所畜牧兽医组组长，1973年调至所办公室科研计划组（现农业科学院科研处）从事科研管理工作，1983年任江苏省农业科学院科研处处长，1985年后任农业科学院副院长，分管科研管理工作。1986—1992年曾担任两届江苏省畜牧兽医学会理事长。他是中国农业科技管理研究会的创始人之一。国家农业部第三、第四届科技委员会委员，农业科技研究会第一、第二届副理事长兼学术部主任。1987年晋升为研究员，1992年起享受政府特殊津贴。还曾任江苏省政协科技委员会副主任。主编《农业科技计划管理》《社会主义市场经济下的农业科研计划管理》等著作。

十八、徐克勤（1932—2012）

江苏南京人，1950—1952年就读于华东军区兽医学校，1952—1958年就职于南京军区兽医防治检验所，任助理兽医，1955年10月授准尉军衔，1956年6月授少尉军衔；1958—1962年赴黑龙江854总场兽医站工作，任兽医站负责人；1962—1976年在黑龙江虎林县工作，曾任兽医

防疫队兽医负责人、兽医院和兽医卫生防疫站兽医业务负责人；1976年调到江苏省农业科学院畜牧兽医研究所工作，曾分别任所中试室主任、鸭瘟–鸭肝炎二联苗研究室主任，1987年7月晋升为副研究员。1993年起享受国务院政府特殊津贴。

参加国家攻关项目"猪丹毒免疫与诊断研究"，与南京生物药品厂等单位协作，培育成猪丹毒弱毒菌种G4T（10），以此菌种为基础，用于猪瘟、猪丹毒二联苗研制，于1977年获得成功，迄今仍在大批量生产；完成了血清生长凝集试验诊断急性猪丹毒以及通过母源抗体的变化制定免疫程序等技术。上述研究分别于1979年获省科技进步二等奖、1981年获农业部技术改进二等奖及2项省农牧科技三、四等奖。主持"猪丹毒杆菌血清型研究"，从貌似健康的猪扁桃体中分离到6株国际标准之外的新血清型菌株，定名为23血清型，从海鱼中分离出新血清型猪丹毒杆菌，定名为24血清型，1986年获农业部技术改进三等奖。主持鸭病毒性肝炎研究，培育成E-85鸡胚化弱毒株，并研制成疫苗，1990年获省科技进步三等奖。发表学术论文15篇，其中主笔发表9篇，参加6篇，参编《大家畜的饲养管理》一书。

任中间试验室主任的两年期间，组织生产兔瘟疫苗等，开拓销售渠道，自制紧缺设备，迅速扩大产量，严控产品质量，获纯利润100余万元。

十九、金洪效（1933—）

浙江温岭人，1957年毕业于南京农学院，1992年晋升为研究员。1971—1973年任畜牧兽医系副主任，1990年被评为省有突出贡献中青年专家，1992年起享受政府特殊津贴。

长期从事猪气喘病的研究，任课题主持人兼全国协作组召集人。20世纪80年代中期，在何正礼的指导下，独创了"KM2无细胞培养本种动物回归交替传代"致弱技术，经历10多年连续继代致弱毒株至F322代。1989年完成猪肺炎支原体168弱毒株培养和免疫学实验，育成无细胞培养弱毒株（168株）。分别比较肌肉、腹腔、皮下、气管以及肺内等免疫途径，优选出高效的肺内免疫途径，疫苗保护率达80%~96%。在全国二十多个省市推广应用200多万头。

获科研成果奖5项，其中"猪肺炎支原体无细胞培养和分离技术""以微粒凝集诊断猪地方性肺炎及建立无猪气喘病健康群和鉴定菌种""猪肺炎霉形体弱毒株的培育和免疫原性研究"分别获江苏省科学大会奖、农业部技术改进一等奖及省科技进步二等奖。发表论文50余篇，编写专著1本。

二十、奚晋费（1933—）

上海市人，1952年于中国人民解放军兽医大学华东兽医专科学校毕业；1952—1969年，曾先后在中国人民志愿军第九兵团、华东军区军马医院、南京军区兽疫防治研究所等单位从事兽医工作；1969—1978年，下放工厂，在工厂医务室工作；1978—1994年，在江苏省农业科学院畜牧兽医研究所工作；1992年晋升为副研究员；1998年经江苏省老科协评审委员会评定为研究员资格。

多年来主要从事猪传染性水疱病、口蹄疫、猪瘟和新生仔猪大肠杆菌病的快速鉴别与诊断研究；"奶牛繁殖障碍等疾病中草药防治技术及作用机理"研究为主要研究人员。所参加的科研项目中有六项获得省部级各类成果奖。发表论文36篇，其中第一作者发表论文15篇。

二十一、丁再棣（1934—）

江苏无锡人，1958 年毕业于南京农学院，同年就职于华东农业科学研究所畜牧兽医系，1992 年起享受政府特殊津贴，1995 年晋升研究员。

20 世纪 70 年代中期，在吴纪棠先生的指导下，带领项目组开展猪传染性水疱病和口蹄疫诊断试验，在国内首次采用反向间接血凝试验对这两种严重的疾病进行快速鉴别诊断，该研究获得江苏省科技进步三等奖。20 世纪 80 年代任幼畜轮状病毒病研究室主任，从病原学的基础性研究着手，对致病性大肠杆菌和轮状病毒做了大量研究，主持"猪轮状病毒分离鉴定及致病研究""猪轮状病毒弱毒株的培育"等分别获部、省科技进步三等奖。

主持获部、省级科技进步奖 7 项，参与完成科技进步奖 4 项。主笔发表学术论文 23 篇，参与发表学术论文 24 篇。

二十二、褚衍普（1934—）

南京浦镇人，1961 年毕业于南京农学院畜牧系，时年分配到中国农业科学院江苏分院畜牧兽医系工作，1988 年评为副研究员。

主要研究方向为：羊的杂交改良和饲养管理。参加过启东、海门农业样板工作。在绵羊改良方面做了大量工作。曾长期在丰县、沛县和海门蹲点，在黄淮海盐土区睢宁县蹲点长达 10 年。

参加的湖羊人工引产提高羔皮质量、山羊简易输精技术研究方面均获外贸部科技进步三等奖和四等奖；山羊人工授精综合配套技术1991 年获江苏省农林厅科技进步三等奖，参加的全国协作黄淮海中低产地区农业持续发展综合技术 1992 年获农业部科技进步特等奖，睢宁花碱土改良综合技术和睢宁花碱土农业持续发展综合技术研究分别获得 1992 年江苏省科技进步二等奖和农业科学院农牧进步一等奖，共发表论文 10 余篇，参与编著三部。

二十三、林继煌（1935—2013）

福建闽侯人，1961 年毕业于南京农学院。1992 年起享受政府特殊津贴，1993 年晋升为研究员。1986—1996 年任江苏省农业科学院畜牧兽医研究所副所长，农业部畜禽疫病诊断重点开放实验室主任。兼任江苏省微生物学会及江苏省畜牧兽医学会副理事长，中国微生物学会人兽共患病病原学专业委员会副主任，农业部兽药审评委员会委员，江苏省畜牧兽医学会及江苏省微生物学会副理事长。

20 世纪 70 年代中期，带领研究团队分离出弓形虫，证实弓形虫是猪"无名高热"的主要病原。在此基础上，对弓形虫的感染途径、诊断及防治方法进行了深入研究，对弓形虫病的控制起到重要的作用。1982—1983 年，赴美国内布拉斯加大学从事人和动物轮状病毒感染的合作研究，承担联合国世界卫生组资助项目，完成人轮状病毒细胞培养及不同型毒株对悉生猪交叉免疫保护试验，在美国传染病及病毒学杂志上发表 3 篇论文。回国后，主持农业部重点科技项目及国家自然科学基因项目，对我国流行的幼猪及犊牛的流行性腹泻进行了深入研究。从幼猪及犊牛粪样中分离到轮状病毒，在诊断及防治等方面取得了突破。

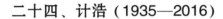

20 世纪 90 年代以来，主要从事"肝胎水牛病"及猪病毒性腹泻的研究，重点研究猪流行性腹泻、猪传染性胃肠炎的防制方法，用猴肾传代细胞成功培养猪流行性腹泻病毒。

获得国家级、部级及省级科技成果奖 12 项。其中国家级三等奖 1 项，部级一等奖 1 项，部、省级三等奖 10 项。发表学术论文 50 余篇。曾担任《中国人兽共患病学》及《弓形虫病学》副主编，《中国畜牧兽医学报》和《江苏农业学报》编委，参编《中国家畜传染病学》等专著 3 本，主译《美国养兔生产》及《兔病文集》两本译著。

二十四、计浩（1935—2016）

浙江余姚人，1959 年毕业于江苏农学院畜牧兽医系兽医专业，同年进入中国农业科学院兰州兽医研究所从事口蹄疫研究工作；1978 年调入江苏省农业科学院畜牧兽医研究所；1986 年晋升为副研究员。曾先后担任江苏省寄生虫防治专业委员会常务委员，江苏省九三学社宣传委员，江苏省祖国统一委员会委员。

在畜牧兽医所多年来，从事弓形体研究，在诊断和免疫研究方面取得优异成绩。应用微粒载体细胞培养弓形体获得成功，通过体液免疫试验证明：弓形体是一种体液免疫为辅，细胞介导免疫为主的应答反应，并筛选紫外线诱变 NTA II 弓形体变异虫株的培养、稳定和保存试验；制成的弱毒虫株苗安全、可靠、有效，与生产实际相结合，解决弓形虫病防治问题。同时，还与本院试验工厂合作，设计研制了新型小型转鼓细胞培养机并批量生产，供教学和科研使用。

1980—1997 年间，在弓形体研究方面曾先后获得省部级各类奖项 11 项，"弓形体的病原分离感染来源及快速诊断技术"1981 年获得农业部技术改进一等奖和国家科学进步三等奖。发表论文 15 篇，译文 3 篇，参与编著《弓形体病》论著一本。

二十五、蒋达明（1935—1990）

江苏无锡人，1958 年毕业于山东农学院。1987 年晋升为副研究员。曾担任养羊研究室主任。

长期从事猪育种和饲养、羊的杂交利用及丘陵山区山羊饲养繁殖、畜牧区划等方面的研究。在"山羊简易输精技术"研究中，采用倒立阴道底部式输精技术，解决了生产中一直未得到解决的难题，使人工授精技术得到广泛推广，取得了显著的经济效益和社会效益。该项技术 1988 年获省农林厅科技进步三等奖和省农牧科技进步三等奖，1989 年又获外贸部科技进步四等奖。主持的"丘陵山区山羊饲养繁殖研究" 1992 年获省科技进步三等奖；多年来，作为主要工作人之一，在瘦肉型猪的繁育和饲养配套技术等研究中取得了成功。曾先后共获得省三等奖 2 项，四等奖 2 项，院、市，厅奖 9 项。参加了《江苏省综合农业区划》和《江苏省家畜家禽品种志》编撰工作，主笔编撰了《江苏省畜牧生产概况及发展方向与途径》等；在省级以上杂志主笔发表论文 11 篇，参与发表论文 13 篇。

二十六、葛云山 （1936—）

江苏南通人，1958 年毕业于北京农业大学畜牧系。毕业后留校工作，1960—1961 年被选派北京外国语学院留苏预备部学习，后返回原学校工作。1973 年调至江苏省农业科学院畜牧兽医所，1979 年晋升为助理研究员，1987 年因研究工作突出，破格晋升为研究员，1990 年获国家级政府特殊津贴。曾先后任畜牧研究组组长、研究室副主任、主任。兼任养猪杂志顾问，猪业科学、养猪业编委，中国养猪行业协会理事、中国畜牧兽医学会养猪分会一、二、三、四届理事、常务理事、学术部副主任、主任，江苏省畜牧兽医学会一、二、四届常务理事，江苏省遗传学会一、二、四届理事、副秘书长，江苏省养猪行业协会理事、副会长等职务。

长期从事动物遗传育种研究，在猪新品种繁育上有较深入的研究。先后主持和参加国家攻关、部省级重大课题、中日合作研究等多项，获国家、部省级成果奖 13 项，其中国家科技进步二等奖 1 项，省部级科技进步一等奖 5 项。早年参与和主持的"新淮猪选育"分别于 1978 年获省科学大会奖，1982 年获农业部技术改进一等奖，1985 年获江苏省人民政府开发苏北优秀科技项目一等奖；"中国主要地方猪种质特性研究"是国家攻关项目，由东北农学院（主持单位）等 10 个单位协作，葛云山主持的"太湖猪（二花脸）种质特性研究"经过多年研究，系统的探明了太湖猪（二花脸）的生长发育、生理生化、遗传参数、杂交性状、遗传方式等规律，具有较高的科学价值，该项成果 1985 年获农业部科技进步一等奖，1987 年获国家科技进步二等奖。由南京农业大学、江苏省农业科学院、江苏省蚕桑研究所、徐州地区农科所、徐州市多种经营管理局等单位合作研究江苏省淮北粮棉油牧果桑优势产品增产技术研究和配套技术开发，葛云山主持黄淮海商品瘦肉猪生产和配套技术的研究为项目重要内容，1986 年获国家计委、经委、科委、财政部表彰，1987 年获江苏省科技进步一等奖。历时四年，在调查研究的基础上，以县原种猪场为核心建立杂交繁育体系，以饲料加工厂为龙头建立饲料加工体系，以畜牧兽医站和人工授精站为中心建立猪疫病防治体系和人工授精网等基础建设，同时开展猪种杂交改良、科学饲养技术等试验研究和推广应用，形成了该区域瘦肉猪生产基地的模式，建立了一整套商品猪生产技术，获得较好的经济效益和社会效益。另主持培育出苏钟猪，是生产商品瘦肉猪的优秀母系猪，在江苏地区广泛推广。

发表论文 120 余篇，主编和参加撰写专著 8 部。1983 年被江苏省政府授予"江苏省农村科普先进工作者"，1986 年农、牧、渔业部表彰"六五"期间畜牧科学技术工作中成绩显著"，1986 年获"国家有突出贡献的中青年专家"荣誉称号。

二十七、包承玉 （1937—）

上海崇明人，1958 年毕业于山东农学院畜牧专业。同年在河南省农业科学院畜牧兽医研究所从事饲料营养研究，1960 年到中国农业科学院畜牧研究所进修饲料分析营养评定，1979 年年底调入江苏省农业科学院畜牧兽医研究所工作。1992 年晋升为副研究员。

多年来在动物饲料营养领域进行深入研究，重点关注了动物日粮中的微量元素硒、碘和维生素中的维生素 A、维生素 D、维生素 E。满足了不同畜种、不同生长阶段的需求量，配制出较理想的日粮营养的平衡，促进生长和生产性能的最大发挥。对药饲两用的桉叶开发，进行了全套营养价值评定，是国内首次对桉叶提取物作为非营养性物质添加剂合理使用。曾先后主持研究项目 8 项，获各类科研成果奖 7 项。其中省（部）级二等奖以上成果 2 项。"江苏省饲料含硒量与补硒应用"获得省农林厅科技进步二等奖，"万只笼养鸡机械化半机械化综合配套技术开发"分别获南京市科技进步一等奖，国家星火科技三等奖，省科技进步三等奖和南京市技术推广一等奖；"笼养蛋鸡日粮配套的研制" 1990 年获省农牧科技成果二等奖；"饲料原料标准 29 项"获国家技术监督局颁发 1992 年度科技进步二等奖；"菜饼粕质量、毒性机理及其合理应用研究" 1996 年获江苏省科技进步三等奖。所研制的"紫金"牌猪鸡添加剂经广泛推广取得了较好的经济效益和社会效益。对促进科技成果与生产实际结合起到了示范作用。

二十八、洪振银 （1937—）

江苏南京人，1962 年毕业于南京农学院畜牧兽医系。同年就职于华东农业科学研究所畜牧兽医系。1992 年晋升为副研究员。长期从事动物生物技术研究。参加部省级研究项目 2 项，获得科研成果 2 项。"家兔冷冻精液研究及推广应用" 1985 年获江苏省农牧技术改进四等奖，1987 年获农牧渔业部科技进步三等奖，1989 年获外贸部科技进步二等奖，本人为第二完成人。

二十九、毛洪先 （1937—2009）

江苏丹阳人，1963 年毕业于南京农学院畜牧兽医系，同年就职于中国农业科学院江苏分院。1969 年任江苏省五七干校桥头农场畜牧队队长，1973 年在江苏省农业科学院牧医所参加猪丹毒、猪气喘病等研究工作，兼任猪气喘病研究组副组长、所业务代理秘书，1981 年任江苏省农业科学院办公室综合组秘书，同时在院机关党委负责宣传工作，1985 年 2 月至 1998 年任畜牧兽医研究所所长、1986 年至 1996 年任所党支部书记。1996 年晋升为研究员，1992 年起享受国务院政府特殊津贴。还曾任中国畜牧兽医学会理事、江苏省畜牧兽医学会常务理事兼秘书长。

长期从事动物细菌病和霉形体病研究。参与主持"七五"国家攻关项目"猪气喘病免疫研究"，主持江苏省农业基金攻关项目"兔、鹅致病性霉形体的分离培养和鉴定研究"。参与"以微粒凝集反应诊断猪地方性肺炎、建立无猪气喘病健康场和鉴定菌种"的研究，1981 年获得农业部农牧业技术改进一等奖，排名第四；参与"猪丹毒弱毒菌株 G_4T（10）的培育"的研究，1983 年获农牧渔业部技术改进二等奖，排名第七；参与主持"猪肺炎霉形体弱毒株的培育和免疫原性研究"研究，1990 年获江苏省科技进步二等奖，排名第二；主持"兔、鹅致病性霉形体的分离培养和鉴定"研究，1994 年获江苏省科技进步四等奖。发表科研论文 30 多篇，出版专著 2 本；执笔撰写有关科研管理方面论文、专题总结等共 36 篇。

三十、范文明（1937—）

福建长汀人，1962 年毕业于南京农业大学农业生物物理专业，同年分配到江苏省农业科学院畜牧兽医研究所。1992 年荣获江苏省"有突出贡献中青年专家"的称号，1992 年起享受政府特殊津贴。1997 年晋升研究员。曾任中国禽病学会理事，中国微生物学会兽医专业委员会委员。

1982 年赴美国密执安州立大学合作研究一年。曾担任猪水疱病研究组组长、猪弓形虫病研究室主任、禽病研究室主任，先后主持猪水疱病、猪弓形体病、猪 5 号病、鸭病毒性性肝炎、鸡传染性法氏囊病研究。猪弓形体病的病原分离、感染来源及快速诊断技术的研究成果，获农业部技术改进一等奖、国家科技进步三等奖。主持鸭病毒性肝炎防治研究成果，获江苏省科技进步三等奖。先后获国家级、省级奖励 6 项、撰写学术论文 35 篇。

三十一、吴叙苏（1937—）

江苏常州人，1959 年大学本科毕业于江苏农学院畜牧兽医系兽医专业。同年进入中国农业科学院兰州兽医研究所，从事细菌和病毒研究；1978 年调入江苏省农业科学院畜牧兽医研究所工作，1987 年晋升为副研究员。

多年来主要从事猪传染性水疱病与"O"型口蹄疫的快速鉴别诊断、新生仔猪大肠杆菌（黄痢）的诊断技术、仔猪腹泻病原与诊断、江苏省 5 号病综合防治，间接血凝（LHA）鉴定口蹄疫血清的研究，家畜附红细胞的发现和诊断研究，弓形病免疫监测及防制技术，弓形体间接血凝推广工作。

在职期间，曾先后获得省部级各类科技成果奖 6 项，发表论文 18 篇，译文 3 篇。退休后一直坚守在科研第一线，不计个人名利，默默奉献，所参与的猪肺炎支原体（168 株）活疫苗的研制 2007 年成功获得国家二类新兽药证书，2015 年"安全高效猪支原体肺炎活疫苗的创制及应用"获国家科学技术发明奖二等奖。

三十二、沈幼章（1938—）

江苏宜兴人，1962 年毕业于南京农学院畜牧兽医系，同年就职于江苏省淮安农场，后调入南京农学院中兽医培训班从事服务工作，1963 年正式调入中国农业科学院江苏分院畜牧兽医研究所工作。1989 年晋升为研究员，民盟盟员。1996 年起，享受国家级政府特殊津贴。

早年参加"新狼山鸡选育"研究，1967—1979 年从事猪育种研究，参加了新淮猪选育工作，经常跟随研究室领导深入猪场蹲点，和农场工人一起劳动，经过长达 5 年的努力终于培育出新淮猪。该项成果 1978 年获江苏省科学大会奖，1982 年获农业部技术改进一等奖，个人排名第六。1979—1999 年主要从事家兔的品种改良与繁殖研究。主持家兔研究重要研究项目 12 项，获得部省级等各类科研成果奖 7 项。其中"德系长毛兔选育和饲养配套技术"1987 年获农业部科技进步三等奖，同年获外经贸部科技成果三等奖，个人排名第二；"粗毛型长毛兔培育研究" 1994 年获中华人民共和国对外贸易部科技进步一等奖，个人排名第一。"中国粗毛型长毛兔新品系选育" 获 1996 年农业部科技进步三等奖，排名第一。发表学术论文 33 篇，出版专著 4 部。

曾先后担任：全国家兔育种委员会委员，省畜牧兽医学会会员育种组成员，世界家兔科学协会中国分会秘书长（任职 10 年），中国畜牧业协会兔业分会常务理事，省畜牧品种评审委员会会员，省科委科技服务团成员，浙江新昌县兔业生产高级顾问等职务。

三十三、董亚芳（1938—）

上海市人，1961 年毕业于南京农学院，1991 年起享受政府特殊津贴，1994 年晋升为研究员。曾任省科协常委，全国家兔育种委员会委员兼全国兔病组组长。1983 年、1985 年、1988 年分别获全国"三八"红旗手、南京市劳模及省有突出贡献中青年专家称号。

1979 年主持明确进口兔死亡的元凶是 A 型产气荚膜梭菌，历时 6 年完成疫苗研制工作，获得了农业部批准的我国第一个兔用疫苗生产规程和批准文号，该疫苗在全国迅速推广应用，有效控制了此病的流行，1984 年获外贸部科技进步三等奖，1985 年获得江苏省科技进步二等奖。主持兔巴氏杆菌病和兔病毒性出血症研究，研究成功 3 个兔用疫苗，获得农业部核准的生产规程和批准文号，至今仍是我国兔病防控当家品种。1990 年获外贸部科技进步二等奖，1999 年获省科技进步二等奖。

获成果奖 11 项，发表论文 60 余篇，编写专著 5 本。20 世纪 80 年代中期，率领团队在全院最早把科技成果转化为生产力，批量生产兔用疫苗，满足疫病防治需要，创造良好的经济收益，反哺科研经费不足，自筹资金创办国内首个 SPF 实验兔场。

三十四、黄夺先（1938—）

浙江慈溪人，1962 年毕业于复旦大学生物系，同年就职于华东农业科研所畜牧兽医系。1995 年晋升为研究员，1996 年起享受国务院政府特殊津贴。

长期从事家畜繁殖生理，早期妊娠诊断，母体妊娠识别和内分泌激素免疫去势、畜禽寄生虫病新药研制和推广应用等工作。主持完成多项省科技厅和国家自然科学基金资助的研究课题。其中"牛乳孕酮酶免疫测定技术及其在早期诊断上的应用"于 1988 年获省科技进步四等奖，"灭虫丁（阿佛菌素）防治毛皮动物寄生虫病的临床效果"于 1995 年获外贸部科技进步二等奖，"畜禽免疫增重和免疫去势原理与效果"于 1993 年获江苏省科学进步四等奖。发表论文和试验报告 30 余篇。译校《家畜繁殖学》和《家畜胚胎移植》二部专著的有关章节，为《畜牧兽医文摘》摘译家畜繁殖类条目 300 余条。

三十五、苏德辉（1938—）

江苏兴化人，1961年毕业于江苏省泰州畜牧兽医学校，同年进入江苏省农业科学院畜牧兽医研究所工作。20世纪60年代，曾先后担任所动物试验场管理工作，赴邗江、宝应参加社教运动，1970年回研究所从事中兽医研究工作，曾担任中兽医研究室副主任，江苏省中西兽医结合研究会秘书长。还担任中国畜牧兽医学会中兽医分会1~4届理事职务。1994年晋升为副研究员。

参与和主持研究项目14项，其中"太湖农区奶牛养殖开发研究（含中草药防治奶牛不孕症）"1986年获省科技进步三等奖，个人排名第二；"黄牛、山羊部分俞穴及山羊经络电阻特性的研究"1987年获省科技进步四等奖和省农林厅农牧技术改进二等奖，个人排名第一；"促孕酊的研制及其在奶牛不孕症中的推广应用"1988年获得省农牧科技进步三等奖，个人排名第一；"清宫消炎混悬剂防治奶牛子宫内膜炎的研究"1991年获省科技进步四等奖，个人排名第二；"奶牛繁殖障碍中草药防治技术及作用机理"1997年获省科技进步二等奖，个人排名第二；先后参编专著三本。

三十六、周元根（1939—）

江苏泰州人，1961年毕业于江苏省泰州畜牧兽医学校，同年分配到江苏省农业科学院畜牧兽医研究所工作。1982年晋升为畜牧兽医师。1997年晋升为副研究员。

"六五"期间参加弓形体病研究，"七五"期间参加省协作项目，主持和参与灭虫丁防治畜禽寄生虫病的研究。1985—1997年担任所畜牧场场长，1989—1996年负责所中试车间开发工作。

"猪弓形体病的研究"1978年获江苏省科学大会奖，个人排名第三，"猪弓形体病的诊断及感染来源的研究"1979年获江苏省科技成果三等奖，排名第四；"猪弓形体病的病原分离、感染来源及快速诊断技术"的研究成果，1981年获农业部技术改进一等奖、国家科技进步三等奖，个人排名第四。"猪弓形体病的免疫机理研究"1987年获省农牧科技成果五等奖，排名第三；还参加"家畜血吸虫病治疗的研究"1980年获省农牧技术改进三等奖，排名第二，"氯苯胍防治家兔球虫病研究"获省农牧技术改进四等奖排名第二；"口服吡唑酮、硝硫氰胺治疗家畜血吸虫病"获省农牧技术改进四等奖，排名第二，"灭虫丁（阿佛菌素）的发酵工艺和兽医临床应用"获省农牧技术改进四等奖，排名第二。

在省级以上杂志发表学术论文21篇。其中主笔5篇，学报级刊物1篇。

三十七、冷和荣（1939—）

江苏丹阳人，1962 年毕业于南京农学院牧医系，同年分配到中国农业科学院江苏分院畜牧兽医系工作。副研究员，曾担任农牧结合研究室主任。

长期从事饲料资源调查，复合饲料研制，丘陵山区牧草种植、山羊杂交利用等研究。主持江苏省丘陵山区牧草种植发展畜牧业综合研究，在镇江郊区官塘乡马庄，通过大面积种植牧草，平均单产3 317~3 600千克，为自然草地亩产的6~8倍。筛选出豆科类牧草，红三叶，白三叶，禾本科黑牧草，杂交狼尾草为合适的牧草品种。该项成果1988年获江苏省科技进步四等奖。参加的其他科研项目曾获农业部特等奖一项，部省级二等奖三项，三等奖三项，院、市、局级奖4项；参编专著2本，在省级以上主笔发表论文3篇，参编论文14篇。

三十八、蒋兆春（1940—）

江苏泰兴人，1961 年毕业于江苏省泰州畜牧兽医学校，同年分配到江苏省农业科学院畜牧兽医研究所工作。1992 年晋升为副研究员，1999 年起享受国务院政府特殊津贴。1993 年被授予"江苏省扶贫先进工作者"称号，1996 年被中国畜牧兽医学会授予"中兽医事业发展突出贡献"奖，2001 年被南京市评为科技兴农标兵，2002 年被江苏省政府授予"农业先进工作者"，2003 年被江苏省奶业协会授予优秀工作者，2006 年被中国畜牧兽医学会中兽医分会授予"中兽医功勋奖"等。

1984—1988 年任畜牧兽医研究所秘书，1988—1999 年先后担任研究所副所长、党支部书记、主持工作的副所长（正处级）。曾兼任江苏省中西兽医结合研究会副理事长，江苏省及南京市奶业协会理事、常务理事，江苏省兽药评审委员会委员。

主持农业部、省攻关、省自然科学基金项目8项。其中"中草药'复方仙阳汤'治疗奶牛卵巢静止和持久黄体性不孕症"1982 年获省人民政府科技进步四等奖，个人排名第二；"太湖农区奶牛养殖开发研究（含中草药防治奶牛不孕症）"（国家攻关课题，本所为第二支持主持单位）1986 年获省科技进步三等奖，并获国家计委、经委、科技部、财政部表彰。个人排名第三；"消宫消炎混悬剂"防治奶牛子宫内膜炎的研究 1991 年获省人民政府科技进步四等奖，个人排名第一；"奶牛繁殖障碍的中草药防治技术与作用机理的研究"于 1998 年获江苏省人民政府科技进步二等奖，个人排名第一；"中草药系列制剂防治奶牛乳房炎及繁殖疾病"2006 年获江苏省人民政府科技进步三等奖。还参加完成其他科研协作项目，分别获省科技进步三等奖2项，四等奖3项。

主编出版《奶牛生产大全》《奶牛疾病中西医诊疗大全》《牛病防治》等12部专著，参编专著6本，在省级以上杂志及学报杂志发表论文60余篇。

三十九、徐筠遐（1941—）

江苏高邮人，1961 年毕业于泰州畜牧兽医学校，同年就职于江苏农业科学院畜牧兽医所工作。1996 年晋升为副研究员。多年来一直从事猪遗传育种工作。作为第二主要完成人所参加的"中国主要地方猪种质特性研究"于 1985 年获农业部科技进步一等奖（排名第二），"提高肥猪瘦肉率的研究与应用"获省科技进步三等奖（排名第二），"江苏省主要地方猪种种质测定及若干特性利用的研究"获省科技成果三等奖（排名第二）。

四十、陆昌华（1942—）

江苏南京人，1962 年毕业于江苏镇江师范专科学校，数学专业，1978—1979 在南大学计算机科学系进修，1978 年以新淮猪生物统计为实例，编程、纸带穿孔，在国产 TQ16 中型机实习，是我国将计算机技术与畜牧兽医行业应用相结合的开拓者之一。2000 年聘为研究员。从事食品安全、农业信息技术、动物卫生经济学研究。包括：应用神经网络等人工智能技术研究畜禽疫病诊断系统；动物及动物产品标识技术与可追溯管理；动物卫生风险评估等。主持省部级以上重大研究项目 30 余项，获得国家、部省级科研成果 14 项。省二等奖以上成果 3 项。"农业血防新技术" 1996 年获农业部科技进步一等奖，（排名第三），1997 年获国家科技进步二等奖（排名第三），"生猪可追溯体系研究" 2009 年获省科技进步二等奖，生猪溯源集成与示范 2010 年获中国农业科学院科技成果二等奖。获知识产权：发明专利《猪个体标识的一种控制方法》、实用新型专利《家畜二维条码耳标》和国家软件著作权《肉猪质量可追溯系统》各 1 项（排名第一）。发表论文 200 余篇，出版 3 本专著。2002 年被聘中国农业大学农业工程与信息技术专业客座教授，博士生导师；2004 年被聘江苏省农业科学院博士后工作站农业信息技术博士后指导老师。培养博士后 1 人，博士 1 人，硕士 3 人。1998 年获国务院颁发政府特殊津贴。2009 年获中国畜牧兽医学会授予"新中国 60 年畜牧兽医科技贡献奖（杰出人物）"称号。2007 年、2010 年被聘第 1 届、第 2 届农业部"全国动物卫生风险评估专家委员会"委员。现任中国农业工程学会畜牧工程专业委员会副理事长，中国农学会计算机分会副理事长。

四十一、王启明（1942—）

浙江温岭人，1968 年毕业于新疆八一农学院畜牧兽医系。1968—1979 年在新疆畜牧厅精河牛场任兽医站兽医；1979—1981 年在新疆畜牧厅兽医防疫总站任兽医师，1981 年起在江苏省农业科学院畜牧兽医所任助研、副研究员。2000 年起享受政府特殊津贴。

主持、参与课题 6 项，获各类奖励 5 项。主持"兔、禽多杀性巴氏杆菌病灭活疫苗的研究"，获省科技进步二等奖。作为主要完成人参与"兔病毒性出血症和巴氏杆菌病的防治技术"研究，获外经贸部科技进步二等奖，"兔病毒性出血症、多杀性巴氏杆菌病二联灭活疫苗研制"获江苏省科技进步二等奖。发表论文 60 余篇，出版专著 5 部。

四十二、刘铁铮（1946—）

江苏宜兴人，1968 年大学毕业于原苏北农学院兽医专业；1982 年研究生毕业于原南京农学院动物生殖生理专业，获硕士学位。1999 年晋升为研究员。1991 年 4 月至 2001 年 10 月，任江苏省农业科学院畜牧兽医研究所副所长；2001 年 11 月至 2002 年 8 月，任江苏省农业科学院畜牧研究所副所长；2002 年 9 月至 2005 年 5 月，任江苏省农业科学院畜牧研究所所长。2002—2008 年任江苏省畜禽产品安全性研究重点实验室主任。

主要从事动物种质资源与生物技术研究，主持部省级重大课题 8 项。早期研究家兔冷冻精液的研制与推广及家兔体外受精和胚胎移植，获农业部和外经贸部科技进步二等奖；开展猪氟烷基因育种，发现首例基因型为杂合子的氟烷反应阳性猪，获江苏省科技进步三等奖；省内首次以黄牛为受体采取体外受精生产奶牛 2 头，2010 年获江苏省科技进步二等奖；2001 年开展食品安全研究，担任科技部重大专项江苏课题首席专家，2011 年获江苏省科技进步二等奖。发表论文 40 多篇，合著或参编出版专著 3 部。

曾任中国动物繁殖学会常务理事，中国农业生物技术学会副秘书长，江苏省畜牧兽医学会第八届常务副理事长、第九届理事长及第十、第十一届荣誉理事长，江苏省动物营养研究会理事长，江苏省畜禽产品质量咨询委员会首席专家，江苏省动物品种审定委员会副主任。南京市玄武区第九届政协委员，江苏省第九届政协委员。

四十三、何家惠（1948—）

江苏南京人，1977 年毕业于江苏农学院。2001 年晋升研究员。1998 年任牧医所书记、副所长，2001 年任兽医所党支部书记、副所长。曾任江苏省寄生虫学会及江苏省家畜传染病学会理事。

主要从事仔猪腹泻、猪轮状病毒、猪口蹄疫、猪链球菌病、禽病综合防治技术研究。"猪轮状病毒诊断及弱毒疫苗研究""仔猪腹泻病及诊断技术的研究""猪口蹄疫灭活苗免疫程序的研究""II 型猪链球菌病诊断及防治研究"获农业部科技进步三等奖 3 项、省科技进步二等奖 1 项、三等奖 5 项。主持研发成功"鸡新城疫、传染性支气管炎、禽流感（H9）亚型三联灭活疫苗（La Sota 株＋M41 株＋NJ02 株）"和"鸡新城疫、传染性支气管炎、减蛋综合征、禽流感（H9 亚型）四联灭活疫苗（La Sota 株＋M41 株＋AV127 株＋NJ02 株）"，获得国家三类新兽药注册证书。发表论文 60 余篇，参与编写专著 3 本。

四十四、邹祖华 （1951—）

江苏南京人，毕业于淮南煤炭学院。1978—1984 年，在南京钟山煤矿任技术员、助理工程师以及工区副主任；1984—2004 年，南京兽药机械厂先后担任副科长、科长、工程师、分厂厂长、厂长助理、高级工程师、副厂长、厂长等职务。2008 年晋升为研究员级高级工程师。

2004 年，筹建南京天邦生物公司，以人才引进方式调入江苏农业科学院，任兽医所副所长、南京天邦公司副总经理。主持完成南京天邦兽用生物制品制造车间设计与建设，完成 GMP 技术体系研究和制作。曾先后成功完成兽用防疫车和液氮运输车设计、生产，世界银行南京 SPF 鸡场工程设计，国家计委农业部南京动物保健工程设计与实施，南京药械厂 GMP 体系建设和南京天邦企业硬件和 GMP 体系建设。

四十五、钟声 （1953—）

黑龙江省五常县人，研究员。1976 年毕业于黑龙江省双城农校畜牧专业；同年就职于黑龙江省畜牧研究所，期间曾在美国明尼苏达大学接受培训。1989 年调至江苏省农业科学院畜牧兽医研究所，1995 年开始致力于江苏农区肉羊繁育与生产研究。2004 年由 "江苏省农业产业化经营工作联席会议办公室" 确定为羊业专家组首席专家；2009 年被省科技厅特聘为 "江苏省优良品种培育工程——肉用羊协作攻关组首席专家"。先后获得国家星火计划先进个人、西部地区人才培训先进个人、江苏省农业科技先进工作者、苏浙沪联合科技服务团优秀专家、南京市十大科技之星提名奖等荣誉。曾主持完成省部级项目 5 项，获江苏省科学技术二等奖 2 项（排名分别为第 1、第 3），国家科技进步三等奖 1 项（第 4），其他省部级科技成果奖 3 项；获得国家专利授权 5 项，主编出版著作 3 部，发表文章 20 余篇。

四十六、王公金 （1954—）

江苏徐州人，1980 年毕业于南京大学生物系生物化学专业，1981—1994 年在江苏省农业科学院原子能利用研究所从事核技术生物学应用研究，1993 年晋升为副研究员。1995—1999 年在南京师范大学生命科学学院攻读博士学位，1997—1998 年，作为交换博士留学生赴日本信州大学农学院，在迁井弘忠教授指导下开展动物胚胎发育生物学学习与研究。1998 年起调入畜牧兽医研究所胚胎工程研究室，从事动物胚胎发育生物学和动物繁育等研究，1999 年获得南师大生命科学院动物学博士学历和学位。2000 年开始主持胚胎工程研究室工作，2000 年创建南京动物胚胎工程技术中心，2002 年晋升为研究员。

曾先后主持国家自然科学基金、省自然科学基金各 3 项，参加国家重大转基因项目 2 项，主持其他省级和市级各类科技项目 20 余项。曾获部省级科技进步二等奖、市科技进步二等奖各 2 项，国家发明专利 3 项和实用新型专利 1 项，培养硕士研究生 20 余人，发表研究论文 60 余篇（其中国外期刊 10 篇，SCI 论文 4 篇，国内一级和二级学

报40余篇），参与编写著作2项。

第二节 部分中青年专家简介

一、畜牧研究所

（一）任守文（1962—）

安徽霍邱人，中共党员，1987年毕业于四川农业大学动物科技学院，获硕士学位。2001年晋升研究员。2005—2015年任江苏省农业科学院畜牧研究所副所长。主要从事猪遗传育种与生产研究。主持国家及省级科研课题30余项，获安徽省科技进步二等奖一项（排名第1）、三等奖1项（排名第3），中华农业科技二等奖1项（排名第10），院科技进步二等奖1项（排名第1）。发表论文100余篇，其中第一作者或通讯作者发表论文70余篇。主编著作5部，参编著作5部。第一发明人获得专利19件，主持制定省级标准1项。2007年入选江苏省"333高层次人才培养工程"中青年科学技术带头人，2013年入选江苏省现代农业创新团队首席专家。

（二）顾洪如（1963—）

江苏盐城人，1983年毕业于江苏省农学院农学系，获学士学位。1987.9—1987.11，日本农水省九州农试草地部热带型牧草育种合作研究；1990.9—1990.11，日本爱知县农业综合试验场合作研究；1995.9—1996.10，日本宫崎大学农学部访问学者，2000年晋升为研究员。2005—2015年任江苏省农业科学院畜牧所所长，2015年6月起任畜牧研究所党支部书记。主要从事牧草杂种优势利用、牧草栽培及调制利用、草畜结合技术等研究。主持、参加部省级以上课题30余项，育成国家牧草审定品种5个；获农业部科技进步三等奖、江苏省科技进步二等奖各2项；发表论文120余篇，主编专著5部。获全国农业科普先进工作者、江苏省突出贡献专家、江苏省先进科技工作者、江苏省第三届青年科技奖等荣誉称号，2008年入选江苏省"333"中青年科技领军人才。

（三）周维仁（1963—）

江苏兴化人，九三学社社员，1984年毕业于淮阴粮食学校，1990年毕业于南京农业大学，获博士学位。1984—1987年江苏省淮阴粮食学校教师，1990—2001年任江苏省农业科学院饲料食品研究所副所长。2001—2005年任江苏省农业科学院畜牧研究所副所长。2008年晋升研究员。主要从事动物营养与饲料研发等研究。主持国家级及省部级项目15项；获院科技开发一等奖3项，获国家发明专利1项；成功研制草本鱼虾康等产品及多种畜禽水产配合饲料配方，起草江苏省地方标准8项，发表论文近30余篇，主编专著2部。

（四）赵伟（1963—）

江苏无锡人，1986 年毕业于南京农业大学畜牧系，获学士学位。2008 年任科技服务项目组组长，2011 年晋升研究员。主要从事家禽育种和生态养殖技术研究。主持省级课题 10 余项。曾获外经贸部科技进步二等奖、省科技进步三等奖各一项。发表论文 35 篇。长期从事科技服务工作，先后荣获全国"优秀科技特派员"、江苏省"送科技下乡，促农民增收"活动 30 佳科技富民标兵、江苏省"万名科技专家兴农富民"活动优秀科技专家等荣誉称号。

（五）施振旦（1964—）

江苏武进人，致公党江苏省常委，二级研究员。1985 年毕业于南京农业大学畜

牧专业本科，同年考入北京农业大学家畜繁殖学专业出国预备研究生。1986—1992 年在新西兰国林肯大学攻读动物生理学博士学位，毕业后回国，1993 年在华南农业大学动物科学学院任教，从事动物繁殖学的教学、科研和技术推广工作。2001 年赴法国国家农业科学院家禽研究所进行合作研究。2011 年 8 月，在江苏省农业科学院畜牧研究所工作，主要从事家禽规模化养殖和工程、动物繁殖和胚胎工程方面的理论研究、技术开发和推广等工作。2000 年晋升教授，2011 年转为研究员。主要从事动物基因工程、畜禽繁殖生殖生理和繁殖新技术、动物胚胎工程和转基因、水禽生产环境控制技术研究。主持国家自然科学基金、国家 863 项目子课题、国家科技支撑项目子课题、国家现代农业产业体系专项及其他部省级课题 26 项。发表论文 130 余篇，其中 SCI 收录论文 19 篇。获广东省科技进步一等奖、广东省科技进步二等奖、广东省农业技术推广二等奖各 1 项。

（六）钟小仙（1968—）

浙江余姚人，民盟盟员，1990 年毕业于南京农业大学农学系遗传育种专业，获学士学位；1995 年 12 月毕业于南京农业大学农学院作物遗传育种专业，获硕士学位。1990—1992 年在浙江省余姚市双河乡农业技术服务公司工作，2005 年毕业于南京农业大学农学院作物栽培与耕作专业，获博士学位。1995—1999 年在江苏省农业科学院永康微藻研究开发中心任助理研究员；1999—2002 年在江苏省农业科学院土肥所任助理研究员；2001 年至今 在江苏省农业科学院畜牧所任副研究员、研究员、项目组长、研究室副主任职务；2009 年晋升为研究员。

主要从事牧草育种研究。主持科技部农业成果转化、农业部育草基金等部省级课题 18 项；获外经贸部科技进步二等奖、农业部科技进步三等奖、江苏省科技进步二等奖、绍兴市科技进步三等奖各一项；主持育成了国家审定品种"苏牧 2 号象草"，参与育成了"宁杂 4 号美洲狼尾草"；获国家发明专利授权 7 项，第一发明人 5 项；发表论文 40 篇，副主编著作 1 部，参编 2 部。

（七）丁成龙（1969—）

江苏滨海人，1992年毕业于南京农业大学农学系获学士学位，2001年获南京农业大学动物科技学院硕士学位，2005年获南京农业大学动物学院博士学位。1992—2009年在江苏省农业科学院土肥所、畜牧所任研实、助研、副研，主要从事牧草育种和栽培利用研究。2002—2004年在日本草地畜产种子协会饲料作物研究所进行合作研究；2012—2013年在美国Texas A&M University做访问学者，2010年晋升为研究员。

主要从事高产优质牧草的高效生产、加工调制技术研究及作物秸秆等饲料资源化利用技术开发。主持国家科技支撑计划课题、农业部948、江苏省自然科学基金、江苏省科技支撑等10余项科研项目，作为主要完成人育成国家审定牧草新品种"宁杂3号美洲狼尾草"和"宁杂4号美洲狼尾草"，获江苏省科技进步二等奖1项，农业部科技进步三等奖1项，发表研究论文40余篇，参编论著5部。

（八）曹少先（1970—）

湖南双峰人，2004年毕业于南京农业大学动物遗传育种与繁殖专业，获博士学位。1994—1997年，在湖南省水产科学研究所任研究实习员。2000—2001年，在南京奶业集团科技开发公司任开发部助理；2001—2004年在南京农业大学攻读动物遗传育种与繁殖专业博士，2004—2006年，在南京大学生命科学学院生化系做博士后；2005—2012年在江苏省农业科学院畜牧研究所任副研究员，2012年晋升研究员。2011—2012年，选派赴美国密西西比州立大学研修。

现任江苏省农业科学院畜牧研究所家畜研究室副主任（主持工作），省"六大人才高峰"培养对象，省"333工程"第3层次培养对象，省科技入户工程省级执行专家。主要从事动物遗传资源与生物技术工作。主持国家自然科学基金、转基因生物新品种培育科技重大专项重点课题任务、省农业科技自主创新资金等课题13项。获教育部自然科学奖一等奖、江苏省科学技术奖二等奖、徐州市科技进步一等奖、无锡市农业技术推广二等奖各1项，获得发明专利授权3项，以通讯作者或第一作者发表SCI源论文5篇、国内核心期刊论文40余篇。

二、兽医研究所

（一）江杰元（1957—）

安徽安庆人，1981年毕业于安徽农学院，1984年获南京农业大学硕士学位，2006年获加拿大曼尼托巴大学博士学位。

曾在加拿大曼尼托巴大学、加拿大食品检疫局外来病研究中心从事病毒学研究，现任草食动物疫病防控研究室副主任，动物疫病诊断研究项目组组长，研究员。

主持猪瘟病毒、猪繁殖与呼吸综合征病毒快速简便诊断技术研究，猪瘟病毒免疫机制、新型疫苗研究，羊呼吸系统，消化系统和繁殖疾病研究。获部省级科技进步奖5项，发表学术论文70余篇，获得国家发明专利授权两件，基因库输入呼肠孤病毒2型的S基因系列4个，参编中文专著3本，英文专著1本。

（二）薛家宾（1958—）

江苏宝应人，1982 年毕业于南京农学院畜牧兽医系，同年分配至江苏省农业科学院畜牧兽医研究所工作。2005 年晋升为研究员。2003—2016 年任南京天邦生物科技有限公司车间主任、副总工程师、总工程师。2008 年以来任国家兔产业技术体系疾病预防与控制研究室主任、岗位科学家，兼任中国畜牧业协会养兔分会专家委员会成员，江苏省畜牧兽医学会理事、江苏省动物学会理事、中国养兔杂志编委。

主要从事兔病毒性出血症、兔多杀性巴氏杆菌病、兔产气荚膜梭菌病、兔真菌病、兔流行性腹胀病、兔球虫病等兔病防制技术研究以及 SPF 兔培育技术研究。首次在国内报道兔流行性腹胀病（暂定名），并提出了切实有效的防治方法。参加"家兔产气荚膜梭菌病防治研究"，1985 年获江苏省科技进步二等奖，参加"兔禽多杀性巴氏杆菌病灭活疫苗的研制"，1998 年获江苏省科技进步二等奖。主持"兔病毒性出血症、多杀性巴氏杆菌病二联灭活疫苗的研制"，获国家一类新兽药注册证书。2007 年获江苏省科技进步二等奖，主持"兔病毒性出血症、多杀性巴氏杆菌病、产气荚膜梭菌病三联灭活疫苗"研制，获国家三类新兽药注册证书。发表论文 40 余篇，编写专著 6 本。

（三）侯继波（1960—）

山东夏津人，1982 毕业于山东农学院兽医专业，1986 年获南京农业大学硕士学位，1999 年获南京农业大学博士学位。2000 年晋升研究员，同年评为江苏省有突出贡献中青年专家。2015 年晋升二级研究员。2000—2005 年任畜牧兽医所所长，2005 年 11 月—2007 年 5 月任江苏省农业科学院科研处处长，2007 年任国家兽用生物制品工程技术研究中心常务副主任，2008 年 6 月—2015 年 5 月兼兽医研究所党支部书记，2015 年 6 月起任兽医研究所所长。兼任中国家畜传染病学分会常务理事、江苏省畜牧兽医学会副理事长、江苏省生物企业协会副理事长。

2004 年以高级访问学者身份赴加拿大留学半年。参与激素免疫、猪轮状病毒、鸡传染性法氏囊病、猪气喘病研究，获部省级科研成果奖 4 项。主持国家公益性行业专项"猪、鸡主要疫病综合免疫技术研究与示范"和"动物疫苗制剂及下游工艺技术研究与示范"，获国家发明专利授权 26 件，获得新兽药证书 5 件，发表论文 60 余篇，编写专著 2 本。

（四）张小飞（1962—）

安徽安庆人，1984 年毕业于安徽农业大学兽医专业，1997 年华中农业大学硕士研究生毕业，2010 年获南京农业大学博士学位。2002 年晋升为研究员，曾任安徽省农业科学院畜牧兽医研究所副所长。2005 年调入江苏省农业科学院，任南京天邦生物科技有限公司党支部书记、副总经理、总经理、董事长等职。

2000 年 2 月国家公派访问学者赴澳大利亚莫道克大学研修 1 年。先后参加兔病毒性出血症、鸡传染性法氏囊病、鸭病毒性肝炎、猪口蹄疫、禽流感等免疫防治研究。"九五"以来，主持科技部、农业部、安徽省、江苏省等部（省）级科研项目（课题）十余项，发表学术论文 80 余篇，主编著作 3 部，获省（部）级成果一等奖 1 项、二等奖和三等奖各 2 项。获得国家新兽药注册证书 5 项，其中"鸭病毒性肝炎活疫苗（A66 株）"为二类新兽药；获发明专利授权 6 项、实用专利授权 1 项。

（五）张道华（1962—）

湖南汉寿人，1985 年毕业于南京农业大学兽医专业，2009 年 12 月获南京农业大学硕士学位。2014 年晋升为研究员。

1985 年在湖南生物药厂工作；2007 年以来，先后在南京天邦生物科技有限公司、江苏农业科学院兽医研究所、国家兽用生物制品工程技术研究中心工作。

2008 年主持"鸡新城疫耐热保护剂活疫苗"研究，获国家三类新兽药注册证书。参与猪气喘病活疫苗（168 株）研究，获国家二类新兽药注册证书，2011 年获中华农业科技奖一等奖。

（六）何孔旺（1963—）

安徽安庆人，1984 年毕业于安徽农学院兽医专业、1987 年获南京农业大学预防兽医专业硕士学位，后一直在江苏省农业科学院工作，期间 1998 年 7 月至 1999 年 8 月曾赴美国贝勒医学院进修学习。

2000 年晋升为研究员，现为二级研究员、博/硕导、博士后指导教师，江苏省农业科学院兽医所所长（2006 年 11 月至 2015 年 4 月）、畜牧研究所所长（2015 年 4 月始任）、国家兽用生物制品工程技术重点实验室副主任、农业部兽用生物制品工程技术重点实验室主任、江苏省农业科学院动物重大疫病防控重点实验室主任、兽医研究所人兽共患病防控研究室主任。享受国务院特殊津贴专家、江苏省"333 高层次人才培养工程"第二层次培养对象、江苏省六大人才高峰 A 类资助对象、江苏省有突出贡献中青年专家。兼任中国微生物学会理事，中国畜牧兽医学会理事，江苏省畜牧兽医学会理事长，农业部兽药评审委员会委员。

主要从事人兽共患病及猪病的防控技术研究，包括猪链球菌病、大肠杆菌 O157、猪病毒性腹泻症、猪圆环病毒病、猪传染性胸膜肺炎等疫病的快速诊断技术及疫苗的研制。先后获各类成果奖 12 项，其中国家科技进步二等奖 1 项、中华农业科技一等奖 1 项、省级科技进步二等奖 3 项。获授权专利 23 项，发表论文 200 余篇，SCI 收录论文 30 篇；培养博士后 6 人、博/硕士研究生 58 名。

（七）王永山（1963—）

山东诸城人，1985 年毕业于山东农业大学兽医学院，1988 年获解放军兽医大学硕士学位，2004 年获南京农业大学博士学位。2002 年晋升为研究员。任禽病与生物兽医研究室主任，农业部兽医评审专家，中国畜牧兽医学会动物传染病学分会理事，江苏省畜牧兽医学会常务理事。

1988—2007 年任职于南京军区军事医学研究所，2008 年到江苏省农业科学院兽医研究所工作。主要从事病原微生物感染致病的分子机理、遗传变异的分子基础、基因工程药物、生物检测试剂、微生态制剂等研究。先后主持科研项目 30 余项，获军队科技进步二等奖 5 项、三等奖 6 项、国家发明专利 10 项、立个人三等功 1 次、军区优秀中青年科技人才、军区科技英才。发表学术论文 126 篇，参编专著 4 部。

（八）邵国青（1964—）

江苏建湖人，1996 年毕业于南京农业大学预防兽医学博士。2003 年晋升为研究员，2011 年起享受国务院"特殊津贴。任兽医研究所副所长，二级研究员。

2005 年以高级访问学者赴加拿大 Guelph 大学兽医学院研修。先后主持科研项目 40 余项。主持猪支原体肺炎疫苗研究，获国家新兽药证书 1 个，获农业部中华农业科技一等奖，（排名第一）2015 年获国家科技发明二等奖（排名第一）。发表学术论文 100 余篇，其中 SCI 8 篇，编写专著 4 部。

2012 年入选江苏省有突出贡献的中青年专家，江苏省"333 高层次人才培养工程"第二层次培养对象。兼任农业部全国动物防疫专家委员会委员，农业部第六届兽药评审专家，中国实验动物学会农业实验动物专业委员会第二届委员会委员，江苏省第四届实验动物管理委员会专家组成员，亚洲支原体组织（AOM）首届秘书长、常务理事，第十七届国际支原体组织（IOM）学术委员会委员，江苏省农业科学院学术委会委员。

（九）李银（1966—）

内蒙古赤峰市人，预防兽医学博士，研究员，研究室副主任。南京农业大学硕士生导师。中国畜牧兽医学会禽病学分会理事，江苏省畜牧兽医学会理事。世界禽病会员。江苏省农业科学院博士后流动站博士后指导老师。江苏省"333 高层次人才培养工程"第三层次培养对象。

主持国家自然科学基金面上项目、国家行业专项子课题、江苏省自然科学基金、江苏省高技术项目、江苏省农业三项工程项目和江苏省农业科技自主创新资金项目等课题 21 项，参加省部级项目 40 项；获得省级科技进步二等奖 1 项、大北农科技奖三等奖 1 项、南京市科技进步二等奖 1 项、江苏省农科院科技进步二等奖 2 项、江苏省农科院科技开发特等奖 2 项、江苏省农科院科技开发二等奖 1 项，获得国家新兽药注册证书 3 项、国家发明专利 4 项、实用新型专利 2 项，其中制定省地方标准 7 项。发表论文 106 篇，其中学报级 72 篇，SCI 论文 12 篇；其中禽流感（H9 亚型）灭活疫苗（NJ01 株）转让 7 家疫苗生产企业。以第一作者和通讯作者发表论文 46 篇，其中学报级 34 篇、SCI 论文 9 篇。主编科技著作 2 部，参编 7 部。培养硕士研究生 20 名，指导博士后 2 人，出站 1 人。在国内外首次分离鉴定了鹅源坦布苏病毒和研制出鸭鸡兼用的 H9 亚型禽流感灭活疫苗。

（十）温立斌（1967—）

河北宣化人，1991 年毕业于河北农业大学牧医系，2007 年获中国农业大学博士学位，同年进入江苏省农业科学院博士后流动站工作。

1991 年就职于河北省动物检疫站，任检验科科长，2007 年调至江苏省农业科学院兽医研究所工作。任人兽共患病防控研究室副主任、研究员。国际上首次发现类猪圆环病毒因子和猪圆环病毒 2 型的干扰缺损病毒。主持科研项目 6 项，发表论文 80 余篇，获省科技进步奖 1 项。获中国畜牧兽医学会成立 60 周年时颁发的金质奖章；河北省科技进步三等奖和河北省畜牧局科技进步一等奖，中国畜牧兽医学会颁发的优秀论文奖和优秀论文提名奖。

（十一）刘宇卓（1967—）

黑龙江省依安人，1990年毕业于东北农业大学兽医系，2004年，获南京农业大学硕士学位。2014年晋升为研究员。

1990年在江苏省徐州种禽场化验室任技术员，1996年在江苏省农业科学院畜牧兽医研究所中试禽用疫苗车间分别担任生产主管及质检主管，2003年在家禽重大疫病防控研究室工作。

主持科研项目10余项，发表论文20余篇，获国家发明专利5项，主持制订江苏省地方标准4项，主编专著1本，参编4本。作为主要完成人获国家三类新兽药注册证书1个，获大北农科技三等奖一项，江苏省农业科学院科学技术二等奖一项，获南京市科技进步二等奖一项。

（十二）胡肄农（1969—）

胡肄农，研究员。从事信息技术在畜牧兽医领域的应用研究。研究工作包括：动物及动物产品标识技术与可追溯管理；动物卫生风险评估技术。

"九五"至"十二五"期间，主持国家攻关专题、国家863计划子专题、国家奶业科技重大专项子专题、国家863子课题"奶牛个体标识技术"、国家科技支撑计划子课题共5项，主持省部级项目10项。发表研究论文15篇。参与编写（编著）专著3本。获得6项专利授权，包括发明专利"猪个体标识的一种控制方法"（ZL 200510040105.0）、实用新型专利"牲畜二维条码耳标"（ZL 200520074583.9）、实用新型专利"质量安全查询机"（ZL 2009 20042670.4）等；登记软件著作权9项。

主要研究成果有："蛋鸡规模化养殖场生产管理系统技术研究与开发"，2000年获第七届中国杨凌农业高新科技成果博览会后稷金像奖，2001年获江苏省农业科学院科技一等奖；"生猪及其产品可追溯体系的研究"，2009年获得江苏省科技进步奖二等奖，排名第1；"冷却猪肉质量安全关键技术创新与应用"，2009年获得中国商业联合会颁发的全国商业科技进步奖特等奖；"生猪及其产品溯源关键技术集成与示范"，2010年获得中国农业科学院科学技术成果奖二等奖。

（十三）倪艳秀（1970—）

浙江金华人，1991年毕业于南京农业大学畜牧系动物营养专业，1997年、2012年分别获南京农业大学预防兽医学专业硕士学位和博士学位。2009年晋升为研究员。第三、第四期江苏省"333高层次人才培养工程"第三层次培养对象（2007—2010、2011—2015）。现任人兽共患病防控研究室副主任、人兽共患细菌病防控项目组组长。

主要从事猪重要传染病和重要人兽共患病的病原学、流行病学、致病机理、快速诊断、疫苗和综合防控技术的研究，在猪链球菌病、猪传染性胸膜肺炎和猪病毒性腹泻病的研究方面积累有丰富经验。获国家科技进步二等奖1项（排名第8）、江苏省科技进步奖二等奖1项（排名第3）、江苏省科技进步奖三等奖1项（排名第3）。主持国家及省级课题10项、制订江苏省地方标准2项。发表论文130篇，编写专著5本，获国家发明专利授权16项。

（十四）王芳（1972—）

新疆伊宁市人，1995年毕业于新疆石河子农学院动物科学系兽医专业，2002年获扬州大学预防兽医学博士学位。2002年10月至2004年10月，在江苏省农业科学院博士后流动站工作；2010年11月至2011年5月，以访问学者身份赴美国宾夕法尼亚大学兽医学院研修。2011年晋升为研究员。硕士研究生导师，博士后指导教师。草食动物疫病防控研究室主任，兔病防控项目组组长。2010年获江苏省省级机关"巾帼建功"标兵，2011年入选第四期江苏省"333人才培养工程"第三层次培养对象。中国畜牧业协会兔业分会理事、专家委员会委员，中国畜牧兽医学会养兔学分会理事，江苏省动物学会理事、江苏省畜牧兽医学会理事、江苏省实验动物管理咨询专家。

主要从事家兔重要疫病病原学、快速诊断、流行病学、致病机理、疫苗研制等综合防控技术研究，主要在兔病毒性出血症、兔支气管败血波氏杆菌病和兔多杀性巴氏杆菌病等深入研究。主持完成兔出血症病毒基因工程疫苗研究，转让至多家企业，已申报国家一类新兽药。作为主要完

成人获江苏省科技进步二等奖1项，获国家三类新兽药注册证书1个。主持研究项目10余项，以第一发明人获国家发明专利3项，发表论文30余篇，其中SCI收录5篇；参编书籍4本，主编书籍2本；制定江苏省标准2项。

（十五）王继春（1975—）

江苏六合人，1997年6月毕业于南京农业大学动物医学院，2005年获南京农业大学硕士学位，2011年获德国柏林自由大学博士学位。2014年晋升为研究员。

1997—2005年，先后在江苏省农业科学院畜牧兽医研究所工作，江苏扶贫促小康工作队滨海工作组科技扶贫，兽医研究所营销与服务中心担任主管，南京天邦生物科技有限公司任营销部副经理。2007年在国家兽用生物制品工程技术研究中心工作。

参加"猪链球菌病快速诊断与免疫预防及其致病机理研究"，2004年获江苏省科技进步二等奖。发表论文10篇，获得国家发明专利授权一项。

第三节　享受政府津贴专家

享受政府津贴专家名单

序号	姓名	国突	国务院特贴	省突
1	何正礼		1990	
2	董亚芳		1991	1988
3	范必勤		1991	1990

（续表）

序号	姓名	国突	国务院 特贴	省突
4	葛云山	1986	1991	
5	丁再棣		1992	
6	范文明		1992	1992
7	金洪效		1992	1990
8	林继煌		1992	
9	毛洪先		1992	
10	徐汉祥		1992	
11	胡家骊		1993	
12	徐克勤		1993	
13	江金益			1994
14	沈幼章		1995	
15	黄夺先		1996	
16	张振华		1997	
17	蒋兆春		1999	
18	侯继波			2000
19	王启明		2000	
20	何孔旺		2008	2010
21	顾洪如			2010
22	邵国青		2010	2012
23	施振旦		2012	

第四节　获其他荣誉专家

获其他荣誉专家名单

姓名	荣誉与社会兼职	时间
郑庆端	省劳动模范	1959 年
何正礼	省劳动模范	1978 年

（续表）

姓名	荣誉与社会兼职	时间
范必勤	省劳动模范	1978 年
何正礼	江苏省政协委员	一、二、三、四、五届
方　陔	江苏省政协委员	四、五届
刘铁铮	江苏省政协委员	七届
董亚芳	全国“三八”红旗手	1983 年
徐汉祥	中共江苏省代表大会代表	四次
董亚芳	中共江苏省代表大会代表	八次
范必勤	江苏省及全国防止血吸虫病先进工作者	1985 年
葛云山	江苏省农村科普先进工作者	1983 年
葛云山	农、牧、渔业部表彰“六五”期间畜牧科学技术工作中成绩显著	1986 年
董亚芳	农、牧、渔业部表彰“六五”期间畜牧科学技术工作中成绩显著	1986 年
蒋兆春	江苏省政府授予“农业先进工作者”	2001 年
钟　声	江苏省农业科技先进工作者	2002 年
顾洪如	江苏省优秀科技工作者	2003 年
钟　声	国家星火计划先进个人	2003 年
钱　勇	江苏省科技结对先进农技工作者	2004 年
任守文	江苏省人事厅“江苏省六大人才高峰”	2005 年
顾洪如	中国科协全国农村科普先进个人	2005 年
陈家斌	江苏省委宣传部 2006 年文化、科技、卫生“三下乡”先进个人	2006 年
钟小仙	江苏省“双学双比”竞赛活动先进女能手	2006 年
刘铁铮	2005—2006 年度玄武区“两先四优”先进个人	2006 年
钟小仙	南京市科协第十二届优秀学术论文奖	2007 年
赵　伟	2006 年江苏省省委宣传部“送科技下乡，促农民增收”活动 30 佳科技标兵	2007 年
钟小仙	江苏省妇女联合会江苏省省级机关“巾帼建功”标兵	2008 年
赵　伟	江苏省科协“江苏省万名科技专家兴农富民工程”优秀科技专家	2008 年

（续表）

姓名	荣誉与社会兼职	时间
钟　声	南京市对口支援与扶贫工作领导小组"西部地区人才培训先进个人"	2008 年
赵　伟	中国科学技术部"全国优秀科技特派员"	2009 年
周维仁	中共江苏省委农工办、江苏省科学技术厅、江苏省财政厅、江苏省农业委员会"优秀科技特派员"	2009 年
曹少先	江苏省人事厅"江苏省六大人才高峰"	2009 年
赵　伟	江苏省委农工办、江苏省科学技术厅、江苏省财政厅、江苏省农委江苏省"送科技下乡，促农民增收"优秀科技特派员	2010 年
任守文	中国畜牧兽医学会养猪学分会新世纪十年学会领军人物	2010 年
施振旦	中共中央统战部、人力资源和社会保障部及各民主党派"十一五"期间各民主党派工商联无党派人士全面建设小康社会作贡献先进个人	2011 年
任守文	新华通讯社江苏分社新华社"三农"服务模范专家	2011 年
徐小波	新华通讯社江苏分社新华社"三农"服务优秀专家	2011 年
赵　伟	新华通讯社江苏分社新华社"三农"服务优秀专家	2011 年
顾洪如	"苏浙沪农业科学院科技兴农联合服务团"优秀专家	2011 年
钟小仙	"苏浙沪农业科学院科技兴农联合服务团"优秀专家	2011 年
钟　声	"苏浙沪农业科学院科技兴农联合服务团"优秀专家	2011 年
钟小仙	纪念中国民主同盟成立七十周年表彰活动先进个人	2011 年
林　勇	江苏省委农工办、江苏省科学技术厅、江苏省财政厅、江苏省农委"送科技下乡、促农民增收"优秀科技特派员	2011 年
周维仁	江苏省农林厅全省挂县强农富民工程"农业科技服务明星"	2011 年
宦海琳	江苏省农林厅 2011 年全省挂县强农富民工程优秀通讯员	2011 年
宦海琳	江苏省省直机关工会工作委员会、江苏省省级机关妇女工作委员会省级机关五好文明家庭	2013 年
曹少先	江苏省科技入户工程省级执行专家	2010 年
顾洪如	江苏省科协首席科技传播专家	2014 年
任守文	江苏省现代农业产业技术创新团队首席专家	2013 年
任守文	江苏省科协首席科技传播专家	2014 年
胡来根	江苏省省级机关优秀党员	2003 年
何孔旺	江苏省农林厅"六大人才高峰第四批高层次人才培养对象"	2007 年

（续表）

姓名	荣誉与社会兼职	时间
王 芳 何孔旺	猪传染性胸膜肺炎放线杆菌转结合蛋白基因克隆、序列分析及表达获 2005—2006 年度南京市第七届自然科学优秀论文奖	2007 年
刘茂军 邵国青	"检测猪肺炎支原体抗体间接 ELISA 方法的建立"获2006 年"英伟杯"规模化养猪论文大赛优秀论文奖	2007 年
刘宇卓 李 银 张敬峰	"鸭 H9 亚型禽流感油乳剂灭活疫苗的免疫原性"获南京市十二届优秀论文奖	2005—2006
张雪寒 何孔旺 周俊明等	"猪链球菌 2 型次黄嘌呤核苷酸脱氢酶缺失株的构建"获江苏省微生物学会青年研讨会优秀论文奖	2007 年
陆昌华	全国动物卫生风险评估专家委员会委员	2010 年
王 芳	江苏省省级机关"巾帼建功"标兵	2010 年
李 银	新华社三农服务优秀专家	2011 年
何孔旺	江苏省"333 高层次人才培养工程"突出贡献奖	2011 年
邵国青	江苏省"333 高层次人才培养工程"突出贡献奖	2011 年
邵国青	亚洲支原体组织（AOM）首届秘书长、常务理事，第十七届国际支原体组织（IOM）学术委员会委员	2002—2016
邵国青	农业部全国动物防疫专家委员会委员	2012 至今
邵国青	农业部第六届兽药评审专家	2013—2016
邵国青	中国实验动物学会农业实验动物专业委员会委员	2014—2018

第五节　人才培养

一、国外培养

国外培养人员（畜牧）

序号	姓名	时间	国家	单位	回国时间（年）	培养内容
1	范必勤	1982	美国	美国密西根州立大学	1983	完成六项专题研究，获多项创新性成果，被授予该校杰出研究学者证书
2	王公金	1997	日本	日本信州大学农学院	1998	开展动物胚胎发育生物学学习与研究
3	刘铁铮			澳大利亚、美国		
4	汪河海	2000	加拿大	LAVAL 大学		

（续表）

序号	姓名	时间	国家	单位	回国时间（年）	培养内容
5	丁成龙	2002	日本	日本草地畜产种子协会饲料作物研究所	2004	开展了多花黑麦草遗传连锁图的构建及抗灰叶斑病基因的分子标记开发，成功构建了多花黑麦草高密度遗传连锁图谱，并筛选到同多花黑麦草抗灰叶斑病基因紧密连锁的分子标记14个，发表相关研究论文4篇。
6	朱泽远	2006	新加坡			

国外培养人员（兽医）

序号	姓名	时间	国家	单位	回国时间（年）	培养内容
1	吴纪棠	1939	美国	IOWA 州农工大学	1945	获硕士学位
2	郑庆端	1940	美国	美国密执根州立大学	1945	获兽医及哲学博士学位
3	何正礼	1947	美国	加利福尼亚州立大学柏克莱研究院	1949	"多杀性巴氏杆菌研究"，获得硕士学位
4	林继煌	1982	美国	内布拉斯加大学	1983	轮状病毒研究
5	范文明	1982	美国	密执安州立大学	1983	单克隆抗体研制
6	何孔旺	1998	美国	美国贝勒医学院	1999	Maspin 调控肿瘤研究
7	江杰元	2002	加拿大	曼尼托巴大学（University of Manitoba）	2006	获医学分子病毒学专业博士
8	侯继波	2004	加拿大	加拿大 Guelph 大学	2004	畜禽免疫学研究
9	邵国青	2005	加拿大	加拿大 Guelph 大学	2005	猪支原体肺炎研究
10	王继春	2008	德国	柏林自由大学	2011	获得博士学位
11	王 芳	2010	美国	美国宾夕法尼亚大学兽医学院	2011	鼠疫病原的研究

农业科学院专项出国培训人员

序号	姓名	出国批次	培训地点
1	钟小仙	1	2011.07.18—2012.07.19 美国密西西比州立大学
2	曹少先	1	2011.07.18—2012.07.19 美国密西西比州立大学
3	丁成龙	2	2012.7.23—2013.7.22 美国得州农工大学
4	王慧利	4	2014.07.28 美国加州大学戴维斯分校
5	付言峰	5	2015.7.21 美国伊利诺伊大学厄巴纳-香槟分校
6	吴娟子	5	北得克萨斯州大学
7	张雪寒	2	2012.7.23—2013.7.22 美国得州农业大学
8	冯志新	2	2012.7.23—2013.7.22 美国密西西比州立大学
9	唐应华	3	2013.08.08—2014.08.20 美国佐治亚州立大学

（续表）

序号	姓名	出国批次	培训地点
10	白方方	4	2014.07.28 美国迈阿密大学米勒医学院
11	冯 磊	4	2014.08.29 美国明尼苏达大学
12	李 彬	5	2015.09—2016.09 美国斯坦福大学
13	卢 宇	5	2015.08—2016.08 加拿大萨斯喀彻温大学

二、国内攻读学位

国内攻读学位（畜牧）

序号	姓名	时间	专业	导师	获得学位、学历
1	王公金	1995.9—1999.9	动物学	陈宜峰 范必勤	博士
2	周维仁	2001.9—2004.6	临床兽医学	王小龙	博士
3	丁成龙	2001.9—2005.12	作物栽培学与耕作学	沈益新	博士
4	钟小仙	2001.9—2005.12	作物栽培学与耕作学	曹卫星	博士
5	杨 杰	2003.9—2016.12	动物营养	沈益新	推广硕士
6	薛 飞	2003.9—2016.12	动物营养	刘文斌	推广硕士
7	朱泽远	2006.9—2008.6	粮食、油脂及植物蛋白工程	乐国伟	博士
8	李碧侠	2007.9—2013.6	动物遗传育种与繁殖	王金玉	博士
9	邢光东	2003.9—2011.6	动物遗传育种与繁殖	王根林	博士
10	王学敏	2010.9—	动物遗传育种与繁殖	余 梅	
11	林 勇	2012.9—	动物营养与饲料科学	姚 文	
12	潘孝青	2015.9—	动物遗传育种与繁殖	王杏龙	

国内攻读学位（兽医）

序号	姓名	学习时间	学习专业	导师	获得学位、学历
1	刘茂军	2011—2017	预防兽医学	赵如茜	博士
2	王海燕	2014—2017	预防兽医学	姜 平	博士
3	武昱孜	2015—2017	专业生物化学	Hafizah Chenia	博士
4	甘 源	2012—2017	动物医学	姜 平	硕士
5	王 丽	2013—2017	畜牧兽医		学士
6	刘蓓蓓	2013—2017	畜牧兽医		学士
7	李 银	1999.9—2006.9	预防兽医学	沈永林	兽医学博士
8	刘宇卓	2002—2004	预防兽医学	陈溥言	兽医学硕士
9	黄欣梅	2014.9—	预防兽医学	李祥瑞	在职博士学位
10	欧阳伟	2013—2016	预防兽医学	张海彬	博士、博士研究生
11	范志宇	2013—2016	兽医学	姜 平	在职博士学位
12	胡 波	2015—2018	兽医学	姜 平	在职博士学位
13	魏后军	2013—2016	兽医学	庚庆华	在职硕士学位

三、江苏省"333工程"培养对象

江苏省人才"333工程"培养

序号	姓名	培养层次	管理期
		畜牧	
1	顾洪如	江苏省"333高层次人才培养工程"第二批中青年科技领军人才 江苏省第四期"333高层次人才培养工程"第二层次培养对象	2008.7—2010.12 2013.7—2015.12
2	任守文	江苏省"333高层次人才培养工程"首批中青年科学技术带头人	2007—2010
3	施振旦	江苏省第四期"333高层次人才培养工程"第二层次培养对象	2013.7—2015.12
4	钟小仙	江苏省第四期"333高层次人才培养工程"第三层次培养对象	2011—2015
4	丁成龙	江苏省第四期"333高层次人才培养工程"第三层次培养对象	2013.10—2015.12
6	曹少先	江苏省第四期"333高层次人才培养工程"第三层次培养对象	2013.10—2015.12
		兽医	
1	何孔旺	江苏省"333二期工程"首批第三层次培养对象 江苏省"333高层次人才培养工程"首批中青年科学技术带头人 江苏省"333高层次人才培养工程"第二批中青年科技领军人才 江苏省第四期"333高层次人才培养工程"第二层次培养对象	2002.3开始 2007—2010 2008.7—2010.12 2011—2015
2	戴鼎震	江苏省"333高层次人才培养工程"首批中青年科学技术带头人	2007—2010
3	邵国青	江苏省"333高层次人才培养工程"第二批中青年科学技术带头人 江苏省第四期"333高层次人才培养工程"第二层次培养对象	2009—2010 2013.7—2015.12
4	倪艳秀	江苏省"333高层次人才培养工程"首批中青年科学技术带头人 江苏省第四期"333高层次人才培养工程"第三层次培养对象	2007—2010 2011—2015
5	王芳	江苏省第四期"333高层次人才培养工程"第三层次培养对象	2011—2015
6	胡肆农	江苏省第四期"333高层次人才培养工程"第三层次培养对象	2011—2015
7	刘茂军	江苏省第四期"333高层次人才培养工程"第三层次培养对象	2013.10—2015.12
8	李银	江苏省第四期"333高层次人才培养工程"第三层次培养对象	2013.10—2015.12

四、博士后培养

博士后培养（畜牧）

序号	姓名	进站时间	研究课题	导师	出站时间	去向
1	夏东	2003.11.24	荷斯坦奶牛耐热性分子遗传标记研究	刘铁铮	2008.3.3	回原单位（南京农业大学后调入上海农业科学院）
2	刘益平	2005.11.2	江苏省地方猪种遗传多样性及其起源分化研究	刘铁铮	2008.6.11	回原单位工作（四川农业大学）
3	杜立银	2006.3.16	猪精液冷冻保存技术研究	刘铁铮	2010.11.30	回原单位工作（内蒙古民族大学）
4	李碧春	2006.5.8	鸡胚胎生殖干细胞的研究利用	刘铁铮	2009.3.17	回原单位工作（扬州大学）

（续表）

序号	姓名	进站时间	研究课题	导师	出站时间	去向
5	方晓敏	2006.7.5	猪 CACNA1S 基因的多态性及其与肉质性状的相关性研究	任守文	2008.10.30	留院进编
6	张 霞	2006.12.14	象草高消化率的品系间变异及其与细胞壁构成的关系	顾洪如	2009.10.28	留院进编
7	王小山	2009.6.15	不同类型饲草纤维的组成、理化特性及其与消化率的关系	顾兴如	2012.10.31	扬州大学
8	付言峰	2011.7.6	影响猪胚胎着床相关基因的表达研究	任守文	2013.5.27	留院进编
9	董臣飞	2011.9.21	影响稻草饲用品质和消化率的机理研究	顾洪如	2013.8.19	留院进编
10	雷明明	2012.4.5	鹅繁殖性能相关基因的克隆及繁殖性状调控基因	施振旦	2014.10.28	留院进编
11	闫乐艳	2012.7.6	决定奶牛繁殖性能的早期黄体发育和孕酮合成的基因调控网络研究	施振旦	在站	
12	朱洪龙	2013.10.9	发酵床养殖对猪行为生理特征和肉品质的影响	顾洪如	在站	
13	朱欢喜	2015.6.15	鹅繁殖活动生理调控机制研究	施振旦	在站	

博士后培养（兽医）

序号	姓名	进站时间	研究计划题目	导师	出站时间	去向
1	王 芳	2002.10.8	猪传染性胸膜肺炎放线杆菌毒素基因地克隆与高效表达	何孔旺	2004.11.9	留院进编
2	温立斌	2005.8.11	猪圆环病毒 2 型分子生物学研究	何孔旺	2008.4.24	留院进编
3	张德坤	2005.8.11	FMDV 亚 I 诊断与免疫分子生物学研究	何孔旺	2010.3.29	回原单位（新疆防治牲畜口蹄疫指挥部办公室）
4	周 武	2008.12.26	2 型猪圆环病的致病机理及其机制研究	何孔旺	2009.3.26 退站	
5	祝昊丹	2011.11.14	猪链球菌分子致病机理的研究	何孔旺	2014.5.29	留院进编
6	刘传敏	2014.8.25	猪圆环病毒 2 型（PCV2）基因重排分子对 PCV2 复制的影响	何孔旺	在站	留院进编
7	郝洪平	2015.7.22	FCN3 以及 TLR2 在大肠杆菌 O157：H7 引起的炎症反应中的作用机制	何孔旺	在站	
8	郑其升	2007.6.27	通用型禽流感疫苗的研究	侯继波	2010.10.14	留院进编
9	金明兰	2008.7.1	猪流行性腹泻病毒分离鉴定、M 蛋白重组腺病毒构建及实验免疫研究	侯继波	2012.8.16	回原单位（林省通化市兽医管理局）
10	冯 磊	2009.5.19	哺乳动物细胞的悬浮生长驯化及规模化培养平台建立	侯继波	2012.7.6	留院进编

（续表）

序号	姓名	进站时间	研究计划题目	导师	出站时间	去向
11	张元鹏	2015.7.14	GEM 技术浓缩纯化 PRRSV 的研究	侯继波	在站	
12	冯志新	2007.8.30	猪支原体肺炎微球活疫苗气雾免疫研究	邵国青	2009.7.27	留院进编
13	熊祺琰	2009.7.27	猪肺炎支原体活疫苗 168 株的免疫佐剂与新免疫技术研究	邵国青	2011.9.28	留院进编
14	车巧林	2010.11.2	猪肺炎支原体侵染细胞模型的建立及强弱毒株侵染差异研究	邵国青	2013.8.19	出站时待业
15	华利忠	2011.4.2	猪气喘病净化支撑技术研究	邵国青	2013.4.15	留院进编
16	杜改梅	2011.12.29	猪呼吸道纤毛细胞对猪肺炎支原体强弱毒株感染应答的差异蛋白质组学研究	邵国青	2014.9.20	回原单位（金陵科技学院）
17	Hassan	2013.11.11	Development and Applications of CRISPR/Cas9 System for Genome Engineering of Mycoplasma hyopneumoniae	邵国青	在站	
18	杨若松	2014.6.24	猪支原体肺炎发病模型的构建及疫苗免疫应答研究	邵国青	2016.9	北京某生物公司
19	刘青涛	2014.8.5	坦布苏病毒对鸭的致病机理研究	李 银	在站	
20	毕可然	2015.7.21	水禽几种疫病病原快速检测方法研究	李 银	在站	

五、研究生培养

畜牧研究所硕士培养

序号	姓名	时间	专业	课题	导师	学制	去向
1	张大鹏	2000		山羊胚胎成纤维细胞β-酪蛋白基因位点hIL-11基因的打靶研究	刘铁铮		
2	曲玉秀	2000		两种遗传工程小鼠的检测、鉴定与种质保存方法的研究	刘铁铮		
3	孟庆利	2001		骨调素和雌激素受体基因与猪繁殖性能关系的研究	刘铁铮		
4	季尚娟	2001		肉用山羊活体采卵、体外受精、同期发情及胚胎移植的研究	刘铁铮		
5	褚艳书	2001		猪精液冷冻保存的研究	刘铁铮		
6	张岳梅	2001		莫能菌素抗原及多克隆抗体研制	刘铁铮		

（续表）

序号	姓名	时间	专业	课题	导师	学制	去向
7	杨恩昌	2001		流式细胞法分离波尔山羊 X、Y 精子的研究	刘铁铮		
8	陈宏	2002		盐霉素、阿散酸对小鼠机体的氧化损伤及生殖毒性的研究	刘铁铮		
9	钱晓飞	2002		牛卵母细胞玻璃化冷冻保存及胚胎移植的研究	刘铁铮		
10	王红玲	2002		不同添加物对牛卵母细胞体外成熟、体外受精及受精卵体外培养的影响	刘铁铮		
11	魏瑞成	2003		莫能菌素多克隆抗体制备及应用	刘铁铮		
12	孔鸽平	2003		鹅催乳素受体基因的克隆和表达	刘铁铮		
13	霍晓荣	2003		加工过程对鸡肉和鸡蛋中盐霉素和莫能菌素残留影响的研究	刘铁铮		
14	宋宏绣	2004	动物遗传育种与繁殖	丙烯酰胺对雄性大鼠生殖毒性的研究	刘铁铮	3	南京中医药大学
15	宋艳红	2004	动物遗传育种与繁殖	鸡蛋中磺胺类药物多残留检测方法的建议及其残留消除规律的研究	刘铁铮	3	句容市人才市场
16	李志梨	2006	动物遗传育种与繁殖	动物抗蓝耳病育种研究	刘铁铮	3	
17	周海军	2004	草业科学	干旱胁迫下钝叶草和假俭草生长、生理响应及其抗旱性综合鉴定	顾洪如	3	升学
18	周志平	2004	草业科学	青刈黑麦细胞壁结构物质与干物质体外消化率的关系	顾洪如	3	广州市希普生物饲料有限公司
19	丁一	2004	草业科学	柠檬草生长特性以及作为奶牛饲料添加料的研究	顾洪如	3	待就业
20	彭齐	2005		多花黑麦草对猪场污水的生理响应及对水体的净化作用	顾洪如		浙江省人才交流中心
21	周洋	2005		杂交狼尾草及其母本种苗可溶性糖的变化和同工酶差异的研究	顾洪如		
22	彭齐	2005	草业科学	多花黑麦草对猪场污水的生理响应及对水体的净化作用	顾洪如	3	浙江省人才交流中心

（续表）

序号	姓名	时间	专业	课题	导师	学制	去向
23	周雯	2005	草业科学	南京地区马蹄金和白三叶草坪杂草的发生特点及其化除技术研究	顾洪如	3	云南农业大学
24	邹轶	2005	草业科学	海盐胁迫下海滨雀稗生理特性及建坪方法的研究	顾洪如	3	江苏省农业科学院
25	冉景松	2006	草业科学	象草自交后代无性系的饲用价值及生物质能特性初步评价	顾洪如		贵州大学校办
26	许能祥	2006	草业科学	温度和施氮量对多花黑麦草细胞壁结构物质组成和饲草品质的影响	顾洪如	3	江苏省农业科学院
27	穆少杰	2007	草业科学	杂交狼尾草杂交制种中人工辅助授粉相关技术的研究	顾洪如		升学
28	莫负恩	2007	草业科学	双穗雀稗对猪场污水中氮磷吸收及净化效果研究	顾洪如	3	陕西汽车集团有限责任公司
29	梁琼	2008	草业科学	宁镇丘陵地区假俭草种质资源特性的研究	顾洪如	3	广西省北流市人事局
30	蔡世嘉	2008	草业科学	苏丹草叶斑病原平脐蠕孢菌的研究	顾洪如	3	河北省石家庄市桥东区人事局
31	孙旭春	2009	草业科学	抗倒酯等3种生长调节剂对多花黑麦草种子生产影响的研究	顾洪如	2.5	甘肃省临夏回族自治州人力资源和社会保障局
32	祁含	2010	草业科学	三个假俭草生态型生长特性、耐寒性及坪用特性的评价	顾洪如	2.5	上海新邦生物科技有限公司
33	田丽丽	2012	草业	农药对多花黑麦草青贮微生物多样性影响的初步研究	顾洪如	2	
34	乔伟艳	2013	草学	水稻轮作系统下土壤物理化学性状和微生物多样性的变化研究	顾洪如	3	
35	徐志鹏	2000	发育生物学	波尔山羊胚胎移植及配子移植研究	王公金		南京市鼓楼医院
36	李云华	2002	发育生物学	Ser-125突变型人白细胞介素-2在家兔和山羊乳腺中的瞬时表达	王公金		金然利药业公司
37	孙洁	2003	发育生物学	杜泊绵羊冷冻胚胎移植研究	王公金		苏州中学教师

（续表）

序号	姓名	时间	专业	课题	导师	学制	去向
38	孙贝加	2003	发育生物学	配子移植	王公金	3	徐州医学院不孕不育研究所
39	刘文华	2003	发育生物学	小鼠第一极体重组卵母细胞研究	王公金	3	南京红十字会
40	聂晓伟	2004	发育生物学	杜泊绵羊杂交改良技术	王公金	3	江苏省中医院生殖科
41	窦德宇	2004	发育生物学	分子标记技术在绵羊多胎性状鉴定中的应用	王公金	3	合肥中学教师
42	谭小东	2005	发育生物学	猪第一极体发育功能的研究	王公金	3	去澳大利亚留学
43	周晓龙	2006	发育生物学	猪第二极体发育功能研究	王公金	3	南农大读博
44	于峰祥	2008	发育生物学	硫化物-醌氧化还原酶（SQR）基因真核表达载体的构建及其特异表达的研究	王公金	3	读博
45	潘伟芹	2009	发育生物学	SQR 转基因乳酸杆菌的筛选与建系	王公金	2.5	安徽某地高中老师
46	李燕	2010	发育生物学	生长分化因子 9 对猪卵母细胞体外成熟及早期胚胎发育的影响及机制研究	王公金		江苏省栟茶高级中学
47	葛加根	2004	动物营养与饲料	高赖氨酸稻谷在肉鸡饲粮中应用效果的研究	周维仁	3	
48	汪益锋	2006	动物营养与饲料	饲料中氨基酸平衡和外源酶对异育银鲫氮磷排放的影响	周维仁	3	
49	丁丽	2007	同上	微生态制剂在异育银鲫养殖中应用效果的研究	周维仁	3	安徽嘉吉动物蛋白公司
50	顾金	2007	同上	复合微生态制剂对青脚麻鸡饲养效果的研究	周维仁	3	南通正大公司
51	杜银峰	2010	同上	几种饲用抗生素替代产品对肉鸡生长、消化和免疫性能的影响	周维仁	3	中粮集团有限公司
52	阮剑均	2010	动物营养与饲料科学	米糠毛油的氧化稳定性及其营养价值评估的研究	周维仁	2.5	广东海大集团股份有限公司畜牧水产研究中心
53	杜银峰	2010	动物营养与饲料科学	几种饲用抗生素替代产品对肉鸡生长、消化和免疫性能的影响	周维仁	3	中粮集团黄海粮油公司
54	白建勇	2012	动物营养与饲料科学	抗菌肽、益生菌在发酵床上的应用实验	周维仁	3	沈阳正大
55	吴乐	2014	动物科学		周维仁	2	

（续表）

序号	姓名	时间	专业	课题	导师	学制	去向
56	王 雪	2006	动物遗传育种与繁殖	猪 CACNAIS 基因的克隆、SNP 检测及其与肉质性状的关联分析	任守文	3	中科院合肥物质科学研究院智能所
57	刘 筱	2008	动物遗传育种与繁殖	苏钟猪 TLR4 基因多态性及编码区 C1027A 功能分析	任守文		江西广丰县合信康宁生物医药科技有限公司
58	赵 芳	2009	动物遗传育种与繁殖	SIRT1 在猪卵巢颗粒细胞凋亡过程中的作用研究	任守文	2.5	江苏省农业科学院
59	孟 翠	2010	动物遗传育种与繁殖	发酵床垫料的研究以及猪舍环境因子监测	任守文	2.5	枣庄市人力资源和社会保障局
60	郅西柱	2011	动物遗传育种与繁殖	CYP3A29 基因在猪支原体肺炎发生过程中的作用研究	任守文	3	山东环山集团养殖公司文登东成有限公司
61	周艳红	2012	动物遗传育种与繁殖	猪子宫内膜附植方向	任守文	3	甘肃省商业科技研究所
62	王光耀	2014	动物科学		任守文	2	
63	丰秀静	2008	动物遗传育种与繁殖	人 a-乳白蛋白转基因载体的构建及其奶山羊胎儿成纤维细胞株的建立	曹少先	3	南京大学
64	张庆晓	2009	动物遗传育种与繁殖	猪 Sn 基因 ZFN 敲除技术体系的探索	曹少先		南农高科公司
65	苏 磊	2009	动物遗传育种与繁殖	苏皖部分猪品种 PRRSV 易感性的评价	曹少先		鄂尔多斯市公安局东胜区分局
66	李静心	2010	动物遗传育种与繁殖	以 b-乳球蛋白为靶基因的锌指核酸酶构建与筛选体系的探索	曹少先	2.5	江苏省农业科学院
67	王 婧	2011	动物遗传育种与繁殖	小鼠卵母细胞减数分裂期间 HDACs 对组蛋白 H4K12 乙酰化及 H3S10 磷酸化的调控	曹少先	3	贵州农业科学院
68	乔永浩	2013	养殖	氨化和微贮油菜秸秆营养变化及其饲喂母山羊效果研究	曹少先	2	
69	刘 颖	2007	草业科学	日本结缕草对低温胁迫的生理响应及抗寒相关性状的 QTL 分析	丁成龙	3	南京宁众人力资源咨询服务有限公司

（续表）

序号	姓名	时间	专业	课题	导师	学制	去向
70	候晓静	2008	草业科学	添加乳酸菌和米糠对水稻秸青贮品质动态变化的影响	丁成龙	3	升学
71	张文洁	2009	草业科学	杂交狼尾草杂交制种中人工辅助授粉相关技术的研究	丁成龙	2.5	江苏省农业科学院畜牧所
72	王兴刚	2010	草业科学	添加乳酸菌与酶制剂对稻秸青贮品质的影响	丁成龙	2.5	升学，中科院武汉植物园博士
73	桂维阳	2011	草业科学	稻秸中吡虫啉和三环唑的降解动态及其饲用安全性评价	丁成龙	3	
74	刘智微	2008	草业科学	苏牧 2 号象草新品种耐盐机制初探	钟小仙	3	江苏省农业科学院
75	常盼盼	2009	草业科学	海滨雀稗体细胞突变体 SP2008-3 特性分析及诱导机制初探	钟小仙		爱奇艺公司
76	刘伟国	2009	草业科学	杂交狼尾草六倍体种质创新及其耐盐性评定	钟小仙		广州智特奇生物科技股份有限公司
77	崔莉莉	2010	草业科学	四倍体苏丹草新种质组织结构特性和能源利用潜力初探	钟小仙	2.5	升学，中科院武汉植物园博士
78	张 敬	2011	草业科学		钟小仙	3	
79	刘兆明	2012		杂交狼尾草六倍体种质创新及其耐盐性评价	钟小仙		南京星宁连锁培训机构
80	许爱红	2011	动物遗传育种	家禽养殖环境	施振旦		深圳世纪生物技术公司
81	吴思谦	2011	动物遗传育种	家禽内分泌调控	施振旦		广西
82	阿巴郎	2011	动物遗传育种		施振旦	3	
83	蔡柳萍	2011	动物遗传育种	动物繁殖调控	施振旦	3	
84	彭忠友	2011	动物遗传育种		施振旦	3	
85	张 甜	2012		动物养殖环境控制	施振旦		农业部全国农技推广中心
86	翟颖超	2012	制药工程	生物制药	施振旦	3	
87	戴子淳	2013		种鹅生殖道 TLRs 家族基因的表达及鹅舍通风降温对反季节繁殖种蛋受精率的影响	施振旦		江苏省农业科学院编外
88	尉传坤	2015	养殖		施振旦	2	

兽医所硕士研究生培养

序 号	姓 名	进所时间	专业	研究课题	导 师	学制	去 向
1	佘晓彬	2004	临床兽医学	鸽痘病毒分离株鉴定、致弱及免疫效力研究	戴鼎震	3	
2	王国相	2004	临床兽医学	鸡大肠杆菌1型菌毛呈现载体构建及部分功能基因与菌毛表达的相关性研究	戴鼎震	3	
3	杨 峰	2005	临床兽医学	鸡大肠杆菌重组1型菌毛黏附特性及fimH基因克隆	戴鼎震	3	
4	刘 萍	2007	临床兽医学	葛银口服液抗肉鸽热应激作用机制初探及葛根素代谢动力学测定	戴鼎震	3	出国
5	赵炳凯	2007	临床兽医学	连芩口服液抗鸽Ⅰ型副黏病毒药效及黄芩苷代谢动力学测定	戴鼎震	3	中粮肉食（江苏）有限公司
6	胡 波	2006	临床兽医学	兔出血症病毒结构基因在重组腺病毒系统中的表达及其免疫原性	戴鼎震 秦爱建 王 芳	3	江苏省农科院兽医所
7	张素芳	1999	预防兽医学	猪流行性腹泻病毒嵌套式RT-PCR检测方法的建立	贾 赟 陈溥言 何孔旺	3	大连理工大学博士
8	华荣虹	1999	基础兽医学	猪源ETEC菌毛基因的多重PCR检测及其菌毛抗体的研制	张书霞 何孔旺	3	中国农业科学院哈尔滨兽医研究所博士
9	张雪寒	2000	基础兽医学	ETEC肠毒素基因多重PCR检测和热敏肠毒素的克隆与表达	张书霞 何孔旺	3	留兽医所工作
10	徐淑菲	2000	预防兽医学	猪链球菌2型胞外蛋白因子部分基因片段的克隆表达及小鼠的免疫保护性试验	陆承平 何孔旺	3	厦门出入境检验检疫局
11	崔义邦	2001	预防兽医学	细菌CpG DNA对鸡免疫增强作用	郭爱珍 何孔旺	3	山东六合集团有限公司
12	马清霞	2001	预防兽医学	猪链球菌病PCR诊断技术及SS2毒力因子单克隆抗体的研制	何孔旺 陆承平	3	青岛市动物疫控中心
13	陈 德	2001	预防兽医学	猪伪狂犬病病毒、猪细小病毒和猪圆环病毒2型PCR检测方法的建立及初步应用	陈溥言 何孔旺 侯继波	3	山东省青岛市胶州市组织部
14	袁万哲	2001	预防兽医学	仔猪大肠杆菌病K88-K99-987P-F41四价亚单位疫苗的研制	何孔旺 陆承平	3	河北农业大学
15	李 明	2002	预防兽医学	猪链球菌2型MRP与EPF部分片段串联表达与免疫原性及检测两种猪源链球菌抗体间接ELISA方法的建立与应用	何孔旺 陆承平	3	广东省动物卫生监督所
16	彭小华	2002	预防兽医学	猪胸膜肺炎放线杆菌快速检测技术的研究	何孔旺 陆承平	3	IDEXX公司

（续表）

序 号	姓 名	进所时间	专业	研究课题	导 师	学制	去 向
17	杨 群	2002	预防兽医学	两种猪肠道冠状病毒诊断方法的建立和国内新分离毒株主要结构蛋白基因克隆与序列分析	何孔旺 陆承平	3	江苏省昆山市卫生监督所
18	段志涛	2003	预防兽医学	猪链球菌 2 型 IMPDH 基因的克隆表达及相关生物学特性鉴定	何孔旺 陆承平	3	浙江省宁波市动物疫控中心
19	邱索平	2003	预防兽医学	猪胸膜肺炎放线杆菌 PCR 检测和分型系统的建立及应用	何孔旺 陆承平	3	广东省从化检验检验局
20	王 会	2003	预防兽医学	检测口蹄疫抗体间接 ELISA 方法的建立和应用以及新型佐剂对口蹄疫疫苗的免疫增强作用	何孔旺 陆承平	3	山东省枣庄市动物疫控
21	潘群兴	2003	临床兽医学	猪圆环病毒 2 型感染分子诊断与防制的相关研究	黄克河 何孔旺	3	留所
22	程相蕾	2004	预防兽医学	猪胸膜肺炎放线杆菌血清抗体快速检测试剂盒的研制及应用	何孔旺 陆承平	3	北京某公司
23	刘亚彬	2004	预防兽医学	猪链球菌 2 型 IMPDH 基因功能结构域的确定	何孔旺 陆承平	3	正大集团
24	刘耀方	2004	预防兽医学	口蹄疫病毒 RT-PCR 检测与分型方法的建立及在新疆的应用	何孔旺 陆承平	3	上海市南汇区动物疫控中心
25	唐 芳	2004	预防兽医学	猪传染性胃肠炎病毒 S 蛋白 5' 端基因重组腺病毒的构建与免疫特性研究	侯继波 姜 平 何孔旺	3	南京农业大学博士
26	李 菁	2004	预防兽医学	猪传染性胃肠炎病毒 S 蛋白在昆虫细胞中的表达及间接 ELISA 抗体诊断方法的建立	杨 倩 何孔旺	3	南京农大学
27	程志钱	2005	预防兽医学	猪细小病毒 VP2 蛋白基因重组腺病毒的构建与免疫特性研究	何孔旺 姜 平	3	浙江省湖州出入境检验检疫局
28	何 艳	2005	预防兽医学	猪瘟病毒 E2 蛋白在昆虫细胞中的表达及间接 ELISA 抗体检测方法的建立	何孔旺 姜 平	3	江阴百桥国际生物科技孵化园有限公司
29	熊 静	2005	预防兽医学	猪流行性腹泻病毒 S 蛋白基因在昆虫细胞中的表达及间接 ELISA 抗体检测方法的初步建立	何孔旺 姜 平	3	南京市人事局
30	谢碧林	2005	预防兽医学	猪传染性胸膜肺炎放线杆菌外膜蛋白的克隆表达及其免疫原性分析	何孔旺 陆承平	3	福建省莆田市动物疫病预防控制中心
31	周俊明	2005	预防兽医学	猪链球菌 2 型 IMPDH 单克隆抗体的制备及其识别表位分析	何孔旺 陆承平	3	留所
32	王莹莹	2006	预防兽医学	猪链球菌 2 型重组亚单位疫苗的研制	何孔旺 范红结	3	中国南方人才市场广州市场

（续表）

序号	姓名	进所时间	专业	研究课题	导师	学制	去向
33	鞠仕亮	2006	预防兽医学	肠出血性大肠杆菌 O157：H7 紧密素克隆表达及其免疫原性分析	何孔旺 范红结	3	中智东恒经济技术合作有限公司
34	方琳	2006	预防兽医学	猪传染性胃肠炎病毒 S1 基因植物表达载体的构建及转化番茄的研究	何孔旺 姜平	3	安徽省农业科学院水稻研究所
35	李丽	2006	预防兽医学	大肠杆菌 O157：H7 多重 PCR 检测和溶血素蛋白的表达及其免疫原性分析	何孔旺 姜平	3	沈阳市恒泰兽药经销处
36	李思涵	2006	预防兽医学	猪圆环病毒 2 型 cap 蛋白在昆虫细胞中的表达及间接 ELISA 抗体诊断方法的建立	何孔旺 姜平	3	上海出入境检验检疫局
37	贾付从	2007	预防兽医学	猪胸膜肺炎放线杆菌抗体 ELISA 检测试剂盒的研制及应用	何孔旺 陈溥言	3	河间市人事局
38	卢维彩	2007	预防兽医学	大肠杆菌 O157：H7 Tir-Tccp 融合蛋白的表达及其免疫原性分析	何孔旺 陈溥言	3	辽宁依生生物制药有限公司
39	田建兴	2007	预防兽医学	猪流行性腹泻病毒实时荧光定量 PCR 检测方法的建立及应用	何孔旺 陈溥言	3	天津瑞普生物技术股份有限公司
40	胡东波	2007	预防兽医学	猪链球菌 2 型感染家兔的研究	何孔旺 范红结	3	洛阳普莱柯生物工程有限公司
41	钟书霖	2007	预防兽医学	PCV2 Haian 株感染猪试验与其重组 cap 蛋白 B 淋巴细胞表位基因的 PPV VP2 运转载体的构建	何孔旺 刘永杰	3	广西北流市人事局
42	袁娟	2008	预防兽医学	马链球菌兽疫亚种全菌结合类 M 蛋白亚单位灭活疫苗的研制	何孔旺 费云梅	3	无锡人事局
43	郝洪平	2008	预防兽医学	类圆环病毒 P1 因子 ORF2 蛋白的原核表达及其单克隆抗体的制备和鉴定	何孔旺 姜平	3	南京农业大学博士
44	张仁良	2008	预防兽医学	副猪嗜血杆菌，猪传染性胸膜肺炎放线杆菌和猪链球菌 2 型三重 PCR 方法的建立与应用	何孔旺 姜平	3	正大集团
45	赵攀登	2008	预防兽医学	EHEC O157：H7 Intimin 和 Tir-Tccp 蛋白对小鼠免疫保护及人工感染牛羊试验	何孔旺 姜平	3	南京农业大学博士
46	栾晓婷	2008	临床兽医学	大肠杆菌 O157：H7 0372 基因片段缺失株的构建及其生物学特性研究	黄克河 何孔旺	3	南京农业大学博士
47	汪伟	2009	预防兽医学	猪链球菌 2 型对细胞的黏附作用和炎症相关细胞因子转录的影响	何孔旺 范红结	3	留所

133

（续表）

序 号	姓 名	进所时间	专业	研究课题	导师	学制	去 向
48	叶青	2009	预防兽医学	EHEC O157：H7 的分离、鉴定及对小鼠致病性	何孔旺 费云梅	3	无锡人事局
49	刘彦玲	2009	预防兽医学	猪繁殖与呼吸综合征病毒 N 蛋白的遗传变异分析及间接 ELISA 检测方法的建立与应用	何孔旺 姜 平	2.5	山东省潍坊市动物疫控中心
50	文世富	2009	预防兽医学	类猪圆环病毒因子 P1 Cap 蛋白部分基因序列的原核表达及其间接 ELISA 的建立与应用	何孔旺 姜 平	2.5	中粮集团
51	张文文	2009	预防兽医学	猪 TTV2ORF1 基因的原核表达以及间接 ELISA 检测方法的建立	何孔旺 刘永杰	3	山东省莱阳市人事局
52	高晓静	2010	兽医硕士	类猪圆环病毒 2 型因子 P1 感染 Balb/c 小鼠模型的建立	何孔旺	2	普莱柯生物工程股份有限公司
53	周忠涛	2010	预防兽医学	我国部分地区猪圆环病毒 2 型的亚型鉴定和分离株增殖特性研究	何孔旺	2.5	齐鲁制药有限公司
54	虞凤	2010	预防兽医学	猪链球菌 2 型无毒株 05JY 特性研究	何孔旺 范红结	3	江苏英诺华医疗技术有限公司
55	高晓静	2010	预防兽医学	类猪圆环病毒 2 型因子 P1 感染 Balb/c 小鼠模型的建立	何孔旺 姜 平	2	洛阳普莱柯生物工程有限公司
56	马俊杰	2010	预防兽医学	断奶仔猪多系统衰竭综合征中多病原体混合感染的分子流行病学调查	何孔旺 姜 平	2	秦皇岛卜蜂猪业有限公司
57	周忠涛	2010	预防兽医学	我国部分地区猪圆环病毒 2 型的亚型鉴定和分离株增殖特性研究	何孔旺 姜 平	3	齐鲁制药有限公司
58	吴东	2010	预防兽医学	猪胸膜肺炎放线杆菌 Apx Ⅱ 抗原表位表达及间接 ELISA 方法建立与应用	李 郁 何孔旺	3	安徽省合肥市人事局
59	刘浩飞	2011	基础兽医学	猪流行性腹泻病毒 FQ-PCR 检测方法的建立及四个毒株全基因测序和进化分析	何孔旺	2	南京农业大学博士
60	杜露平	2011	预防兽医学	猪繁殖与呼吸综合征病毒核酸疫苗新型佐剂的筛选应及应用研究	何孔旺 范红结 （硕士）/ 黄克河 何孔旺 （博士）	3	在读
61	李盟	2011	临床兽医学	EHEC O157：H7 紧密素单克隆抗体的制备及夹心 ELISA 检测方法的建立	吴德华 何孔旺 黄克河	3	重庆出入境检验检疫局
62	孙冰	2012	预防兽医学	猪流行性腹泻病毒变异株 N 蛋白的原核表达及间接 ELISA 方法的建立与应用	何孔旺 姜 平	3	云南省昆明市人事局

（续表）

序　号	姓　名	进所时间	专业	研究课题	导师	学制	去　向
63	杨光远	2012	预防兽医学	PMWS 多病原混合感染的检测及 PCV2 重组杆状病毒培养的优化	何孔旺 姜 平	2	广东省珠海市人事局
64	曹东阳	2013	预防兽医学	猪圆环病毒 2 型与猪链球菌 2 型协同感染 3D4/21 猪肺泡巨噬细胞机制的初探（导师显示吉林农业大学，钱爱东）	何孔旺	3	
65	孙学飞	2013	预防兽医学	猪的三种常见呼吸道细菌多重 PCR 检测方法的建立	何孔旺	3	
66	焦方方	2014	预防兽医学	在读	张 炜 何孔旺	2	
67	白文霞	1999	基础兽医学	江苏省鸡传染性法氏囊病病原生态学分子流行病学研究	鲍恩东 侯继波	3	江苏省药物研究所
68	尚书文	2004	预防兽医学	禽流感病毒 M2e 与鸡 IgG Fc 融合蛋白在毕赤酵母中的表达及免疫学活性测定	侯继波	3	待就业
74	韦显凯	2004	预防兽医学	猪流行性腹泻病毒 S 蛋白不同基因片段重组腺病毒的构建与小鼠免疫特性研究	侯继波	3	广东省农科院畜牧研究所
75	徐公豹	2004	临床兽医学	禽流感病毒 M2e 基因与鸡 IgY Fc 基因串联表达及其免疫原性的初步研究	侯继波	3	河南省康星药业有限公司
76	周玉珍	2004	预防兽医学	猪小肠抗菌肽 CecropinP1 在毕赤酵母中的分泌表达及其生物活性研究	侯继波	3	
77	范翠翠	2005	预防兽医学	O 型口蹄疫病毒 VP1 重组蛋白的表达及其免疫原性的研究	侯继波	3	
78	侯红岩	2005	预防兽医学	禽流感病毒 M2e 基因多拷贝串联体的原核表达及免疫原性研究	侯继波	3	南京大邦生物科技有限公司
79	申艳敏	2005	预防兽医学	人源抗菌肽 LL-37 在毕赤酵母中的分泌表达及其生物活性研究	侯继波	3	河南省康星药业有限公司
80	徐 海	2005	预防兽医学	禽流感病毒 M2e、NP 多表位抗原的制备及其免疫原性的初步研究	侯继波	3	留农科院进编
81	方剑玉	2006	预防兽医学	PRRSV M 蛋白的表达及其 CD4~+T 细胞表位优势区鉴定	侯继波	3	信阳市人事局
82	陶红梅	2006	预防兽医学	PRRSV 超强毒株多肽 ELISA 抗体检测方法建立和主要表位多肽免疫原性研究	侯继波	3	
83	王 林	2006	预防兽医学	猪圆环病毒 2 型主要蛋白表达及 ORF1 基因 T 细胞表位优势区域鉴定	侯继波	3	金思特科技（南京）有限公司

（续表）

序号	姓名	进所时间	专业	研究课题	导师	学制	去向
84	宋庆蛟	2007	预防兽医学	CpG 寡核苷酸新型制备方法及其佐剂活性研究	侯继波	3	甘肃正大
85	张婷	2007	预防兽医学	新型生长抑素疫苗的构建及免疫效力研究	侯继波	3	
86	张雪花	2007	预防兽医学	展示生长抑素的猪细小病毒样颗粒构建及其免疫效力研究	侯继波	3	南京天邦生物科技有限公司
87	宫玉珍	2008	预防兽医学	展示禽流感病毒 M2e 表位的传染性法氏囊病毒样颗粒的构建及其免疫原性研究	侯继波	3	
88	李倬	2008	预防兽医学	猪白介素–10 的表达及其主动免疫对 PRRSV 灭活疫苗初次免疫效果的影响	侯继波	3	瑞普（保定）生物药业有限公司
89	刘超	2008	预防兽医学	猪繁殖与呼吸综合征病毒 GP5 蛋白拓扑结构研究	侯继波	3	内蒙古金宇生物科技有限公司
90	薛刚	2008	预防兽医学	猪 CD40L 的表达及对 PRRSV 与 FMDV 疫苗的免疫增强作用	侯继波	3	太仓广东温氏家禽有限公司
91	张娣	2009	预防兽医学	鸡 Toll 受体的初步研究	侯继波	2.5	齐鲁制药有限公司
92	赵凯	2009	预防兽医学	稳定表达猪 CD163 的 PAM 细胞系的建立	侯继波	2.5	山东省东营市广饶县人事局
93	宗玉霞	2009	预防兽医学	囊素样肽结构与功能的构效研究	侯继波	2.5	普莱柯生物工程股份有限公司
94	刘振兴	2010	预防兽医学	H9N2 禽流感灭活疫苗免疫增强剂研究	侯继波	2.5	浙江睿洋农牧科技有限公司
95	余珊珊	2012	兽医	猪圆环病毒 2 型抗原的 GEM 纯化技术研究	侯继波	2	
96	许梦微	2013	预防兽医学	表达 H5 亚型禽流感病毒颗粒性 HA 的重组鸭瘟病毒的构建	侯继波	3	留所工作
97	石晓玉	2014	动物医学	重组脑膜炎球菌 ProB 蛋白对猪伪狂犬弱毒疫苗的免疫增强效力研究	侯继波	3	
98	王钟毓	2013	预防兽医学	山羊副流感病毒 3 型分离、鉴定及其核衣壳蛋白的原核表达	江杰元	2	
99	逢凤娇	2014	动物医学	猪丁型冠状病毒的分离鉴定及致病性分析	李彬 姜平	3	中国水产科学院
100	李彤彤	2009	预防兽医学	鹅副粘病毒 E01 株 HN 蛋白的表达及其相关免疫效果的初步研究	李银	2.5	内蒙古包头市乌素图人事局
101	钮慧敏	2009	预防兽医学	鹅黄病毒 JS804 生物学特性研究及抗 E 蛋白单克隆抗体的制备与初步应用	李银	2.5	吕梁市人力资源和社会保障局
102	周晓波	2010	预防兽医学	鸭坦布苏病毒病发病模型的建立及免疫抗体持续期的测定	李银	2.5	苏州华测生物技术有限公司

（续表）

序号	姓名	进所时间	专业	研究课题	导师	学制	去向
103	谢星星	2011	预防兽医学	抗鹅坦布苏病毒 JS804 株 NS1 蛋白单克隆抗体的制备及初步应用	李银	3	
104	牛囡囡	2009	预防兽医学	H9 亚型禽流感病毒单克隆抗体的制备及其 AC-ELISA 检测方法的建立	李银 李祥瑞	2.5	上海药明康德新药开发有限公司
105	叶焕春	2009	预防兽医学	鸡传染性支气管炎病毒的分离鉴定及 S1、N 基因的序列分析	李银 李祥瑞	1.5	上海药明康德新药开发有限公司
106	刘飞	2010	预防兽医学	抗小鹅瘟病毒单克隆抗体的制备及胶体金免疫层析试纸条的研制	李银 李祥瑞	2	齐鲁动物保健品有限公司
107	彭苗苗	2014	动物医学	鸡传染性支气管炎泡沫干燥疫苗的初步研究	卢宇	3	
108	于海东	1999	预防兽医学	应用 RAPD 方法对猪肺炎支原体 DNA 多态性的研究	邵国青 何家惠	3	
109	姜俊兵	2001	生物化学与分子生物学	猪肺炎支原体强弱毒株 AFLP 分析方法建立及应用	邵国青 张映	3	
110	贾广乐	2001	生物化学与分子生物学	猪肺炎支原体 168 株黏附因子基因的克隆与表达	聂向庭 邵国青 张映	3	
111	孟书霞	2001	预防兽医学	抗猪支原体共同抗原单克隆抗体的制备与鉴定	刘秀梵 张如宽 焦新安 邵国青	3	
112	刘茂军	2002	生物化学与分子生物学	猪肺炎支原体 P97 基因抗原决定簇 R1 区重组表达质粒的构建、表达及活性鉴定	聂向庭 邵国青 张映	3	
113	马艳琴	2002	生物化学与分子生物学	新型免疫佐剂 CpG 寡脱氧核苷酸对猪免疫学作用的研究	聂向庭 张映 邵国青	3	
114	赵志军	2002	预防兽医学	猪瘟病毒 E2 基因克隆、序列分析及最佳猪瘟免疫程序的制定	郝勤宗 何家惠 邵国青	3	
115	周勇岐	2003	预防兽医学	副猪嗜血杆菌（HPs）病的病原分离、鉴定	宁官保 邵国青	3	
116	苏锐	2003	生物化学与分子生物学	猪肺炎支原体 P97 基因 R1 区原核表达产物单克隆抗体的制备与鉴定	聂向庭 邵国青 张映	3	
117	朱新华	2003	兽医硕士	替米考星对猪肺炎支原体的药效试验	姜平 邵国青	3	
118	靳岷	2004	生物化学与分子生物学	猪肺炎支原体单克隆抗体的制备与初步鉴定	聂向庭 邵国青 张映	3	

（续表）

序 号	姓 名	进所时间	专业	研究课题	导 师	学制	去 向
119	孙红丽	2004	生物化学与分子生物学	肉品中肠毒素性大肠杆菌和肠沙门氏菌快速检测方法的建立	黄素珍 邵国青	3	
120	杨莉莉	2004	预防兽医学	刚地弓形虫（Toxoplasma gondii）PCR 诊断方法的建立与 NTA 致弱株安全性及免疫效力研究	侯继波 姜 平 邵国青	3	
121	李冬梅	2004	预防兽医学	竞争定量 PCR 检测培养物中的猪肺炎支原体方法的建立及初步应用	邵国青 秦爱建	3	
122	李颖平	2005	生物化学与分子生物学	猪肺炎支原体 P97 基因抗原表位片段的克隆、表达及黏附测定	邵国青 张 映	3	
123	郑传发	2005	预防兽医学	抗猪肺炎支原体单克隆抗体的制备及初步应用	邵国青 秦爱建	3	
124	王亚丽	2005	预防兽医学	噬菌蛭弧菌的分离、鉴定、培养及其对细菌的抑制作用	邵国青 秦爱建	3	
125	吴昀卓	2006	生物化学与分子生物学	猪高热性疾病原学检测与人工发病试验	邵国青 张 映	3	
126	李贺侠	2006	预防兽医学	猪高热病主要病原 HP PRRSV 的病原学研究	邵国青 秦爱建	3	
127	张理航	2006	预防兽医学	刚地弓形虫 NT 株 P30 基因的克隆与表达及其 ELISA 检测方法的建立	邵国青 秦爱建	3	金陵科技学院
128	迟灵芝	2007	预防兽医学	猪肺炎支原体 P46 基因的克隆表达及间接 ELISA 抗体检测方法的初步建立	邵国青 单 虎 刘茂军	3	
129	张秀明	2007	临床兽医学	副猪嗜血杆菌病原检测及血清抗体检测方法的建立及应用	邵国青 单 虎 周勇岐	3	
130	李桂兰	2007	生物化学与分子生物学	猪肺炎支原体斑点杂交和 PCR 检测方法的建立及应用	邵国青 张 映	3	
131	祝永琴	2007	预防兽医学	猪肺炎支原体主要抗原基因在毕赤酵母中的分泌表达及间接 ELISA 检测方法的建立	邵国青 姜 平 陈溥言	3	山西省大同市南郊区人事局
132	逯晓敏	2008	生物化学与分子生物学	猪支原体肺炎活疫苗黏膜免疫效果检测方法的建立与初步应用	邵国青 张 映 冯志新	3	
133	孔 猛	2008	预防兽医学	江苏省部分地区动物弓形虫病血清学调查及猪弓形虫病人工发病模型的建立	邵国青 姜 平	3	
134	路 璐	2008	预防兽医学	猪肺炎支原体原位杂交检测方法的建立与初步应用	邵国青 姜 平	3	广东省现代农业集团有限公司

（续表）

序　号	姓　名	进所时间	专业	研究课题	导　师	学制	去　向
135	唐红慧	2008	基础兽医学	猪瘟兔化弱毒苗抗原量测定方法的探索及不同免疫程序的差异性比较研究	邵国青 张雨梅	3	
136	王建波	2009	生物化学与分子生物学	猪肺炎支原体实时荧光定量PCR检测方法的建立及对疫苗株和野毒感觉区分的初步探索	邵国青 张　映 冯志新	3	
137	董晓伟	2009	生物化学与分子生物学	猪肺炎支原体 P46 基因表达及间接 ELISA 诊断方法的建立	邵国青 张　映 刘茂军	3	
138	丁志勇	2009	预防兽医学	猪肺炎支原体血清抗体间接ELISA 检测方法的建立及初步应用	邵国青 姜　平 刘茂军	3	太仓广东温氏家禽有限公司
139	李原园	2010	生物化学与分子生物学	猪肺炎支原体检测技术的研究及与猪鼻支原体的鉴别	邵国青 张　映 刘茂军	3	
140	范志鹏	2010	生物化学与分子生物学	CFDA-SE 标记猪肺炎支原体168 株检测方法的建立及初步应用	邵国青 张　映 熊祺琰	3	
141	顾真庆	2010	预防兽医学	PCR-SSCP 技术鉴定猪群呼吸道常见菌	姜　平 邵国青	2.5	升学
142	缪芬芳	2010	预防兽医学	猪肺炎支原体 P46 蛋白与DnaK 蛋白单克隆抗体的制备与鉴定	邵国青 姜　平	2.5	江苏省江阴市人事局
143	杜海霞	2010	预防兽医学	猪肺炎支原体 P159、P216 基因片段的表达及黏附活性的研究	邵国青 陈溥言 刘茂军	2.5	青岛宝依特生物制药有限公司
144	张　亚	2010	预防兽医学	猪应答猪肺炎支原体感染之特异性 IgA 抗体分泌规律的研究	邵国青 姜　平 冯志新	2.5	待就业
145	张　旭	2010	生物化学与分子生物学	猪肺炎支原体在体内外感染性的研究	邵国青 张　映	3	
146	张　悦	2011	预防兽医学	猪肺炎支原体 P65 蛋白的克隆表达、单克隆抗体制备及阻断 ELISA 抗体检测方法建立	邵国青 姜　平 刘茂军	2.5	青岛宝依特生物制药有限公司
147	靳蒙蒙	2011	基础兽医学	猪肺炎支原体荧光定量 PCR检测方法的建立及应用	雷治海 邵国青 白方方	3	
148	倪　博	2011	预防兽医学	猪肺炎支原体 LAMPs 诱导caspase3 激活介导猪肺泡上皮细胞凋亡	魏建忠 邵国青 白方方	3	留所工作
149	邱明君	2011	生物化学与分子生物学	猪肺炎支原体 168 强弱毒株差异蛋白的筛选及鉴定	张　映 邵国青 刘茂军	3	

（续表）

序号	姓名	进所时间	专业	研究课题	导师	学制	去向
150	姚景霆	2011	生物化学与分子生物学	猪肺炎支原体 SIgA-ELISA 诊断技术的建立及试剂盒的研制	张映 邵国青 冯志新	3	
151	董璐	2011	预防兽医学	猪支原体肺炎灭活疫苗及活疫苗佐剂研究	邵国青 宁官保 熊祺琰	3	
152	纪燕	2012	预防兽医学	猪鼻支原体感染血清学诊断方法及表面可变脂蛋白黏附宿主细胞功能初探	邵国青 姜平 熊祺琰	3	
153	Joyce	2012	兽医病理学	不同猪鼻支原体菌株的检测分离和比较以及实验感染模型的初步研究	鲍恩东 邵国青 熊祺琰	3	
154	William	2012	兽医病理学	采用现有诊断方法检测猪临床样品中的猪肺炎支原体	鲍恩东 邵国青 白方方	3	回国
155	李彦伟	2012	生物化学与分子生物学	猪呼吸道上皮细胞受猪肺炎支原体感染后氧化损伤及表达蛋白的差异分析	张映 刘茂军	3	
156	张峥嵘	2012	预防兽医学	猪气管原代上皮细胞的气液培养模型建立	冯志新 姜平	3	
157	解海东	2013	预防兽医学	猪支原体肺炎灭活疫苗水性及水包油型佐剂研制及初步免疫效果评价	宁官保 邵国青 熊祺琰	3	
158	王世杰	2013	预防兽医学	猪肺炎支原体 FBA 蛋白原核克隆表达、免疫原性及活性分析	古少鹏 刘茂军	3	
159	宋伟翔	2013	动物传染病诊断与免疫	猪肺炎支原体 168 株黏膜免疫新剂型及校验方法研究	邵国青 姜平 冯志新	3	南京农业大学博士
160	王宏恩	2013	生物化学与分子生物学	感染诱导猪肺炎支原体 168 株差异表达蛋白的筛选及鉴定	邵国青 张映 刘茂军	3	
161	蒋瑛辉	2013	生物化学与分子生物学	猪肺炎支原体强、弱毒株诱导猪气管上皮细胞线粒体通路凋亡差异的研究	刘茂军 张映	3	
162	陈财	2013	兽医硕士	猪支原体肺炎活疫苗（168 株）免疫为核心的猪气喘病净化技术研究	徐向明 邵国青 华利忠	3	
163	陈熠夕	2015	生物化学与分子生物学	猪肺炎支原体烯醇化酶的原核表达与部分生物学功能分析	刘茂军	3	
164	张必雄	2015	生物化学与分子生物学	猪鼻支原体表面可变脂蛋白功能研究	胡永婷 刘茂军 熊祺琰	3	

（续表）

序号	姓名	进所时间	专业	研究课题	导师	学制	去向
165	牛青青	2015	生物化学与分子生物学	猪肺炎支原体气溶胶研究	邵国青 冯志新	3	
166	何丽娜	2015	生物化学与分子生物学	猪气管上皮细胞 ALI 体外分化培养模型建立与标准化	贾广乐 张 映 冯志新	3	
167	舒采松	2015	预防兽医学	猪流感 H3N2 病毒感染早期诱导猪呼吸道产生多种特异性 IgA 抗体及其分泌规律研究	冯志新 姜 平	2.5	
168	田瑞雨	2015	动物医学	建立一种检测猪肺炎支原体 NJ 株灭活疫苗中抗原的含量的 ELISA 方法	邵国青 刘茂军 熊祺琰	3	
169	程晓莹	2015	兽医硕士	表达不同脂肽的枯草芽孢杆菌对鸡黏膜先天性免疫力的影响	杨 倩 冯志新	2	
170	赵肖	2015	基础兽医学	猪肺炎支原体血清抗体与黏膜抗体胶体金免疫层析检测方法的建立	雷治海 冯志新	3	
171	邢宪平	2015	兽医硕士	枯草芽孢杆菌配合灭活 TGEV 口服免疫对仔猪黏膜免疫力的影响	杨 倩 冯志新	2	
172	范志宇	2005	预防兽医学	兔支气管败血波氏杆菌的分离鉴定及某些生物学特性研究	恽时峰 姜 平 王 芳	3	留兽医所工作
173	王 欣	2006	预防兽医学	支气管败血波氏杆菌检测方法的建立及应用	恽时峰 姜 平 王 芳	3	苏州药明康德新药开发有限公司
174	熊富强	2007	预防兽医学	兔支气管败血波氏杆菌单克隆抗体的制备及双夹心 ELISA 检测方法的建立	恽时峰 姜 平 王 芳	3	南京农业大学
175	蔡少平	2007	临床兽医学	兔出血症病毒的单克隆抗体研制其检测方法的建立	张海彬 王 芳	3	镇江市动物疫病预防控制中心
176	李洪广	2008	预防兽医学	兔支气管败血波氏杆菌 PRN 基因缺失突变株的构建及特性研究	王 芳	3	南通正大有限公司
177	李珊珊	2013	预防兽医学	RHDV 衣壳蛋白与组织血型抗原结合位点的初步分析	王 芳 恽时锋 姜 平	3	宠物医院
178	胡佳佳	2009	预防兽医学	兔支气管败血波氏杆菌 PRN 蛋白的表达及其免疫保护性研究	王 芳 姜 平	3	出国
179	盛 蓉	2009	预防兽医学	携带口蹄疫病毒 B 细胞表位的兔出血症病毒样颗粒的表达及其免疫原性研究	王 芳 姜 平	3	中粮肉食有限公司
180	杨廷亚	2009	预防兽医学	利用噬菌体展示鉴定 RHDV VP60 蛋白的 B 细胞表位	王 芳 姜 平	3	南京诺尔曼生物技术公司

序号	姓 名	进所时间	专业	研究课题	导 师	学制	去 向
181	陈萌萌	2010	预防兽医学	运载 OVA CD8+T 细胞表位的兔出血症病毒样颗粒的表达及免疫原性研究	王 芳 姜 平	3	南京农业大学读博
182	谭 晖	2011	预防兽医学	携带 OVA CD8+T 细胞表位的兔出血症	王 芳 姜 平	3	南京基蛋生物
183	张 燕	2012	预防兽医学	携带双串联卵清蛋白 T 细胞表位的兔出血症病毒样颗粒的表达及免疫原性研究	王 芳 姜 平	3	南京吉瑞康生物科技有限公司
184	彭 伟	2013	预防兽医学	家兔 γ 干扰素原核表达、抗病毒活性以及	王 芳 姜 平	3	拜耳动保有限公司
185	李 腾	2014	预防兽医学	RHDV VP60 与宿主靶组织相互蛋白的筛选	王 芳 姜 平	3	在读
186	左园园	2015	动物药学	RHDV 与 HBGAs 受体相互作用机制	王 芳 姜 平	3	在读
187	刘 涛	2008	预防兽医学	犬瘟热病毒 SYBR Green I 荧光定量 PCR 检测方法的建立及其核蛋白基因在杆状病毒中的表达	王 芳 秦爱健	3	常州利华
188	张燕娜	2015	预防兽医学	兔出血症病毒基因工程疫苗免疫保护机制研究	王 芳 恽时锋 姜 平	2	在读
189	王敏敏	2009	预防兽医学	犬细小病毒 2 型 VP2 基因在昆虫细胞中的表达及血清抗体间接 ELISA 检测方法的建立	王 芳 姜 平	3	中粮肉食有限公司
190	臧一天	2009	预防兽医学	规模化猪场疫病传入风险评估方法的初步应用	王 芳 姜 平	2.5	中国农业大学博士
191	顾一奇	2013	兽医	伪狂犬病毒 AH02LA 株 gE/gI 双缺失株的构建及免疫效力的评价	王继春	2	
192	刘 芳	2014	动物医学	表达 H5N1 亚型禽流感病毒 HA 重组火鸡疱疹病毒的构建与鉴定	王继春	2	
193	曹冰玉	2008	预防兽医学	传染性法氏囊病病毒 VP2 基因的表达与单克隆抗体的制备	王永山	3	贵州省贵阳市花溪区人事局
194	刘 洁	2007	预防兽医学	O157：H7 单克隆抗体的制备与鞭毛基因在昆虫细胞中表达	王永山 何孔旺 刘永杰	3	武汉中博生物股份有限公司
195	毕振威	2009	预防兽医学	犬瘟热病毒单克隆抗体的制备及其应用	王永山 范红结	3	江苏省农科院兽医所
196	周 宇	2009	预防兽医学	IBDV 模拟表位与 vp2 组合基因的分子构建及其在昆虫细胞中的表达与应用	王永山 范红结	3	浙江桐乡动物疫控中心

（续表）

序　号	姓　名	进所时间	专业	研究课题	导师	学制	去　向
197	朱小翠	2009	预防兽医学	断奶仔猪胃肠道乳酸菌与芽孢杆菌分离鉴定及其生物学特性研究	王永山 范红结	3	江苏南通兽医站
198	朱向东	2010	预防兽医学	传染性法氏囊病毒自然重配超强毒株的分离及其 VP2 和 VP3 基因的克隆表达	王永山 范红结	3	中国农科院哈兽研
199	吴晓悠	2010	预防兽医学	传染性法氏囊病毒单克隆抗体的制备与应用	王永山 姚火春	3	安徽蚌埠农委
200	李月华	2011	预防兽医学	犬细小病毒单克隆抗体的制备与应用	王永山 姚火春	3	山东齐鲁动保公司
201	刘华洁	2012	预防兽医学	传染性法氏囊病病毒高表达细胞株及抗体检测方法的建立	王永山 姚火春	3	浙江利华药业
202	梅永杰	2013	预防兽医学	传染性法氏囊病病毒流行株的分离与检测方法的建立	王永山 姚火春	3	山东环山集团养殖事业部
203	王晶宇	2014	预防兽医学	犬干扰素 α4、α2 基因的表达及抗病毒活性分析	王永山 姚火春	3	江苏省农业科学院兽医所
204	王凤芝	2012	预防兽医学	类猪圆环病毒 P1 的转录分析及蛋白功能的初步鉴定	温立斌 姚火春	3	江苏连云港出入境检测检疫局
205	张　丹	2014	动物医学	类猪圆环病毒 P1 对猪 2 型圆环病毒的保护性研究	温立斌 范红结	2	
206	赵瑞宏	2005	预防兽医学	鸭病毒性肝炎致病机理研究	张小飞	3	安徽农科院牧医所
207	黄显明	2006	预防兽医学	Ⅰ型鸭肝炎病毒 A66 弱毒株全基因组分析及逆转录套式 PCR 方法的建立	张小飞	3	安徽省黄山市动物疫控中心
208	廖俊伟	2007	预防兽医学	DHV-Ⅰ VP1 基因在昆虫细胞中的表达及真核质粒 pcDNA-VP1 构建	张小飞	3	温氏集团安徽养猪分公司
209	刘大伟	2008	预防兽医学	猪瘟兔化弱毒疫苗株荧光定量 RT—PCR 检测方法的建立及初步应用	张小飞	3	南京森林警察学院
210	靳雨田	2011	预防兽医学	鸭坦布苏病毒 JS2010 株的分离鉴定及间接 ELISA 检测方法的建立	张小飞	3	安徽省颍上县动物疫控中心
211	朱　鹏	2012	预防兽医学	猪圆环病毒 2 型 ORF2 基因的克隆与表达及其免疫原性研究	张小飞	3	宁波天邦汉世伟公司
212	李化东	2013	预防兽医学	血清 3 型鸭甲型肝炎病毒 HuB60 株安全性及遗传稳定性研究	张小飞	3	安徽温氏亳州分公司
213	苗玉环	2009	兽医专业硕士	火鸡疱疹病毒荧光定量 PCR 检测方法的建立与初步应用	张小飞 范红结	2.5	杭州
214	丁美娟	2010	兽医专业硕士	鸡滑液囊支原体的分离鉴定及部分生物学特性研究	张小飞 范红结	3	南京天邦生物科技有限公司

（续表）

序号	姓名	进所时间	专业	研究课题	导师	学制	去向
215	沈璐	2011	兽医专业硕士	猪圆环病毒 2 型荧光定量 PCR 检测方法的建立及培养工艺的初步探讨	张小飞 范红结	2.5	淮安温氏畜牧有限公司
216	周永康	2011	兽医专业硕士	扬子鳄饲养种群产卵性能的影响因素以及主要疾病的调查研究	张小飞 范红结	3	安徽省扬子鳄繁殖研究中心
217	胡青松	2012	预防兽医学	抗猪腹泻卵黄抗体添加剂的初步研究	张小飞 李吕木	3	合肥
218	李春芬	2006	预防兽医学	安徽部分地区鸭疫里氏杆菌的分离鉴定及其生物学特性研究	张小飞 李郁	3	安徽省巢湖市动物疫控中心
219	毛火云	2007	预防兽医学	IBV 安徽分离株生物学特性及其遗传变异性的研究	张小飞 潘玲	3	上海海利生物技术股份有限公司
220	蔡锐	2008	预防兽医学	鸭圆环病毒全基因组序列分析及 Bacmid-Cap 的构建	张小飞 潘玲	3	上海海利生物技术股份有限公司
221	陈静	2008	兽医专业硕士	猪瘟病毒和牛病毒性腹泻病毒双重 RT-PCR 检测方法的建立和初步应用	张小飞 潘玲	3	南京天邦生物科技有限公司
222	吴萍萍	2008	预防兽医学	四种蛋传性病毒病多重 PCR 检测方法的建立	张小飞 潘玲	3	安徽池州学院
223	罗玄	2009	预防兽医学	I 型鸭肝炎病毒 vp3 截短基因的表达及抗体检测 ELISA 方法的建立	张小飞 潘玲	3	江苏立华牧业股份有限公司
226	张超	2009	预防兽医学	鸭圆环病毒 cap 基因的表达与检测 CAP 抗体的间接 ELISA 方法建立	张小飞 潘玲	3	上海张江生物科技园

第五章　科研平台

第一节　国家兽用生物制品工程技术研究中心

2007 年国家科技部批准立项，依托江苏省农业科学院和南京天邦生物科技有限公司共同组建，2010 年通过验收，为我国兽用生物制品领域第一个国家级工程中心。2011 年 1 月，与中国农科院合作共建中国农业科学院南京兽用生物制品研究中心。2014 年获得中央组织部、中央宣传部、人力资源社会保障部、科技部联合颁发的"全国专业技术人才先进集体"称号。人才队伍涵盖江苏省农科院兽医研究所和南京天邦生物技术研究所。累积建设投入 3 200 万元，拥有仪器设备 676 台套，仪器设备总价值 1 297.2 万元，单价 50 万元以上的 18 台套。建有免疫、安检动物房 3 052 米^2，攻毒动物房 1 596 米^2。

研究方向。①抗原规模制造技术。优化细菌培养基和发酵罐细菌培养条件，优化动物细胞系自悬浮和微载体悬浮增殖过程，提高病毒抗原效价。②抗原规模浓缩提纯技术。优化超滤浓缩技术，研制规模化抗原纯化技术。③疫苗耐热保护技术。优化弱毒活疫苗冷冻干燥工艺过程，筛选耐热保护剂配方；研制弱毒活疫苗糖玻璃耐热剂型。④免疫佐剂技术。研制免疫佐剂递呈系统，筛选安全、高效免疫增强剂，提高疫苗免疫效力。⑤新型产品。研发猪、禽、兔用疫苗、检测诊断试剂盒和治疗性抗体。经过多年努力，自主知识产权成果辐射至全国 22 个省、市、自治区，覆盖行业前 10 强企业。

管理委员会主任：蒋跃建、严少华

学术委员会主任：刘秀梵、夏咸柱、陈焕春、张改平

学术委员会委员：于康震、张嗣良、陈溥言、陆承平、马光辉、吴玉章、才学鹏、童光志、王笑梅、李慧姣、杨汉春、廖明、周继勇、侯继波、何孔旺

中心主任：严少华、侯继波、何孔旺、胡来根

第二节　农业部（江苏省）农业生物学重点开放实验室

1986 年江苏省农业科学院集中畜牧兽医研究所胚胎工程研究室与遗传生理研究所的学科优势组成农业生物学实验室。1990 年 12 月 20 日农业部召集专家评审，批准成立"农业部农业生物学重点开放实验室"。

实验室主任：范必勤、陆维忠

学术委员会主任：吴光南、范必勤

1993 年 9 月江苏省科委组织专家评审，批准成为江苏省农业生物学重点实验室实验室主任：范必勤、陆维忠

学术委员会主任：茅鸣皋、范必勤、阮德成

第三节 农业部动物疫病诊断重点开放实验室

1996 年农业部对开放重点实验室进行第二轮全面评估，开展新一轮实验室申报工作。林继煌所长抓住时机，结合本所特色和优势，申报农业部畜禽疫病诊断重点开放实验室，获农业部批准命名，成为第三批 84 个农业部重点开放实验室之一。这是新中国成立以来本所兽医学科首次入选部属重点实验室。

实验室主任：林继煌

第四节 农业部兽用生物制品工程技术重点实验室

2011 年农业部批准建设，属农业部兽用药物与兽医生物技术学科群专业性重点实验室，2015 年评估中获得优秀。拥有研发场地 6 367.03m²，动物疫苗研制与工程技术研究相关仪器设备如细胞生物反应器、超速离心机、实时荧光定量 PCR 仪等 628 台（套），仪器设备原值 1 481.7 万元。

研究方向。①病原生态学与流行病学研究。开展病原学、病原分离与致病特性、病原检测技术以及流行病学方法、分子流行病学分析、血清学监测等研究，及时发现新发病原和已有病原的变异毒（菌）株，了解和掌握其流行特征与规律，探讨致病机制与免疫机制，鉴定保护性抗原基因与蛋白，筛选制苗用菌、毒株。②新型疫苗研制。研发新发疫病和新变异菌（毒）株疫苗、新型病毒样颗粒疫苗和活载体疫苗；传统疫苗新剂型、多联多价疫苗等。③疫苗工程技术研究。开展抗原高效制造、抗原纯化、佐剂与免疫增强剂和耐热新剂型四项生产关键共性技术研究。

人才团队。固定科研人员 64 人，其中研究员 10 人、博士 21 人、硕士 24 人。2 人享受政府特殊津贴，2 人被评为江苏省有突出贡献的中青年专家，2 人为江苏省第四期"333 高层次人才工程"第二层次培养对象、3 人为第三层次培养对象，1 人任国家兔产业体系主任岗科学家，2 人任第五届农业部兽药评审专家，2 人任第一届全国动物防疫专家委员会委员，1 人被聘为中国博士后科学基金评审专家。

实验室主任：何孔旺

学术委员会主任：刘秀梵

第五节 江苏省畜禽产品安全性研究重点实验室

2003 年江苏省科技厅批准建设，2005 年通过验收。

研究方向：①畜产品中药化残留和食源微生物的快速和确证检测技术及标准的研究。②畜产品中药化残留和食源微生物的污染规律及风险监测和风险评估研究。③畜产品安全生产关键保障技术研究（新型生物饲用抗菌剂和养殖设施监控以及畜产品溯源体系研究）。④畜产品中高效抑菌防腐剂的研究。

实验室主任：刘铁铮

第六节 江苏省畜禽兽用生物制品工程技术研究中心

1998 年江苏省科技厅批准建设，为国内同行业中首家省级工程技术研究中心，2000 年江苏省国家级、省级工程中心中期联合考评被评为"优等"，2003 年通过验收。

研究方向：研发畜禽疫病诊断试剂和生物制品制造关键工程技术，针对不同畜禽生物制品的工艺特点，选取具有重大经济效益的畜禽生物制品，进行中试、放大和产业化研究，承接国内有关科研院所、企事业单位进行生物制品中间试验和合作开发。设立了 7 项开放课题，引进各高等院校的研究力量。中心运行期间对细菌高密度发酵技术、抗原浓缩技术、耐热保护剂等进行大量的研究工作。

中心主任：侯继波

第七节　江苏省生物兽药筛选平台

2006 年江苏省科技厅批准建设。主要任务是对生物兽药的菌毒虫株进行分离鉴定和安全性、稳定性评价，建设生物兽药筛选网络信息服务系统。高层次人才 5 人，专职管理人员 9 人，博士学历 17 人，2 人享受国务院特殊津贴，3 人进入省级人才培养工程。为上海兽医研究所、梅里亚动物保健品有限公司、江苏省人民医院和南京医科大学等单位提供了技术服务。

平台主任：邵国青

第八节　江苏省农业科学院动物品种改良与繁育重点实验室

2011 年江苏省农业科学院批准建设，2013 年建成。拥有研发场地 1 500 米^2，荧光、化学发光成像分析系统、蛋白双向电泳系统、荧光定量 PCR 仪等 8 台（套），价值 500 万元。

研究方向。①动物种质资源评价：开展动物种质资源的保护和挖掘、重要经济性状遗传规律、优异基因和分子鉴定技术等方面的研究。②生物工程与动物育种：常规育种结合分子、细胞、胚胎工程及转基因技术、改良地方品种、培育优质、高产、抗逆（病）型动物新品种（系）。③繁育新技术研究：通过基因工程和发酵工程途径研制新型繁殖调控物质，研发提高家畜繁殖性能的新技术。④生殖生理学研究：研究畜禽繁殖活动和性能的生理调控机制和基因组学基础。

实验室主任：施振旦

第九节　江苏省农业科学院动物重大疫病防控重点实验室

2011 年江苏省农业科学院批准建设，2014 年建成。拥有研发场地 4 567 米^2，购置超速离心机、病理学检测系统、荧光酶联免疫斑点图像分析仪、冷冻干燥机、动物血液分析仪、纤维支气管内窥镜系统、倒置显微镜、正置显微镜、化学发光凝胶成像系统、CELLSP 细胞培养转瓶机、Step One 实时 PCR 扩增仪等 11 台（套）设备，仪器设备原值 350 万元，自筹 151.6 万元购置荧光定量 PCR、倒置荧光显微镜、紫外可见光分光光度计、细胞培养一体机等设备 19 台（套）。建成动物疫病病理学检测实验室公共平台以及猪病、人兽共患病和检测诊断技术 3 个功能实验室，实验室面积达 1 600 米^2。

研究方向：开展江苏省及其周边地区猪支原体肺炎、猪链球菌、猪繁殖与呼吸综合征病毒、（类）猪圆环病毒、出血性大肠杆菌以及猪瘟、口蹄疫等猪病和重要人兽共患病的病原学、流行病学研究；挖掘新的致病因子与免疫功能蛋白；发现新的病原和新的变异毒（菌）株，为筛选变异毒（菌）株制备疫苗提供来源；研制诊断试剂盒；创制新疫苗和基因工程疫苗。

人才团队：固定科技人员 28 人、流动人员 22 人；入选江苏省"333"高层次人才培养工程第二层次 2 人，入选江苏省"333"高层次人才培养工程第三层次 5 人，入选院后备人才 5 人；出国进修 3 人。

实验室主任：何孔旺

第十节　南京市动物胚胎工程中心

2000 年南京市科学技术委员会批准建设，2003 年通过验收。研究团队 14 人，其中研究员 3 人、博士 7 人，1 人入选"333 高层次人才培养工程"。拥有研发场所 1 700 米²，配备倒置荧光显微镜、显微操作系统、多功能酶标仪、微孔板发光检测仪、蛋白双向电泳和荧光定量 PCR 仪，设备价值 300 万元。

研究方向。①动物高效繁殖技术研究：同期发情与人工授精、超数排卵与胚胎移植等技术。②动物生殖机理与胚胎发育研究：生殖细胞起源、发育、受精、胚胎体内外发育与分化、生殖细胞和体细胞克隆与转基因技术机理。③波杂山羊、肉用杜杂绵羊新品系繁育。

中心主任：王公金

第十一节　江苏省农业科学院动物疫病诊断检测中心

江苏省农业科学院动物疫病诊断检测中心坐落于江苏省农业科学院内，是江苏省农业科学院兽医研究所的对外服务机构，主要从事猪、禽、兔、羊等畜禽疫病的诊断、抗原抗体的检测与监测，为畜禽健康养殖提供有效的防控措施和科学保障。中心设有解剖室、诊断分析室、检测室、样品保藏室等，配备了先进的病原学、血清学、分子生物学以及病理学检测技术研究平台，能够开展各种动物疫病的诊断、抗体检测及药敏试验等。中心还配备了最新的网络即时查询系统，保证求诊用户通过网络查询了解最新的检测结果，同时江苏省农业科学院兽医学科的专家能及时根据检测结果提出会诊意见，为生产提供快捷、高效的技术服务。

中心现有科技人员 18 人，其中研究员 6 人、副研究员 4 人、助理研究员 4 人，博士 7 人、硕士 5 人，服务团队具有丰富的临床经验和熟练的实验室操作技能。在日常管理和常规操作上，中心制定了详细、可行的各种操作规范（SOP），包括：动物解剖技术规范、临床样品采集规范、样品运输途中的保管规范、样品实验室处理规范、各种病原的抗原检测和抗体检测操作规范、结果判定标准规范、报告出文规范等，以确保检测结果的客观、公正。

中心始终坚持"严格管理、规范操作、高效及时、热情服务"的宗旨，为广大养殖企业（户）提供及时、便捷、高效的兽医技术服务、科技咨询和技术培训，让养殖场独享私家兽医服务，实现个性化疫病防控。

第十二节　江苏省农业科学院畜牧研究所六合猪场

江苏省农业科学院六合猪场，坐落于南京市六合区竹镇金磁村江苏省农业科学院动物科学基地内，场区占地面积 200 亩，设计能力为 700 头母猪规模，可年出栏 1.4 万头，2006 年年底建成投产。猪场三面环山，生态环境优良；交通便捷，距宁连高速公路竹镇口约 11 000 千米，沿竹金公路（竹镇至金磁村）即可到达。猪场按照"四点式"布局（繁殖区、保育区、生长育肥区及隔离区）、单元式全进全出及干清粪工艺设计，配备国际先进的种猪测定系统，设施设备一流，并对粪污采取无害化处理，集科研、示范和种猪推广于一体，体现高起点、生态环保及可持续发展的目标。该猪场目前为畜牧研究所试验猪场，饲养的有苏山猪、苏钟猪、苏钟黑猪及二花脸猪等，由猪遗传育种与生产团队负责运行管理。

　　猪场负责人：任守文

第十三节　江苏省农业科学院畜牧研究所六合羊场

　　1999 年，为了满足省内地方山羊品种改良对优秀种羊的需求，进一步加强我院肉用山羊繁育的研究，促进江苏省肉用羊养殖业的发展，省农业科学院联合畜牧兽医研究所决定成立肉羊繁育中心，并投资建设种羊场，羊场位于原畜牧所动物试验场，场区建有羊舍 3 幢，占地面积 840 米²。羊舍采用彩钢板与砖石结合结构，内设轨道式称重电子秤和视频监视器等设施，可饲养种羊 200~250 只；两层实验楼 1 座，建筑面积 320 米²，内设实验室、计算机房、培训室、和展示厅等，其中实验室部分是当时国内唯一的、具有万级净化功能的全彩钢板封闭式精液或胚胎处理实验室；料库一幢，占地面积 120 米²，用于储存饲料和饲草。

　　2000 年，畜牧所委托广东省种畜进出口公司从澳大利亚华源畜业有限公司（China Resource Animal Husbandry Development Co. Pty. Ltd.）购买澳大利亚纯种波尔山羊 40 头，其中公羊 7 头，母羊 33 头。

　　2002 年，畜牧研究所羊育种项目组与院草业中心联合创立江苏爱地草牧业科技有限公司。2004 年，公司以实施国家农业开发项目"万只无公害波杂山羊集约化生产示范基地建设"为基础，在南京市六合区竹镇金磁村建设羊场，羊场占地面积 23 亩，新建各类羊舍 5 500 米²，运动场 2 000 米²，配套建设综合用房 200 米²、草料场 1 000 米² 和饲料库 400 米²、门房 20 米²、污水处理池 50 米²，以及相应的道路、围栏、绿化设施。2006 年，该羊场改为兔场。2007 年，在其北边建设新羊场。

　　负责人：曹少先

第十四节　江苏省农业科学院畜牧研究所六合实验兔场

　　江苏省农业科学院畜牧研究所实验兔场位于南京市六合区竹镇江苏省农业科学院六合动物科学基地。始建于 2006 年，总投资 600 万元，占地 26 000米²，设计生产规模为年出栏商品兔 1 万只。实验兔场拥有标准化种兔舍 9 栋，总笼位 11 000余个，其中全封闭繁殖兔舍 2 栋（3 300个笼位）、育肥兔舍 7 栋（8 600个笼位）。

　　实验兔场以科学研究为主导，同时承载家兔高效规模饲养示范展示功能。拥有独立的实验室及饲料加工车间，具备相应的科学仪器，与南京大学、南京医科大学、南京钟鼎生物技术有限公司、宿迁市康迪富尔饲料科技有限公司等单位建立了长期的合作研究关系。为国家科技基础条件平台——特种经济动物（长毛兔）种质资源子平台、江苏省农业科学院畜禽种质资源平台，主要资源品种有美系獭兔、苏系长毛兔、新西兰白兔、福建黄兔等。承担了国家公益性行业项目、国家兔产业技术体系项目、省三项工程、江苏省农业自主创新项目及江苏省地方标准等课题的实施。

　　兔场负责人：杨杰

第六章　学术交流

第一节　江苏省畜牧兽医学会

前身为中国畜牧兽医学会南京分会，成立于 1955 年 6 月，初有会员 66 人，现有会员 1 700 余人。其中，中国工程院院士 1 人、国家杰出青年 2 人、国家新世纪"百千万人才工程"2 人、江苏省"333 工程"41 人。下设家畜遗传育种、饲料营养、动物繁殖、草业科学、畜牧兽医基础科学、家畜传染病防治、家畜寄生虫病防制、兽医临床、兽医食品卫生、中西兽医结合等十个专业委员会。

1991—2002 年连续 12 年获中国科协全国省级学会之星称号，其中，1998 年被中国科协评为全国农口学会排名第一的省级学会之星；2002 年获全国第二届科技活动周暨江苏省第十四届科普周先进集体；2005—2007 年连续三年获江苏省科协先进集体；2006 年获江苏省科协、省经贸委、省发改委联合颁发的厂会协作"猪疫病防治"项目二等奖；2008 年获中共江苏省委农工办、省科协联合颁发的"万名专家兴农富民"工程优秀组织奖；2008—2011 年连续四年获中国畜牧兽医学会全国先进学会奖；2010 年、2013 年被授予"先进省级学会"。

学会成立 60 周年庆典授予畜牧兽医科学家终身成就奖

学会成立 60 周年庆典授予有突出贡献的畜牧兽医科研人员杰出贡献奖

历届理事会成员名单

第一届理事会

理 事 长：罗清生
副理事长：郑庆端
秘 书 长：曾华轩

第二届理事会

理 事 长：罗清生
副理事长：郑庆端
秘 书 长：曾华轩

第三届理事会

理 事 长：郑庆端
副理事长：何正礼　谢成侠　张　照
秘 书 长：阮德成
常务理事：迟绍荣　施　益　徐汉祥　葛云山　蔡宝祥　张幼成
理　　事：方　陜　陈　锷　王子林　王廷辉　卢宗藩　汪树银　李　欣　张泽人　杨清安
　　　　　施玉麟　郑春生　侯铸仁　钱幼云　潘锡桂
秘 书 长：范必勤　潘乃珍

第四届理事会

理 事 长：郑庆端
副理事长：何正礼　谢成侠　张　照　吕公忱
秘 书 长：阮德成
副秘书长：张幼成
秘　　书：陈家斌
常务理事：施　益　蔡宝祥　徐汉祥　方　陜　葛云山　杨清安　张泽人　王子林　曹　湘
　　　　　刘家庆

理　　事：潘锡桂　梁祖铎　方定一　卢宗藩　陈　锷　孟凡森　朱元臣　柴吉祥　郑春生
姚镜渠　魏尔康　张学计　郑庆瑞　何正礼　谢成侠　蔡宝祥　张幼成　杨清安
方　陔　徐汉祥　施　益　张　照　张泽人　曹　湘　阮德成　王子林　葛云山
吕公忱

组织组组长：阮德成

学术组组长：蔡宝祥

副　组　长：潘夕桂

科普组组长：葛云山

副　组　长：施　益

第五届理事会

理 事 长：阮德成

副理事长：曹　霄　张幼成　严中慎　潘乃珍

秘 书 长：范必勤

副秘书长：杨茂成　杨清安

常务理事：曹文杰　许翥云　施宝坤　施　益　方　陔　刘家庆　周敬钢　王子林　吴凤珍

理　　事：林继煌　金洪效　董亚芳　卢宗藩　王永坤　郑玉美　苏文练　徐福南　邱汉辉
施玉麟　景火保　方泳堂　周勤宣　马孝援　孙福年　朱明根　吴立军　李云峰
冯振群　顾炳成　张学计　俞天声　过建寅　魏尔康　黄信忠　王殿中　方　毅
李　骍　陈家斌

组织宣传：范必勤　杨茂成

学术交流：施宝坤　董亚芳

科学普及：金洪效　施　益

咨询开发：许翥云　施玉麟

第六届理事会

理 事 长：阮德成

副理事长：范必勤　曹　霄　杨茂成　王永坤　徐少华　腾有寿

秘 书 长：毛洪先

副秘书长：陈溥言　潘瑞荣　方　毅　陈家斌

常务理事：阮德成　范必勤　林继煌　毛洪先　陈　樵　曹　霄　邱汉辉　施玉麟　杨茂成
陈溥言　王永坤　赵万里　徐少华　景火保　方　毅　朱炳桂　腾有寿　崔　忠
黄孝武　魏尔康　陈家斌

理　　事：阮德成　范必勤　林继煌　毛洪先　葛云山　曹文杰　陈　樵　曹　霄　邱汉辉
施玉麟　杨茂成　王元兴　陈溥言　毛鑫智　王永坤　赵万里　李筱倩　郑玉美
潘瑞荣　杨清安　徐少华　周勤宣　刘家庆　景火保　袁风林　方泳堂　方　毅
王震翔　马孝援　朱慰先　朱炳桂　腾有寿　王殿中　崔　忠　周筱云　黄孝武
朱明根　王仕俊　宋盛春　王子林　孙祖良　邵科明　魏尔康　李云峰　张学计
顾成炳　陈家斌

第七届理事会

名 誉 理 事 长：阮德成

理　　事　　长：曹　霄

常务副理事长：毛洪先

副 理 事 长：徐少华　　王金玉　刘玉云　杨茂成　邱汉辉　林继煌　腾有寿　方　毅
　　　　　　　陈傅言　　王永坤
秘 书 长：陈家斌

第八届理事会

名 誉 理 事 长：阮德成
理 事 长：曹霄
常 务 副 理 事 长：刘铁铮
副 理 事 长：丁　铲　　王金玉　方　毅　刘玉云　刘秀梵　周光宏　杨廷桂　侯继波
　　　　　　　施　惠　　徐少华　李晓东　陈傅言
秘 书 长：陈家斌

第九届理事会

名 誉 理 事 长：阮德成
理 事 长：刘铁铮
常 务 副 理 事 长：侯继波
副 理 事 长：胡来根　　何正东　袁日进　周光宏　张海彬　王　恬　侯加法　陈国宏
　　　　　　　王金玉　　秦爱建　刘秀梵　周新民　杨廷桂　丁　铲　朱洪生　李晓东
　　　　　　　狄福强　　熊棣贤　钱建共
秘 书 长：陈家斌
常 务 副 秘 书 长：张海彬
副 秘 书 长：顾洪如　　何孔旺　丁家桐　陈宽维　王子轼　陈钟鸣　钱鹤良
常 务 理 事：丁文卫　　马惠明　王永山　王根林　王捍东　王振翔　历发源　许德华
　　　　　　　宋晓春　　时　勇　李超美　周维仁　张学余　张敬友　张振岚　陆永祥
　　　　　　　赵明珍　　曹国林　焦新安　黄雪根　彭德旺
理 事：王杏龙　　王益军　刘学贤　刘洪林　朱振华　吕宗德　闫晓东　孙大明
　　　　　　　孙怀昌　　邢　军　李祥瑞　邹允聪　杨　凌　周建强　陈东升　陈玉文
　　　　　　　陈生荣　　邵国青　邵科明　张汇东　张常印　张洪让　陆方善　陆承平
　　　　　　　芮国兴　　钟　声　侯　军　赵旭庭　钱学功　钱影新　聂邵利　夏新山
　　　　　　　温广宝　　谢　庄　臧鹏伟　戴鼎震

第十届理事会

理 事 长：赵西华
常 务 理 事：丁家桐　王子轼　王正春　王永山　王金玉　王　恬　王捍东　王根林　韦习会
　　　　　　　刘玉云　刘红林　刘耀兴　吉文林　孙怀昌　朱洪生　何孔旺　何正东　张小飞
　　　　　　　张汇东　张振岚　张海彬　张敬友　把国荣　李祥瑞　李超美　李　静　杨云林
　　　　　　　杨廷桂　邹剑敏　陈国宏　陈钟鸣　陈家斌　陈宽维　周维仁　侯继波　狄福强
　　　　　　　胡来根　赵西华　秦爱建　袁日进　钱建共　顾云飞　顾洪如　曹国林　彭德旺
　　　　　　　掌子凯　焦新安　程立力　童海兵
副 理 事 长：焦新安　吉文林　黄　焱　何正东　袁日进　侯继波　张海彬　王　恬　李祥瑞
　　　　　　　秦爱建　陈国宏　邹剑敏　顾洪如　杨廷桂　王金玉　钱建共　狄福强　胡来根
　　　　　　　顾云飞　程立力　韦习会　朱洪生
理 事：丁家桐　王子轼　王　冉　王正春　王永山　王克华　王志跃　王杏龙　王金玉
　　　　　　　王　恬　王捍东　王根林　王益军　韦习会　任守文　刘玉云　刘红林　刘宗平

刘耀兴	吉文林	吕宗德	孙大明	孙怀昌	朱洪生	邢 军	闫晓东	何孔旺
何正东	张小飞	张常印	张汇东	张则斌	张振岚	张海彬	张敬友	把国荣
李 银	李碧春	李祥瑞	李超美	李 静	杨 倩	杨 凌	杨云林	杨廷桂
杨昌镠	沈益新	芮国兴	邵国青	邵科明	邹剑敏	陆方善	陈东升	陈玉文
陈国宏	陈钟鸣	陈家斌	陈宽维	周发亚	周维仁	范 锋	金星方	侯继波
姚火春	姚伟民	姜 平	浗福强	胡来根	赵旭庭	赵西华	赵明珍	钟 声
夏新山	徐 亮	秦爱建	袁日进	钱学功	钱建共	钱影新	顾云飞	顾洪如
曹国林	黄绍华	黄 焱	彭德旺	掌子凯	焦新安	程立力	童海兵	蒋春茂
蒋锁俊	臧鹏伟	蔡宝亮	颜培实	薛家宾	戴有理	戴鼎震		

秘 书 长：何孔旺

副秘书长：陈家斌　刘红林　周维仁　丁家桐　童海兵　王子轼　陈钟鸣　刘玉云

第十一届理事会

理 事 长：何孔旺

副理事长：陈国宏　黄 焱　蒋 原　吉文林　何正东　蒋维群　侯继波　张海彬　王 恬
　　　　　刘红林　范红结　秦爱建　王志跃　邹剑敏　顾洪如　王金玉　张振岚　张小飞
　　　　　杨廷桂　魏凤鸣

常务理事：丁家桐　王 恬　王 冉　王志跃　王金玉　刘玉云　刘红林　刘耀兴　吉文林
　　　　　孙怀昌　朱伟云　朱满兴　邢 军　何孔旺　何正东　吴文忠　张小飞　张振岚
　　　　　张海彬　张常印　李祥瑞　李超美　杨 凌　杨云林　杨廷桂　芮国兴　邵国青
　　　　　邹剑敏　陈国宏　陈宽维　范红结　侯继波　姜加华　施振旦　贺星亮　赵旭庭
　　　　　徐 亮　秦爱建　顾洪如　曹国林　黄 焱　黄绍华　彭德旺　童海兵　蒋 原
　　　　　蒋维群　潘志明　戴鼎震　魏凤鸣

理　　事：丁家桐　王 冉　王 芳　王 恬　王子轼　王永山　王克华　王志跃　王杏龙
　　　　　王金玉　王捍东　王根林　王益军　任守文　刘玉云　刘红林　刘宗平　刘耀兴
　　　　　吉文林　吕宗德　孙怀昌　朱伟云　朱新飞　朱满兴　许世勇　邢 军　何孔旺
　　　　　何正东　吴 洪　吴文忠　张小飞　张振岚　张海彬　张常印　张敬友　李 银
　　　　　李 静　李祥瑞　李超美　李碧春　杨 倩　杨 凌　杨云林　杨廷桂　芮国兴
　　　　　邵国青　邹剑敏　陈生荣　陈国宏　陈钟鸣　陈宽维　范 锋　范红结　侯继波
　　　　　姚火春　姚伟民　姜 平　姜加华　施振旦　柯家法　段宝法　贺星亮　赵 伟
　　　　　赵旭庭　赵明珍　夏新山　徐 亮　徐东华　徐煜峰　秦爱建　聂绍利　顾洪如
　　　　　高 峰　高 崧　高爱萍　崔洪平　曹少先　曹国林　阎晓东　黄 焱　黄忠阳
　　　　　黄绍华　黄瑞华　彭德旺　童海兵　蒋 原　蒋春茂　蒋维群　蒋锁俊　臧鹏伟
　　　　　蔡鹤峰　潘志明　戴有理　戴鼎震　魏凤鸣

秘 书 长：顾洪如（兼）

副秘书长：丁家桐　童海兵　赵旭庭　姚火春　戴鼎震　刘玉云　张则斌　师蔚群

第二节　国际合作与交流

一、动物胚胎工程研究

早在 1980 年改革开放初期，中国科学院特邀世界著名试管动物研究的先驱，美籍华人张明

范必勤教授在美国密西根州立大学合作研究

觉教授到上海细胞生物研究所指导动物体外受精研究，使国内科技人员在理论上和试验技术上有了很大提高。但未获得试管动物。1982—1983 年，范必勤先生在美国密西根州立大学留学期间，进行过牛、仓鼠和松鼠猴卵母细胞的体外成熟和体外受精研究。回国后系统地进行了家兔胚胎移植技术研究，并应用此技术发展安哥拉兔的生产。"七五"期间，承担了农业部生物技术重点项目——家兔体外受精研究课题。通过引智项目邀请世界著名科学家，首例试管牛研究成功者，美国乔治亚大学 Dr. B. G. Brackett 教授和密西根州立大学 Dr. W. R. Dukelow 教授前来进行家兔体外受精的合作研究。经中美双方科研人员的共同努力，于 1986 年 10 月 18 日和 21 日生下两窝 5 只试管兔，在国内打响了动物体外受精的第一炮。张明觉教授从《人民日报（海外版）》得到消息后，立即从美国来函表示祝贺。该项技术的成功为我国体外受精技术研究起到了先导作用。

为了加速 863 项目试管牛技术研究的进展，通过引智项目于 1988 年又邀请著名科学家，日本东北大学菅原七郎（Dr. Shichiro Sugawara）教授前来合作研究奶牛体外受精。结果又获得了我国首例试管牛。通过本研究室科研人员不断努力，1990 年成功获得了首例试管猪。

1988 年，在国家科委留学人员基金资助下，参加了匈牙利布达佩斯召开的第四届世界兔科学大会，会上就安哥拉兔胚胎移植及其生产应用做了学术报告，在国际上产生了较大影响。

"七五"期间，还研究成功胚胎分割同卵生山羊（国家攻关项目）；转入生长激素基因的转基因小鼠、转基因兔和转基因猪（863 高技术项目）。在获得多项重大科技成果的基础上，1990 年，在农业部科技司支持下，在江苏省农业科学院召开了中日家畜胚胎工程学术讨论会，邀请了国际著名科学家入谷明（Dr. A Iritani）和角田幸雄（Dr. Y. Tsunoda）等教授前来参加学术讨论会。较全面地介绍了本研究室的研究工作。入谷明教授回国后将获得世界首例超级家兔的研究结果作为教学内容在著名的京都大学讲授，使江苏省农业科学院的胚胎工程研究成就在日本的科学界产生了深远的影响。

1988 年中日合作成功研究"试管牛"

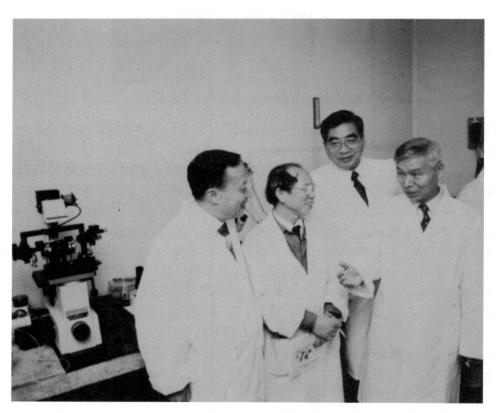

1990 年范必勤（左一）研究员与日本专家在实验室讨论超级兔的培育工作

1991 年，应日本科学界邀请，范必勤教授赴日本山形县参加第二届中日生物技术学术研讨会，作了"转基因动物研究"特邀报告。1991 年提前完成了国家自然科学基金项目"家兔细胞核移植"项目，研究成功我国首例由 32-细胞期胚胎卵裂球核移植成功的克隆兔。

1993 年，为执行中菲两国政府间科技合作第九次联委会议定的项目，由国家科委国际合作司安排，菲律宾动物胚胎移植生物技术考察团菲律宾大学副校长 Dr. E. M. Rigor 和

Dr. E. M. Agbist 在胚胎工程室学习和实际操作一周，内容包括：克隆动物，显微受精，胚胎移植和孤雌发育等。事后他们向国家科委反映，该研究室科技人员科研基础扎实，试验技巧高明，英文水平较高。

1994 年越南国家科学与技术研究中心的阮金度、阮文强和阮氏青平三位博士来研究室进修
（右边坐着为范必勤，后排站立从右向左分别为阮金度、阮文强、阮氏青平）

1994 年，通过农业部引智项目，邀请日本东北大学菅原七郎（Dr. Shichiro Sugawara）教授和信州大学迁井弘忠教授（Dr. H. Tsujii）进行胚胎干细胞和体外受精胚胎产业化的合作研究，获得良好结果。两位教授分别与范必勤教授签订了科技合作协议书。

同年，应加拿大圭尔夫大学邀请，在该校生物医学系讲学，系统介绍了我院胚胎工程研究室的科研成就和中国胚胎工程研究进展。参加了在多伦多召开的第八届国际生物技术年会。

1994 年，申请到第三世界科学院南南合作基金，接受越南国家科学与技术研究中心的阮金度、阮文强和阮氏青平三位博士来研究室进修三个月，均获得良好结果。

1995 年，通过国家自然科学基金关于留学人员短期回国工作专项基金的资助，邀请加拿大Prairie Swine Center Inc. 的楼震生博士前来进行动物行为学在农业领域应用的合作研究。介绍其发明的适应于猪基本行为、提高仔猪存活率、便于管理、有利于猪体健康的新型环形猪产仔栏。签订了"应用动物行为学合作备忘录，双方同意新型猪产仔栏在中国销售。

1995 年，应日本东北大学菅原七郎（Dr. Shichiro Sugawara）教授的邀请参加了首届亚洲动物生物技术学术研讨会。会上作了"中国哺乳动物繁殖生物技术研究进展"的特邀报告。会上菅原七郎当选为亚洲动物生物技术学会主席。韩国建国大学副校长郑吉生教授和我院动物胚胎工程研究室主任范必勤教授当选副主席。

1996 年，经国家科委批准，国家自然科学基金资助，在南京召开了第二届亚洲动物生物技术学术讨论会。亚洲 14 个国家科学家提交论文 78 篇，涉及作者 266 人。研讨专题包括：转基因、显微受精、体外受精、卵激活与孤雌生殖和胚胎移植系统技术等。学术水平较高，技术上有所创新。这次大会范必勤当选为亚洲动物生物技术学会主席。会后还与巴格达大学签订了"动物生物技术研究与产业化合作协议书"。

二、中日合作太湖猪（梅山猪）研究

中方主持人：葛云山

中方参加人：徐筠遐　张顺珍　林志宏　孙有平　徐小波　黄　熙　刘铁铮　孙佩元
董柯岩　谢云敏　黄素琴　祁晓峰

日方主持人：小松田厚（农水省种畜牧场，系长）原宏（农水省种畜牧场，系长）

日方参加人：分部喜久男（农水省种畜牧场，家畜育种官）大石孝雄（农水省种畜牧场，室长）森淳（农水省种畜牧场，室长）古川力（农水省种畜牧场，主任研究官）花田博文（农水省东北农业试验场，室长）

根据中日农业科技交流工作组会议，中日双方拟定合作研究太湖猪，双方养猪专家互访、考察、商洽，历经两年于 1988 年 4 月 20 日在南京江苏省农业科学院和日本国际协力事业团，签订了"太湖猪的种质特性及杂交利用"合作研究的会谈纪要，经双方政府批准后实施。江苏省农业科学院经国家科委同意，农业部委托，江苏省政府批准，通过日本国际协力事业团，与日本农林水产省种畜牧场、畜产试验场共同组成研究组。1988 年 8 月至 1992 年 12 月在江苏省农业科学院畜牧兽医研究所试验猪场进行了太湖猪种质特性及杂种利用的研究，通过系统选育试验，达到改良适合于瘦肉猪生产的基础技术及其体系。试验分五阶段。按阶段日方派遣相关专家来华工作，同时中方派遣进修生赴日学习。日方先后来华专家 7 位，中国参加工作的有 13 位，其中 8 位（孙有平、林志宏、黄熙、张顺珍、刘铁铮、董柯岩、徐小波、孙佩元）赴日进修。此外日方有一位专家常驻江苏省农业科学院工作。合作期间日方提供了 1 亿日元资金，一半用于购置器材，另一半用于来华工作的专家和接受中方进修生学习的费用。中方相应提供了合作研究试验场、实验室、试验用猪和饲养试验经费等。历经四年多的合作研究取得的主要成果：

（1）对梅山猪及其杂种进行了染色体核型、G 带和 C 带的分析研究，为杂交育种提供了细胞遗传学依据。

（2）利用日方赠送的国际标准抗血清进行红细胞抗原的免疫应答和标准抗血清制备的研究，在制备标准抗血清的基础上进行了梅山猪血型的调查，取得了梅山猪血型的基因型和基因频率的数据。

（3）采用不同的蛋白水平的日粮进行饲养试验，取得了最适蛋白水准，为生产和育种提供了科学依据；对梅山及其杂种猪的生长发育进行了研究，为系统选育方案提供了依据。

（4）进行了猪滋养层细胞囊泡的冷冻保存和热处理对猪胚低温感作后生存性的影响，取得了很好的结果。

太湖猪种质特性及杂交利用综合报告

（5）先后分别进行了梅山猪两品种杂交和三品种杂交的两次重复杂交试验，观察其繁殖性能、产肉性能，筛选出最优组合，同时对梅山杂种猪先后两次不同体重阶段进行育肥特性、肉脂生长规律的观测，确定了最适屠宰体重。

（6）在杂交试验基础上筛选了最佳杂交组合的杂交种，确定了育种目标，选育方法，合理的饲养管理方式，开始了杂交种的自交，1992 年获得 1 世代猪群。鉴于 1992 年 12 月合作计划到期，此后选育工作由中方坚持进行，为新品系的育成奠定了良好基础。

1990 年葛云山（右三）、阮德成副院长（左四）与日本猪育种合作研究专家小松田一家合影

三、猪遗传育种与生产团队国际合作

自 2008 年以来，猪遗传育种与生产团队承担国家农业部外经中心中国波兰农业科技合作项目"猪特色资源利用与福利养猪技术研究"，与波兰国家畜牧研究所开展了合作研究，中方项目

负责人为任守文研究员，波方项目负责人为 Robret Eckert 副教授。围绕引进波方培育的 Line990 黑猪资源，成功申报农业部 948 项目，由于波兰 2014 年发生了非洲猪瘟，故引种工作受到了影响，目前准备工作就绪，一旦解禁就着手引种。利用波方福利养猪理念结合江苏省省情研发了可移动经济型猪舍，该猪舍采用构件化设计，可组装拆卸移动。其特点：①不固化土地，猪场建设用地不用到土地部门报批；②经常移动有利于种养轮换，对环境压力小；③经常移动也有利于疫病防控；④猪舍造价较低，只有普通猪舍造价的 1/3～1/2，易推广。目前已形成定型产品，获得系列国家专利，在江苏建有多个示范基地。此外承担国家农业部中国匈牙利农业科技合作项目，与匈牙利动物育种与营养研究所合作，开展猪精液及胚胎冷冻技术研究。

任守文（左一）、王学敏（右二）赴波兰与波兰专家参观猪场

2013 年冯志新博士（左）与美国密西西比州立大学兽医学院流感中心万秀峰（右）教授合影

四、JAAS-MSU 动物疫病研究合作实验室

江苏农业科学院与美国密西西比州立大学签订全面合作框架协议，每年选派一批科研人员赴美学习，兽医所猪病防控研究室冯志新博士作为第二批赴美学习的访问学者，在美国密西西比州立大学兽医学院流感中心与万秀峰教授合作开展了猪流感流行病学研究，取得重要成果。万教授在该领域的研究处于国际领先地位。经多次来访交流，江苏省农业科学院特聘其为研究员。2013 年 6 月经院领导批准正式成立动物疫病研究合作实验室。主要围绕动物流感病毒研究为主，美方代表万秀峰教授作为技术指导，中方由邵国青副所长组织协调，冯志新负责落实合作事项。

合作实验室的主要工作重点是：整合双方科研资源，探明太湖、洪泽湖流域、黄淮海滩涂动物流感的存在及演化规律，指导江苏及全国动物流感疫病的防控，在动物流感及人畜公共卫生安全研究领域建立全国范围内有影响力的新学科。研究室建立两年来，实验室 2013 年正式开始筹建，主要围绕动物流感病毒研究为主，主要由邵国青、冯志新负责。实验室成立两年来，在动物流感研究取得了一些进展，目前已合作发表论文 4 篇。

五、农业部 "948" 引智项目

肠毒素性大肠杆菌共同保护性抗原基因引进及其疫苗研制

中方主持人：张雪寒

美方合作人：Dr. Philip R. Hardwidge 堪萨斯州立大学

共同工作人：祝昊丹，栾晓婷，李　盟，俞正玉，何孔旺

项目编号：2014-S17

资助额度：60 万

项目简介：

猪产肠毒素性大肠杆菌（Enterotoxigenic *Escherichia coli*，ETEC）是新生仔猪腹泻的重要元凶之一，多与猪流行性腹泻病毒协同致病，发病率和死亡率高。由于 ETEC 的致病血清型众多，已有商品化 F4-F5-F6 菌毛多价疫苗的免疫效果难以保证，易导致免疫失败。

美国堪萨斯州立大学 Philip R. Hardwidge 博士多年来从事大肠杆菌的研究，分离 ETEC 致病血清型多株，运用反向疫苗学研究发现，50 多个血清型 ETEC 含有共同的蛋白免疫原，并且具有提供良好免疫保护的巨大潜力。2012 年 4 月，Philip R. Hardwidge 博士受江苏省农业科学院兽医研究所何孔旺所长邀请，来农业科学院访问并做题为《产毒素性大肠杆菌对宿主细胞黏附机制》的报告。2013 年 11 月，Philip R. Hardwidge 博士第二次来访，做题为《肠出血性大肠杆菌 NleB 诱发内源性免疫的机制》的报告。2014 年 3 月份，第三次受邀来访，做题为《产肠毒素性大肠杆菌的反向疫苗学》的报告，并且受聘为江苏省农业科学院特聘研究员。访问期间，就合作招收博士后和博士研究生达成一致，制订了引进 ETEC 通用免疫原详细实验方案，为该项目按时有序的推进和完成提供了保障。2014 年拟定选派张雪寒博士访问 Philip R. Hardwidge 博士实验室，进一步推进合作研究。

该项目资助从美国堪萨斯州立大学引进大肠杆菌共有免疫原 3 个，以研制猪大肠杆菌病通用型基因工程疫苗。2014—2015 年度，选取实验动物小鼠和本动物猪，开展 ETEC 免疫原的免疫效力评估。ETEC 免疫原接种小鼠后，14 天血清 IgG 滴度为 1.8×10^4，粪便中 IgA 滴度为 1.61×10^2，35 天腹腔感染主要致病血清型 F4，剂量为 5 MLD（1.5×10^9CFU/只），对照组小鼠（10/10）全部死亡，免疫组小鼠全部（10/10）保护，其中 80%（8/10）无明显临床症状，20%（2/10）偶

有精神不振，粪便稀软。

2013 年美国堪萨斯州立大学 Philip R. Hardwidge 博士（左二）应邀来所交流合作项目
（左一为张雪寒，左三为何孔旺）

六、亚洲支原体组织（AOM）

1998 年悉尼第 12 届 IOM 大会上，日本支原体学会会长潘英仁教授和江苏省农业科学院邵国青博士沟通交流产生发起以汉文化背景为主体支原体组织，2000 年 4 月日本支原体学会召开第 27 届会议，中国林继煌研究员、邵国青博士、韩国神光大学张明雄教授、中国台北翁仲男教授等应邀与会，中、日、韩支原体专家共同提出创建亚洲支原体组织（Asian Organization for Mycoplasmology，AOM）的具体构想。又经一年准备，2001 年 10 月 22—25 日在厦门鼓浪屿召开中华医学会第五届全国支原体会议上，正式成立了以日本大学潘英仁教授为理事长，赵季文、张明雄、泉川为副理事长，邵国青为秘书长的首届 AOM。

AOM 在亚洲地区科学交流正发挥越来越重要的作用。

历届 AOM 会议召开情况

历届 AOM 会议	时间	地点	国家
第一届	2004 年 10 月	东京	日本
第二届	2005 年 10 月	桂林	中国
第三届	2007 年 10 月	安养	韩国
第四届	2009 年 11 月	淡水	中国
第五届	2011 年 10 月	长崎	日本
第六届	2014 年 8 月	张家界	中国

亚洲支原体组织

第三节 创新联盟

一、国家兽用生物制品工程技术研究中心产业联盟委员会

国家兽用生物制品工程技术研究中心产业联盟委员会会议

2010年5月26日国家兽用生物制品工程技术研究中心发起成立了全国兽用生物制品产业联盟委员会，产业联盟委员会是中心新技术、新产品中间试验和首试首用的战略合作单位，由全国兽用生物制品行业最有影响力的单位组成，包括：中牧实业股份有限公司、金宇保灵生物药品有限公司、上海梅里亚动物保健公司、广东永顺生物制药有限公司、吉林正业生物有限责任公司、洛阳普莱柯生物工程有限公司、青岛易邦生物工程有限公司、天津瑞普生物技术股份有限公司、

上海海利生物药品有限公司、北京清大天一生物技术有限公司、南京天邦生物科技有限公司、成都天邦生物制品有限公司、哈尔滨维科生物技术开发公司、中农威特生物科技股份有限公司等14 家上市公司及大型兽用生物制品企业。

江苏省新型兽药产业技术创新战略联盟成立大会

江苏省新型兽药产业技术创新战略联盟成立大会

二、江苏省新型兽药产业技术创新战略联盟

2012 年 3 月 21 日，国家兽用生物制品工程技术研究中心联合全省兽药龙头企业、养殖龙头企业、主要大学及研究所共同发起成立的新型兽药产、学、研、用协同创新平台，由江苏省科技厅审核、挂牌。侯继波任秘书长、王丰任常务副秘书长。秘书处设在国家兽用生物制品工程技术研究中心。

产业创新战略联盟由包括国家兽用生物制品工程技术研究中心、南京天邦生物科技有限公司、江苏省农业科学院兽医所、中国农业科学院上海兽医研究所、南京农业大学动物医学院、扬州大学动物医学院、江苏畜牧兽医职业技术学院、金陵科技学院、江苏省动物疫病预防与控制中心、江苏省水生动物疫病预防控制中心、江苏省出入境检验检疫局、江苏南农高科、国药威克、扬州优邦生物制药、南京福斯特牧业、常州同泰生物药业、江苏雨润集团、江苏省食品集团、常州立华牧业、常州康乐农牧、江苏京海禽业、无锡正大畜禽、河南康星药业、江苏倍康药业、无锡中水渔药业、南京日升昌生物、中国农业科技学院蚕研所附属蚕药厂、中牧南京实业公司动物药品厂、南京金盾动物药业有限责任公司、江苏天成保健、镇江天和生物、镇江威特药业、南京福润德动物药业、江苏苏太集团、太仓广东温氏、徐州海阔农业等 30 余家单位组成。

三、院企合作

2013 年 3 月，与北京大北农科技集团股份有限公司实现战略合作，2015 年 9 月 1 日，与北京大北农科技集团股份有限公司签订单笔 3 000 万元的技术转让合同。江苏省农业科学院兽医所、国家兽用生物制品工程技术研究中心分别与包括北京大北农科技集团股份有限公司、中牧实业股份有限公司、上海梅里亚动物保健公司、吉林正业生物有限责任公司、洛阳普莱柯生物工程有限公司、青岛易邦生物工程有限公司、天津瑞普生物技术股份有限公司、上海海利生物药品有限公司、南京天邦生物科技有限公司、成都天邦生物制品有限公司、中农威特生物科技股份有限公司、江苏南农高科、国药威克、常州立华牧业、常州康乐农牧、江苏京海禽业、贵州福斯特生物等 17 家单位达成总金额 9 000 余万元的成果转化协议。

第七章　所务管理

第一节　历任所领导班子成员

历任所领导班子成员

时间	单位名称	领导班子成员	党务	行政秘书	科研秘书	团支部书记	工会
1935—1940	中央农业实验所畜牧兽医系	系主任：程绍迥					
1941—1945	中央畜牧实验所	所长：蔡无忌（初期）程绍迥（后期）					
1946—1949		所长：程绍迥副所长：许康祖		李瑞敏			
1950—1958	华东农业科学研究所畜牧兽医系	系主任：郑庆端副主任：何正礼李瑞敏	李瑞敏				
1959—1963		系主任：郑庆端副主任：何正礼李瑞敏	李春华	张静敏			
1964—1970		系主任：郑庆端副主任：何正礼虞苏民	李瑞敏				
1971—1972	中国农业科学院江苏分院畜牧兽医系	主任：阮德成副主任：金洪效范必勤					
1973		主任：阮德成副主任：金洪效李瑞敏					
1974—1975		主任：戴世华副主任：李瑞敏					
1976—1977		主任：戴世华副主任：黄天希魏静波		毛洪先			

（续表）

时间	单位名称	领导班子成员	党务	行政秘书	科研秘书	团支部书记	工会
1978—1980	江苏省农业科学院畜牧兽医研究所	所长：郑庆端 副所长：何正礼		毛洪先	范必勤		
1981		所长：郑庆端 副所长：何正礼 焦永勤 黄天希	魏静波	闫粟苏	范必勤		
1982		所长：郑庆端 副所长：何正礼 魏静波	魏静波	董飞平			
1983		所长：郑庆端 副所长：何正礼 曹文杰		吴连根	徐志辉		
1984		副所长：许蠹云 （主持工作） 徐 汉祥 曹文杰			蒋兆春		
1985		副所长：许蠹云 （主持工作）徐汉 祥 曹文杰 杨 锐			蒋兆春		
1986		所长：毛洪先 副所长：杨 锐 林继煌	毛洪先		蒋兆春		
1987—1988		所长：毛洪先 副所长：林继煌	毛洪先 副书记： 许蠹云	徐长明	蒋兆春 吴 翔	江金益 邵春荣 （副）	冷和荣 副主席： 何家惠
1989—1991.3		所长：毛洪先 副所长：林继煌 蒋兆春	毛洪先 副书记： 许蠹云	徐长明	张 芸 （1991聘）	邵春荣 （1989） 胡来根 （1990） 刘冬霞 （副）	冷和荣 副主席： 何家惠
1991.4— 1996.6		所长：毛洪先 副所长：林继煌 蒋兆春 刘铁铮 所长助理：江杰元	毛洪先 副书记： 何家惠	王书林	张 芸	刘冬霞 （1993） 吕立新 （副） 袁 忠 （副1995） 翟 频 （1995）	冷和荣 副主席： 吴美珍
1996.7— 1998.2		所长：毛洪先 副所长：蒋兆春 刘铁铮 所长助理：江杰元	蒋兆春 副书记： 何家惠	王书林	张 芸	翟 频 （1997） 徐为中 （副）	冷和荣 副主席： 何家惠
1998.2— 1998.10		副所长：蒋兆春 （主持工作）刘铁 铮 胡来根	蒋兆春 副书记： 何家惠	王书林	张 芸	翟 频 徐为中 （副）	冷和荣 副主席： 何家惠
1998.10— 1999		副所长：侯继波 （主持工作）蒋兆 春 刘铁铮 胡来 根 何家惠 钱 建飞	何家惠	王书林	张 芸	翟 频 徐为中 （副）	何家惠 副主席： 吴 玲
2000— 2001.7		所长：侯继波 副所长：何家惠 胡来根 钱建飞 刘铁铮	何家惠	办公室 主任： 还红华 王书林 （副）	张 芸 还红华	徐为中	何家惠 副主席： 吴 玲

（续表）

时间	单位名称	领导班子成员	党务	行政秘书	科研秘书	团支部书记	工会
江苏省农业科学院畜牧研究所							
2001.11—2002.1	江苏省农业科学院畜牧研究所	副所长：胡来根（主持工作）刘铁铮 顾洪如 周维仁	顾洪如		师蒍群		钟声
2002.2—2002.8		所长：胡来根 副所长：刘铁铮 顾洪如 周维仁	顾洪如		师蒍群		钟声
2002.9—2005.5		所长：刘铁铮 副所长：顾洪如 周维仁	顾洪如		师蒍群	陈舒兵（2003）李碧侠（2005）	钟声 杨杰（2003）
2005.5—2012.6		所长：顾洪如 副所长：周维仁 任守文	周桂华	师蒍群	邹轶（2008.7—2009.8）翟频（2009.9起）	李碧侠（2005）	杨杰（2003）
2012.6—2015.4		所长：顾洪如 副所长：陈国平、施振旦（2013.6起）	陈国平	师蒍群	翟频	张俊	杨杰（2003）
2015.4		所长：何孔旺 副所长：施振旦 火金利	顾洪如	师蒍群	翟频	张俊	杨杰（2003）
江苏省农业科学院兽医研究所							
2001.7—2003.4	江苏省农业科学院兽医研究所	所长：侯继波 副所长：何家惠 钱建飞	何家惠			王继春	

（续表）

时间	单位名称	领导班子成员	党务	行政秘书	科研秘书	团支部书记	工会
2003.5—2005.10	南京天邦生物科技有限公司（兽医研究所整体进入公司）	总经理：张邦辉 副总经理：侯继波（所长） 胡来根 邹祖华（副所长） 总经理助理：何孔旺（副所长） 何家慧	胡来根 何孔旺（副）	还红华（行政部） 王丰（人事部） 戚亮（财务部） 薛家宾（生产部）	胡来根（兼销售部） 侯继波（兼项目管理部）	苏国东 夏兴霞（2004）	何孔旺
2005.11—2006.11	江苏省农业科学院兽医研究所	副所长：何孔旺（主持工作） 副所长：叶荣玲	叶荣玲	肖琦		肖琦	李银
2006.12—2008.5		所长：何孔旺 副所长：叶荣玲	叶荣玲	肖琦		肖琦	李银
2008.6—2009.8		所长：何孔旺 督导员：叶荣玲	侯继波	张则斌	肖琦	肖琦	李银
2010.9—2011		所长：何孔旺 副所长：赵永前	侯继波	张则斌	肖琦	张敬峰	李银
2011—2015.4		所长：何孔旺 副所长：赵永前 邵国青	侯继波	张则斌	肖琦	吕芳	李银
2015.4		所长：侯继波 副所长：陈国平 副所长：邵国青	陈国平	张则斌	肖琦	茅爱华	李银

第二节　科研机构设置

一、1945 年中央农业实验所畜牧兽医系

1945 年中央农业实验所机构设置

部门名称	负责人
畜牧方面	
家畜改良研究室	郑丕留
家畜营养研究室	王　栋
良种推广研究室	张天翼
浙江硖石绵羊场	许竞武
南京奶牛场	祝正行
种鸡场	施馥寿
种猪场	赵　琨
种绵羊场	潘锡桂
小动物室	王庆熙
兽医方面	
兽医生物制品制造研究室	郑庆端　周泰冲
细菌病毒研究室	邝荣禄　马闻天
病理研究室	郑庆端
畜牧兽医模型研究室	倪小逾
上海工作站	吴纪棠

二、1962 年华东农科所畜牧兽医系

1962 年华东农科所畜牧兽医系机构设置

部门名称	负责人	工作人员数
畜牧方面		
新淮猪选育研究组	李瑞敏	4
动物精液研究组	冯振群	3
牛育种研究组	舒畔青	3
养羊研究组	潘锡桂	3
饲料生产研究组	阮德成	2
饲料加工研究组	吴继棠	3
饲料分析研究组	曹文杰	2

部门名称	负责人	工作人员数
兽医方面		
寄生虫病研究组	郑庆端	3
免疫研究组	何正礼	3
家禽出败病研究组	郑庆端、何正礼	3
药理研究组	何正礼	3
牛马病防治研究组	徐汉祥　王绍先　王道福	5

三、1978—2000 年江苏省农业科学院畜牧兽医研究所

1978—2000 年江苏省农业科学院畜牧兽医研究所机构设置

部门名称	负责人	工作人员数
畜牧		
养猪研究组	葛云山	
养兔研究组	王庆熙　沈幼章　张振华	
养羊研究组	潘锡桂　蒋明达　冷和荣　钟声	
饲料饲养研究组	曹文杰　包承玉	
动物胚胎工程研究组	范必勤　王公金	
（小灵猫）经济动物研究组	洪振银	
生殖激素免疫研究组	黄夺先	
兽医		
兔病研究组	董亚芳　王启明　薛家宾	
猪轮状病毒研究组	丁再棣　林继煌	
弓形虫病研究组	范文明　计浩	
鸭肝炎病研究组	范文明	
猪气喘病研究组	何正礼　金洪效	
中兽医研究组	蒋兆春　苏德辉	

四、2001 年畜牧兽医研究所分所机构设置

2001 年畜牧兽医研究所分所机构设置

部门名称	负责人	工作人员数
畜牧研究所		
猪育种中心	徐小波	3
兔育种中心	张振华	5

（续表）

部门名称	负责人	工作人员数
肉用山羊中心	钟 声	5
胚胎工程中心	王公金	3
饲料营养中心	邵春荣	8
动物保健品研究开发部	瞿永前	4
所办公室	师蔚群	1
兽医研究所		
猪病防治中心	何孔旺	4
禽病研究室	李 银（代）	4
兔病防治中心	薛家宾	9
中西兽医中心	戴鼎震	4
兽用化药中心	邵国青	2
禽用生物制品研究开发中心	冉茂菊	7
科技服务中心	王继春	7
所办公室	还红华	13

五、2002 年畜牧研究所

2002 年畜牧研究所机构设置

部门名称	负责人	工作人员数
遗传资源与生物技术项目组	刘铁铮（兼）	3
牧草种质资源保存与新品引选项目组	顾洪如（兼）	4
畜产品安全生产与环境控制项目组	周维仁（兼）	4
兔育种项目组	张振华	3
动物胚胎发育与胚胎工程项目组	王公金	3
猪育种项目组	徐小波 任守文	1
2002—2004 年，动物保健品研究开发部和羊育种项目组脱离畜牧所，分别成立天牧公司（瞿永前任经理）和爱地公司（钟声任经理），2005 年爱地公司撤销，羊种项目组又回到畜牧所		
畜牧所科研平台		
鸡场	沈进兴	1
牛场	高兴顺	1
饲料质检测中心	周维仁（兼）	3
所办公室	师蔚群	1

六、2003 年兽医研究所全员并入南京天邦生物有限公司

2003 年兽医研究所全员并入南京天邦生物有限公司

部门名称	负责人	工作人员数
行政部	还红华	5
人事部	王 丰	3
财务部	戚 亮	4
生产部	薛家宾	18
品控部	吕立新	3
营销部	胡来根（兼）王继春（2004 年）	14
项目管理部	侯继波（兼）王书林（2004 年）	3
猪病一室（研究一室 2004 年）	何孔旺	6
猪病二室（研究二室 2004 年）	邵国青	4
禽病一室（研究三室 2004 年）	李 银	4
禽病二室（研究四室 2004 年）	冉茂菊	4
兔病研究室（研究五室 2004 年）	薛家宾（兼）	5
经济动物疾病研究室（研究六室 2004 年）	戴鼎震	3
研究七室	何家惠（2003 年）侯继波	3
研究八室	张道华	

七、2005 年兽医研究所恢复非盈利研究所

2005 年兽医研究所恢复非盈利研究所

部门名称	负责人	工作人员数
人兽共患病防治项目组	何孔旺	7
家畜重大疫病防控项目组	邵国青	5
家禽重大疫病防控项目组	李银	5
兔病与兽用生物技术项目组	王芳	5
中兽药创制与机制项目组	戴鼎震	5

八、2009—2012 年兽医研究所机构设置

2009—2012 年兽医研究所机构设置

名称	负责人	工作人员数
人兽共患病防控研究室（下设两个项目组）	何孔旺	12
人兽共患细菌病防控项目组	倪艳秀	
人兽共患病防控病毒病项目组	何孔旺（兼）	
家畜重大疫病防控项目组（2012 年改为研究室）	邵国青	7
家禽重大疫病防控项目组	李 银	6
兔病与兽用生物技术项目组	王 芳	6
生物兽药项目组	王永山	7
动物卫生风险评估项目组（2010 年增设）	胡肄农	3
动物疫病诊断研究项目组（2011 年增设）	江杰元	3
国家兽用生物工程技术研究项目组	侯继波	20

九、2013—2015 年畜牧研究所机构设置

机构设置

名称	负责人	工作人员数
牧草与草食动物研究室	顾洪如	
牧草育种研究项目组	钟小仙	5
草饲料调制利用研究项目组	丁成龙	4
规模养殖项目组	顾洪如（兼）	4
草食动物饲养项目组	杨 杰	5
家禽研究室	施振旦	
繁育技术项目组	施振旦（兼）	4
生物技术项目组	王公金	4
养殖技术项目组	赵 伟	3
动物遗传资源与草食家畜育种项目组	曹少先	7
猪育种项目组	任守文	6
动物营养与饲料研究项目组	周维仁	4

兽医研究所

名称	负责人	工作人员数
人兽共患病防控研究室	何孔旺（正）倪艳秀（副） 温立斌（副）	
人兽共患细菌病防控项目组	倪艳秀	7
人兽共患病防控病毒病项目组	何孔旺（兼）	9
动物卫生风险评估研究项目组	胡肆农	4
家畜重大疫病防控研究室	邵国青（正） 冯志新（副2015年） 刘茂军（副2013年）	
猪气喘病预防控制项目组		7
家畜疫病预防控制项目组		5
禽病与生物兽药研究室	王永山（正）李　银（副）	
家禽重大疫病防控项目组	李　银	6
生物兽药项目组	王永山	8
草食动物疫病防控研究室	王　芳（正）江杰元（副）	
兔病防控项目组	王　芳	5
羊病防控项目组	江杰元	5
国家兽用生物技术研究中心 （下设三个研究室）	侯继波（兼常务副主任）	
疫苗抗原创制研究室	主任：王继春 副主任：郑其升　唐应华	18 （在编9人）
疫苗制造技术研究室	副主任：卢　宇（主持工作） 副主任：冯　磊　徐　海	13 （在编9人）
动物疫苗产品研究室	主任：张道华 副主任：于　漾	9 （在编7人）

第三节　重要历史节点职工名单

一、1949 年中华人民共和国成立前夕农林部中央畜牧实验所在职职员、外派及疏散人员名单

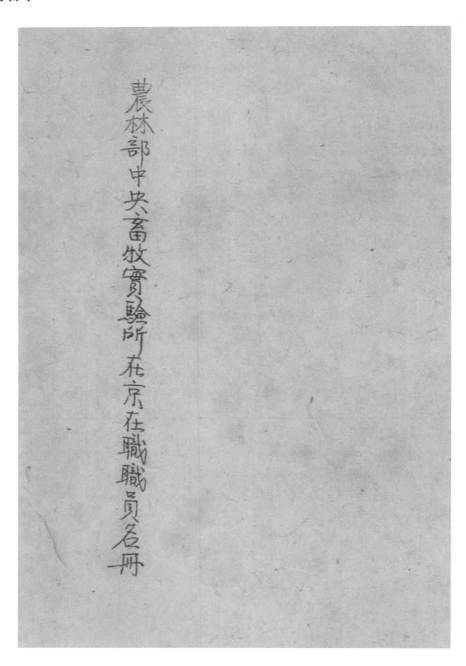

职别	姓名	性别	年龄	籍贯·薪	学历	经历	专长
荐任 技士	周泰冲	男	三五	江蘇淮陰 荐任五級 三六八、	中央大學畜牧獸醫系畢業	曾任技佐	雞胚化苗製造、牛瘟疫苗製造
技士	王德鏞	男	三一	江蘇江亭 荐任九級 二四0元 二三六、	中山大學畜牧獸醫系畢業	曾任技佐	血清製造
	金惠昌	男	三四	河南夏邑 二六0元 二二六、	國立西北農學院畜牧獸醫系畢業	曾任技佐	寄生虫研究
	李棟樑	男	二七	福建晉江 荐任八級 三四0元 二三七、	中央大學畜牧獸醫系畢業	曾任技佐 技士	鷄服化苗製造
技士	周克讓	男	三七	泰興 一八0元 二三六、	...大學畜牧獸醫系畢業	曾任教官	養豬
	張澤人	男	二八	安徽桐城 一八0元 二六六、	國立西北農學院畜牧獸醫系畢業	曾任一等獸醫佐	獸醫診治及毒基...
	潘新榗	男	三八	安徽歙縣 二00元 三六十八、	上海獸醫專科學校畢業	曾任主任督導、場務主任	獸醫診治廳
	李容櫻	男	三一	江西萍鄉 一八0元 委任一級 三六十八、	中央大學畜牧獸醫系畢業	曾任股長隊長事員	同右
	潘錫桂	男	三二	南京 二00元 委任一級 三六十五、	國立西北農學院畜牧獸醫系畢業	曾任技士	養豬手
	方陵	男	三一	福建林森 二00元 委任一級 三五三二、	廣西大學畜牧獸醫系畢業	曾任技士	督察疫流産病研究

177

農林部中央畜牧實驗所在京在職職員名冊（共六十七人） 歷經 歷特長備考

職別姓名	性別	年齡	籍貫	級別	俸額	到職日期 學歷	經歷	特長	備考
所長 程紹迥	男	四八	四川	簡任三級	三四○二	清華大學畢業 美國愛嘿里大學畢業醫學博士及教授 曾任所究所免疫及血清製造	曾任大學教授 專門委員虛	血清製造	
副所長 許康祖	男	四五	浙江	簡任四級	二六六一	黑龍江 六六○元 金陵大學畢業 美國納部新大學衛生學博士	系畢業頓士	乳品加工	
秘書 劉受益	男	四一	四川	薦任七級	壹五三五	萬源 二八○元 農學士	曾任技士技師 專門委員虛	審撰編輯	
簡任技正 鄭慶瑞	男	四○	福建	簡任四級	二五一二	仙遊 五六○元 浙江大學魚農藝系畢業	曾任技士技正	審撰	
技正 馬聞天	男	三九	河北	簡任五級	二九一八	福建協和大學生物系畢業 美國康奈爾大學病理 系畢業講師教授	曾任教務主任 理及病化生理	獸醫病化	
鄭丕留	男	三七	江蘇 太倉	四三○元	三三三五	北平中法大學生物系畢業 法國里昂中國立獸醫學校畢業 獸醫學博士	曾任技正主任 獸醫園	獸醫畜牧	
薦任技正 吳賡棠	男	四五	上海	三四○元	三二九一	上海獸醫專科學校畢業 曾任技術員 股長	曾任教員講師 技師	獸醫畜牧 防疫	
倪小迂	男	五一	江蘇 無錫 三六○元	三二一八		上海美術專門學校高級畢業 曾任教員講師 技師 師範科畢業	模型製造及繪	

技術					助理員	練習生			
施馥壽	楊鴻春	李善達	孫雲壽	劉一中	汪劍華	程飛	程湘	鄒炳章	梁絡興
男	男	男	男	男	男	男	男	男	男
三五	三二	二五	二五	二七	二七	二五	二八	二一	二八
江蘇南通	河南柘城	山東	江蘇高郵	安徽合肥	浙江定海	四川慈江	湖北咸寧	江蘇無錫	廣東肇慶
委任八級 一〇〇元	委任四級 一四〇元	委任五級 一三〇元	委任五級 一三〇元	一三〇元	八〇元	公元 三五三茜			九〇元
六三三六	二六二六	三九三五	三五五	三七六茜	三三六				三五土茜
南通學院棉織科畢業	中央大學花藝系畢業	中央大學畜牧獸醫系畢業	中央大學畜牧獸醫系畢業	震旦附中肄業	中學畢業	中學畢業			
曾任助理員 技士管理員	曾任技術員			曾任助理員 練習生	曾任幹事				
牧草	研究	細菌	獸醫 病理	畜牧	育種	血清製造	電机管理	製苗	駕駛

職稱	姓名	性別	年齡	籍貫	薪級	薪額	編號	學歷	經歷	工作
	趙琨	男	三三	山西五台	委任二級	一八〇元	四六七六	中央大學畜牧獸醫系畢業	曾任技佐技士	乳牛管理 技師
	栗華初	男	二九	湖南長沙	委任二級	一八〇元	三五七五	中央大學畜牧獸醫系畢業	曾任技佐	細菌研
統計員	張復明	男	二八	安徽桐城	委任四級	一四〇元	一七三九	安徽大學經濟系畢業	曾任技員 統計事	統計及庶務
技佐	吳蔭栅	男	二八	安徽和縣	委任二級	一三〇元	吳士二九	南京臨時大學農藝經濟系畢業	曾任教員	庶務
	實陰梅	女	二五	江蘇無錫	委任四級	一四〇元	吳七五六	南通學院畜牧獸醫畢業	曾任報務員	病理切片
	李瑞敏	男	二九	遼寧海城	委任四級	一三〇元	三六八一	北平銘賢學院畜牧系畢業	曾任工務員	養羊 送審尚未奉核 定季
	陳鍠	男	二八	廣東南海	委任四級	一四〇元	吳七三二	中央大學畜牧獸醫系畢業		養雞
	范洛香	女	三一	湖北應城	委任五級	一六〇元	三五七二	國立西北農學院畜牧獸醫系畢業	曾任技士隊員	家畜營養
	李鶴翔	男	二八	湖北漢陽	委任一級	二一〇元	二六七八	中央農民畜產實驗所合辦	曾任助理員	血清製造
	黃偉	男	二七	山東堂邑	委任四級	一四〇元	三七二八	國立西北農學院畜牧獸醫	醫學畜牧系畢業	畜牧育種

汪松筠	陳芳	姚笑頤	姚芳旅	鄭覬	會計佐理員　高朝甫	劉侃	范永楨	龔李童	鞠維新
男	女	男	男	男	男	男	男	男	男
三一	二九	四六	三三	三八	三〇	三五	三〇	二八	三四
湖北江陵	南京	江蘇常熟	浙江嘉興	安徽六安	四川	河北涿縣	山東陽信	四川成都	山東掖城
委任六級一〇〇元	委任六級一三〇元	委任六級一二〇元	委任五級一三〇元	委任四級一四〇元	九〇元	八〇元	八〇元	委任九級九〇元	委任六級一二〇元
三六二一一	三六八六六	三六五二二	三四七六一	三四五曲	三六二七五	三六十六一	三六二六五	三四十六一	三六十六一
大學肄業	復旦大學經濟系畢業	江蘇蠶桑專門學校畢業	私立上海法學院會計科畢業	淮曲中學畢業	成都志成高級商業畢業	機械化學校軍官訓練畢業	國立第十八中學高中畢業	四川省立室中學高中畢業	青島市立中學高中畢業
曾任佐理員科員	曾任科員	曾任科員書記長	曾任佐理員科員	曾任佐理員組員	曾任課員佐理員會計事務	曾任課員佐理員會計	曾任課員組員技術員	曾任陽信記事務員	曾任辦事員科員書記出納
令右	令右	令右	令右	令右	事務送案由核定奉	汽車管理	中部畢業	書管理	擬辦

職別	姓名	性別年齡	籍貫	薪額	學歷經歷	現任工作
	陸大勳	男二一	江蘇吳縣	五五元	蘇州私立潯中初中	模型製造
	梁正剛	男二九	廣東壽昌	九〇元	廣東培正中學畢業曾任展務司龍駿	法車面籍中（在請假）
	王慶起	男二五	河南西平	七〇元	河南舞陽縣立開元中曾任技術助理員	養免
會計主任	王棟呂	男四八	高郵	四〇〇元	嶺南大學高等學院畢業課員組員	文書管理
文書	計本憙	男三九	江蘇		江蘇省立教育學院事務員	會計
庶務課長	唐慶壽	男四一	南京		南京青年會畢業曾任科員譲出	庶務
出納課長	張超雲	男三四	福建永定	二〇〇元	江西省立第四中學畢業	出納
課員	陳之間	男三八	四川榮昌 蔣委特遇	二〇〇元	成都私立四川中山大學組員	拟錄
	江提華	男二七	安徽	一一〇元	江海浮梁縣立陶瓷科學校飾瓷科畢曾任教員主任	庶務
	王仲衡	男四二	江蘇泰縣	九〇元	蘇州私立絲灸書院曾任教員	拟寫

科员 夏锡祉	庶员陈希平	林祥	和福林	杨连第	魏庭博	臧炳生	唐永昌	薛礼忠
男 四九	男 四三	男 三六	男 二八	男 五三	男 三三	男 三九	男 四一	男 二八
河南 委任九级	江苏 泰县	江苏 海门	南宫	河北 房山	江苏 武进	南京	重庆	江宁
沁阳 九〇元	八〇元	八〇元	八〇元	八〇元	八〇元	八〇元	八〇元	八〇元
三六、十六	三六、十九	三五、一二	三七、四一	三四、八一	三六、八一	三九、四廿、	三五、十、廿	三六九廿五
河南省立第二方中学	江苏省立第一代用中学毕业	海门启秀中学毕业	南京第四中学毕	房山高等小学毕	武进县立福庵小学毕业	南京	重庆巴县中学毕	江宁字实验中学毕
曾任教员	员助理员 曾任科员数	曾任司枢	曾任所长巡官局员执达员	曾任司枢	曾任司枢	曾任事务员	曾任事务员	曾任科员 书记
人事管理及抄写 拟稿	抄写 缮写	典藏 制造	驾驶 汽车	房务	驾驶 汽车	管理电灯	房务	校写 缮写

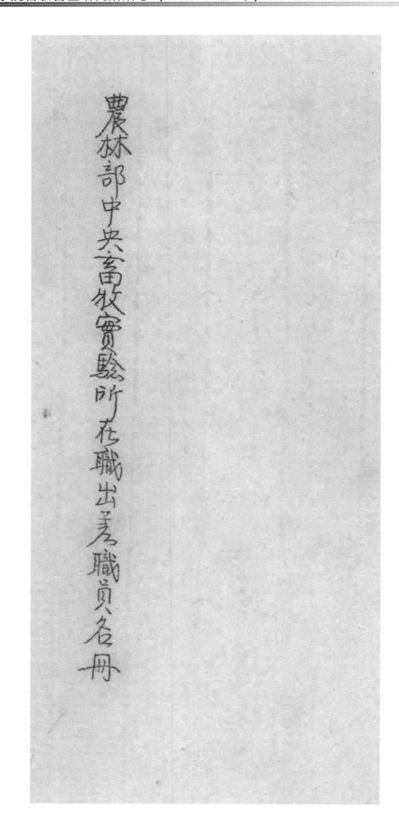

农林部中央畜牧实验所在职出差各职员名册

農林部中央畜牧實驗所在職出差職員名冊（計二十二人）

職別	姓名	性別	年齡	籍貫	到職日期	職級別	薪額	學歷	經歷	特長	備攷
技正	廖榮祿	男	三八	廣東台山	三五·四·一	簡任六級	二四九·○元	美國康乃爾大學獸醫學畢業	曾任技師研究員獸醫細菌及寄生蟲所長代所長	血清製造派在廣東防疫	生虫
簡任	程紹明	男	三八	四川	三四·□	簡任九級	三四○·○元	南京帝國大學獸醫畜牧科畢業	蔣任技佐曾任講師	血清製造派在四川保育	神馮
技正	何正禮	男	四二	江蘇	三六·十六	薦任五級	三三○·○元	國立中央大學獸醫系畢業	曾任技術員助理員技正助教	獸醫細菌派在美實習	菌
薦任	夏定友	男	三八	浙江定海	三六·土·代	薦任四級	三四○·○元	美國康乃爾大學獸醫學畢業	曾任見習官獸醫官正主任獸醫師	獸醫細菌	仝右
薦任	謝震亞	男	三三	廣東梅縣	三五·五·六	薦任十級	二二○·○元	陸軍獸醫學校畢業	曾任獸醫官獸醫師	獸醫細菌	仝右
技士	吳紀棠	男	三九	江蘇武進	三五·四·九	薦任七級	二八○·○元	美國愛渥華大學理學系畢業	曾任技佐	獸醫細菌派在上海主管工作站	菌
技士	房曉文	男	三五	廣東大埔	三六·八·八	薦任八級	二六○·○元	陸軍獸醫學校畢業	曾任獸醫佐獸醫血清製造	派在北平工作站	
技士	范寶珍	男	三三	江西高安	三○·八·一	委任一級	二○○·○元	國立中央大學畢業曾任助教		研究家禽	仝右

職別	姓名	性別	年齡	籍貫	待遇	學歷	經歷	工作
	許競武	男	三三	江西九江	委任一級 三〇〇元	國立四川大學畢業	曾任管理員、技術員、副技師、技士	養羊 派在浙江分管羊場
	陳宜	女	三二	北平市	委任一級 三〇〇元	中法大學畢業	曾任助教	牧草 派在北平工作
技佐	王瀛洲	男	三〇	四川樂山	委任四級 一四〇元	國立中央大學畢業	曾任技士、佐技、推廣股長	養豬 派在四川養豬
	鍾烈	男	三八	陝西扶南	委任七級 一一〇元	獸医副練所畢業	獸医	防疫 派在陝西防疫
	李天禧	男	二五	山東掖縣	委任四級 一四〇元	國立西農學院畢業	曾任技士、副技、器材	養羊 派在浙江羊場
	鄧珊	男	三一	江蘇如皋	委任三級 一六〇元	國立中央大學畢業	曾任技士、助理員、技佐、技術員	器材管理 派在上海管理站
	時向軒	男	四九	南京	委任四級 一四〇元	省立農業學校畢業	曾任助理員、管理員、技士、場長	養羊 派在浙江羊場
	趙香全	男	三〇	浙江嵊縣	委任四級 一四〇元	陸軍獸医學校畢業	曾任士獸医正	獸医診療 派在四川
技術助理員	趙定南	男	三五	四川宜賓	九〇元	初級中學畢業	曾任教員、雇員	血清製造 派在四川養豬
練習生	周宗楷	男	二六	上海	八〇元	省立農業學校畢業	曾任技術員	養羊 派在浙江羊場

課員	程文春	男	四四	湖北黃陂	二三士○○	一○○元	委任級	省立高級學校畢業	曾任黨工員征處務派在上收員售票員工作	海工作站
僱員	葉壽南	男	三九	江蘇淮安	三五九六	八五元		縣立中學畢業	曾任會計員科會計	仝右
	孫海祥	男	二三	上海	三五十二	九○元		十二年縣中學肄業	曾任職員打字	仝右
會計佐理員	李美昌	男			三七六二	二○○元	委任級		會計	派在浙羊場

農林部中央畜牧實驗所自請疏散復經登記四至六月份支半薪全員名冊

農林部中央畜牧實驗所自請疏散復後經登記四至六月份支半薪人員名冊（計十三人）

職別	姓名	性別	年齡	籍貫	到職日期	級別／薪俸額	學歷	經歷	特長	備考
技佐	倪鴻興	男	三八	江蘇 無錫	委任三級 三三·二·一六	八〇元	高級中學畢業	曾任助理員 勞作教員助	牧草研究	
技佐	楊運生	男	二四	湖北 襄陽	委任四級 三六·一·二〇	七〇元	國立浙江大學畢業	教技士	製造	
助理員	牛廩祥	男	四五	山東 蓬萊	二五·十·一六	八〇元	國立農業學校畢業員	曾任技術員 場長 文書	派在中華農學會	
技術員	過裁喬	男	二四	江蘇 無錫	三五·九·廿六	四五〇元	美術專科學校畢業員	曾任美術教員	製造 模型	
	王西山	男	二五	江蘇 灤雲	三五·三·三〇	四〇元	初級中學畢業	曾任教員	庶務	
	譚先旺	男	三六	安徽 蕪湖	三五·三·廿八	四〇元	中學畢業		今右	
	許壽雲	男	二二	浙江 嘉興	三六·五·去	四〇元	初級中學畢業		家畜化驗	
譯員	譚錫鵬	男	六三	江蘇 江寧	三八·四·八 一一〇元	二三〇元	安徽武備學堂畢業	曾任諮詢辦事員 科員 辦事員 會計	文書 收發	簽任待遇

189

助理员 吴家祥	助理员 马骏	冯有芳
雇员 程家模		
童祖德		

二、1949 年东南兽医疫防治处中华人民共和国成立前后新旧人员数目名册

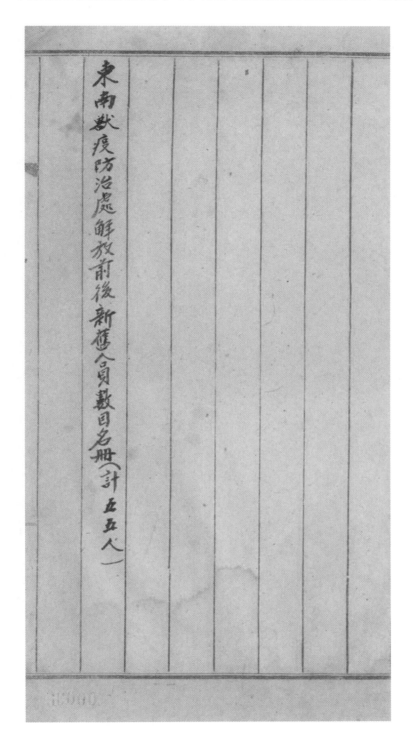

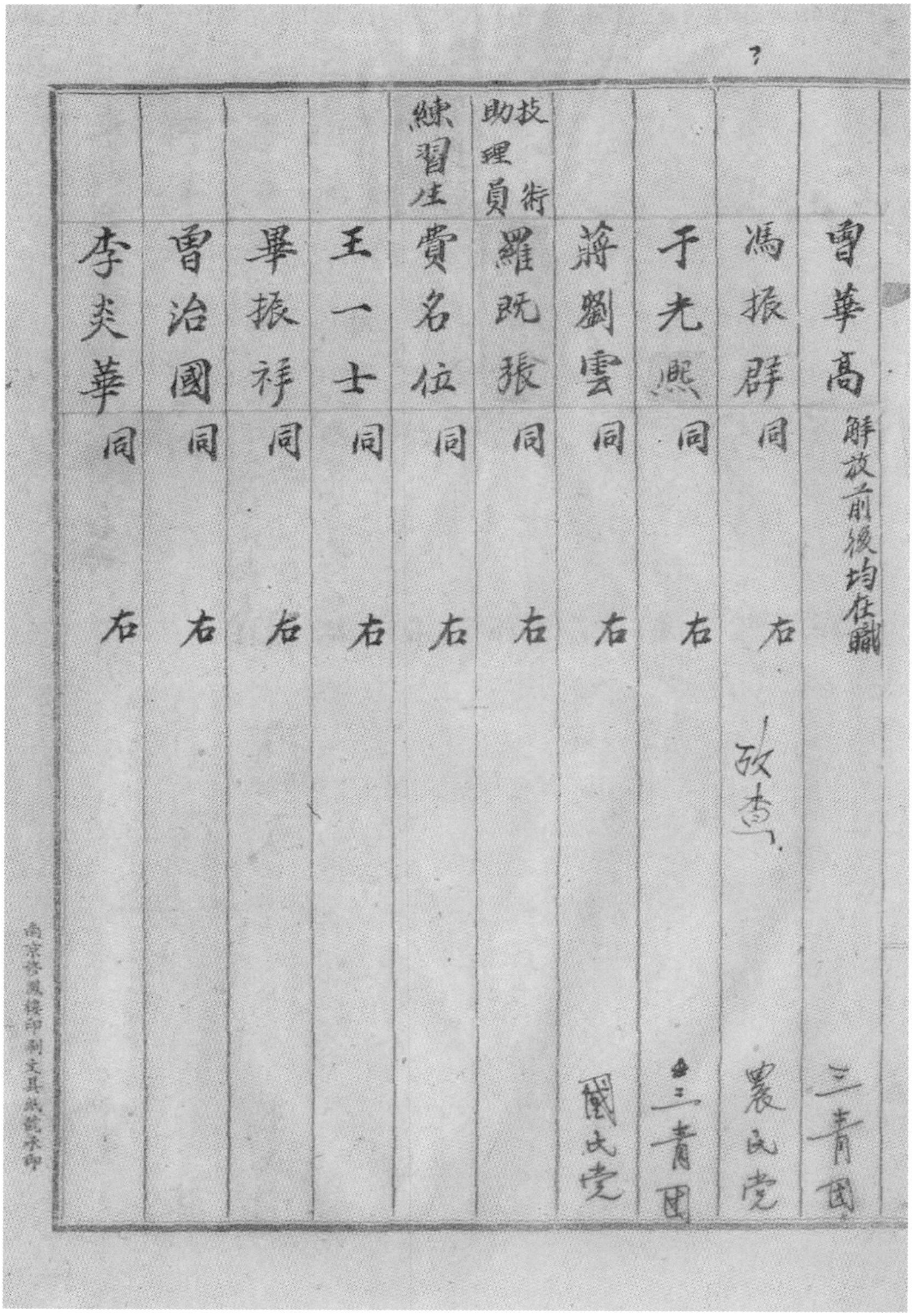

曹華高　解放前後均在職　三青團

馮振群　同　右　農民黨

于光熙　同　右　三青團

蔣劉雲　同　右

特羅既張　同　右　國民黨
助理員

技

練習生費名位　同　右

王一士　同　右

畢振祥　同　右

曹治國　同　右

李炎華　同　右

政查

南京裝璜鏡印製文具紙號承印

東南獸疫防治處職員名冊

職別	姓名	備考	攷
處長	程紹迥	中高所所長兼任　解放前後均在職	國民黨
荐任	張永昌	解放前後均在職	鴻玫薈
技正	張永昌		
技士	徐漢祥	同	右
	張寶昌	同	右
	孫固	同	右
	王謹之	同	右
技佐	王傳華	同	右
	王夢齡	同	右　三青團

技荐					
正任	祝正行	同			右
	施仝渠		解放前派赴杭州防疫		
	祝贤滨	同	右		
	叶仰山		解放前派赴桂林防疫		
	江梦霖		解放前派赴桂林防疫		
技士	赵文虎		解放前派赴浙江防疫		
	张宝琦	同	右		
技佐	徐泰		解放前派赴广州防疫		
	周有贵		解放前派赴广州防疫		
技术助理员	夏运琦		解放前派赴浙江防疫		

職務	姓名	備考
	張培芳	右　國民黨
會計主任	葉茂闇同	右
事務員	李經漢同	右
	魏芸香同	右　中美合作訓練班
	王德宏同	右　圍繞
雇員	朱聖娓同	右
技佐	李光烔	疏散辭放後申請復職
技術助理員	劉家聲同	右　三青團
練習生	吳東權同	右
	鮑利謙	解放後併入南京市牛奶場　故查

練習生　徐　　慎　解放前自請疏散

雇員　毛福庭　同　右

　　　　范惟一　同　右

秘書兼　黃　達　解放前派赴廣州洽領經費
總務主任

會計　佐理員　劉邦本　解放後留職傳薪

薦任　技正　章道彬　解放前留瞯傳薪

技士　姚昌發　同　右

附註

一、解放前本處職員計五五人

一、解放後本處現有職員二十七人

南京繡鳳樓印刷文具紙號承印

196

技校	張自適	解放前自請疏散
技佐		
	程信中	解放前自請疏散
	傅沙丁	解放後解職
	毛龍書	解放前自請疏散
練習生	鄭如雄	右
	陳登雲	右
事務員	林承彬	右
	蔡喜梅	右
	李亞如	右
	諸繼賢	右

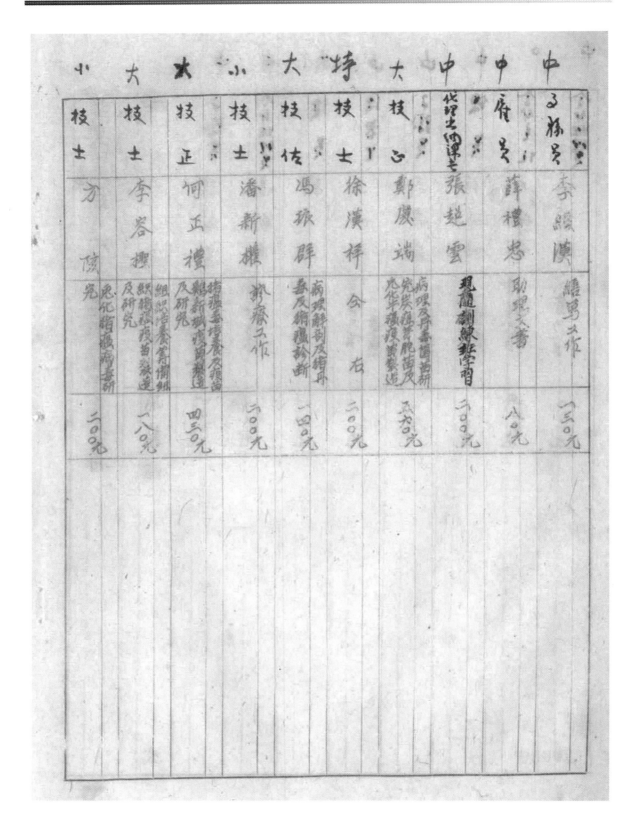

中	中	中	中	大	特	大	小	大	大	小
子称号	应号	應号	代理生四課专	技正	技佐	技士	技正	技士	技士	技士
李緺漠	薛禮忠	張起雲	鄭廉端	徐漢祥	馮振群	潘新雄	伺正禮	李咨摟	方陵	
繕写工作	助理文書	現随訓練班学習	病理及所畜調查研究及华福疫菌製造	病理解剖及瘠耳令右	病理解剖及指导蚕及銷温診断	疹療工作	猪瘟苗培養及檢查結新城疫菌製造及研究	組织活養業備細菌腺疫苗製造及研究	免疫脹臓病毒研究	
一三〇元	八〇元	二〇〇元	五九〇元	二〇〇元	一四〇元	一〇〇元	四三〇元	一八〇元	一〇〇元	

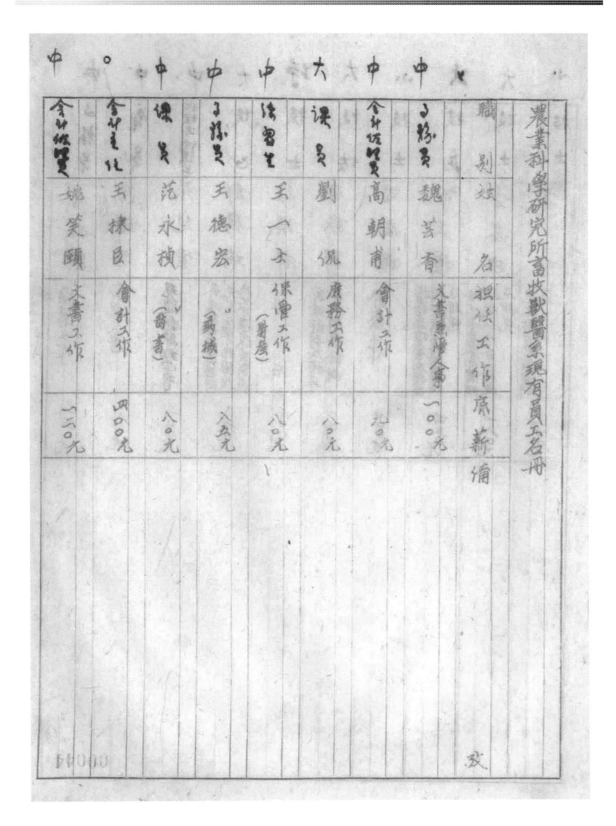

農業科學研究所畜牧獸醫系現有員工名冊

職別	姓名	擔任工作	廢薪備俸
事務員	魏芸香	文書兼庶會事	一○○元
會計佐理員	高朝甫	會計工作	九○元
課員	劉佩	庶務工作	八○元
練習生	王□士	保管工作（另牒）	八○元
練習生	王德宏	（另牒）	八五元
課員	范永楨	（畜書）	八○元
會計員	王棣臣	會計工作	四○○元
會計佐理員	姚笑頤	文書工作	五○○元

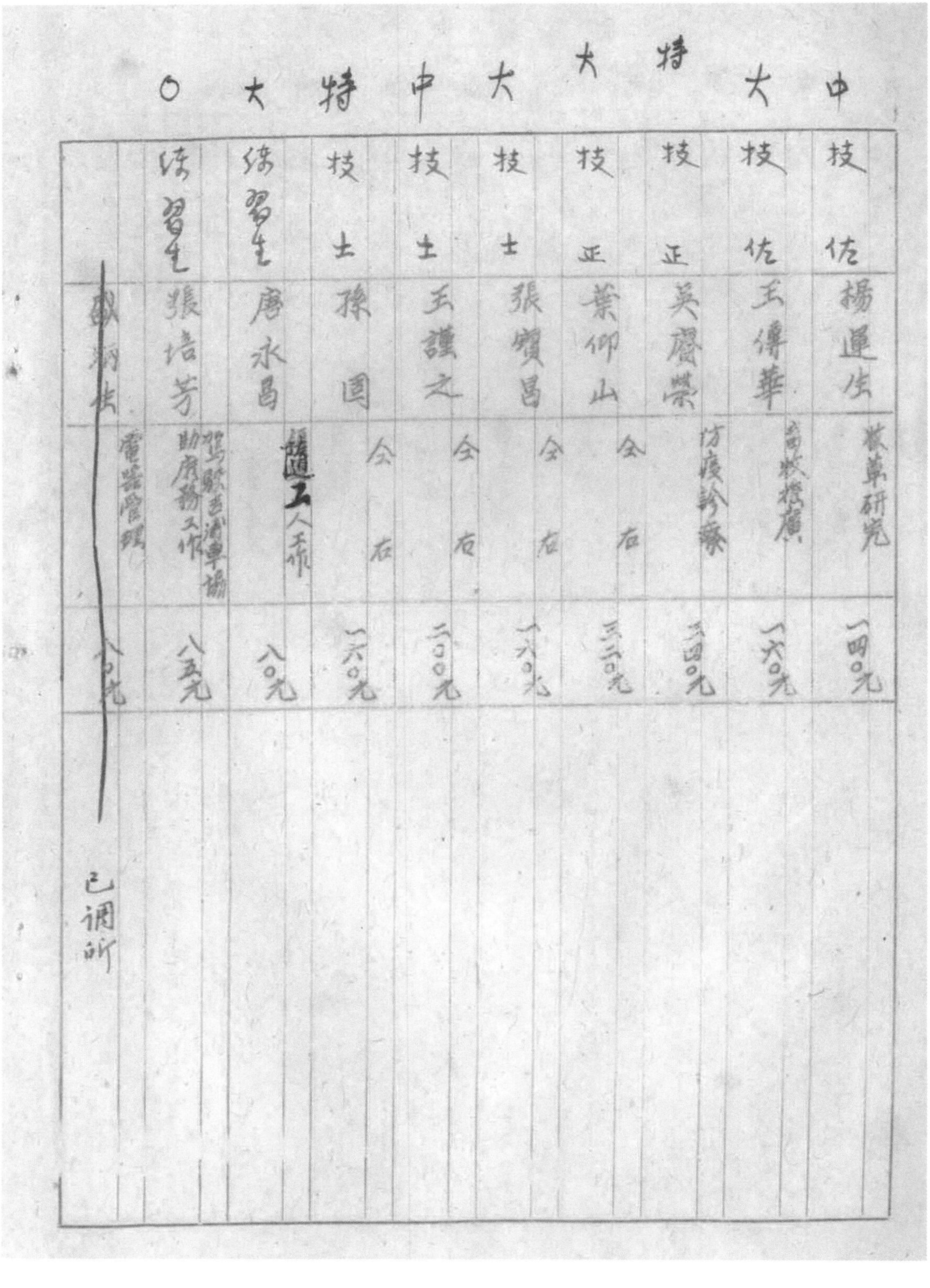

中	大	特	大	大	中	特	大	〇
技佐	技佐	技正	技正	技士	技士	技士	練習生	練習生
楊連佐	玉傳華	吳慶榮	葉仰山	張賓昌	玉謹之	孫圓	唐永昌	張培芳
兽菌研究	兼牧醫廣	防疫診療	全右	全右	全右	全右		
一四〇元	一六〇元	三四〇元	三五〇元	一六〇元	二〇〇元	一六〇元	八〇元	八五元

庶務員 一〇五元

已調所

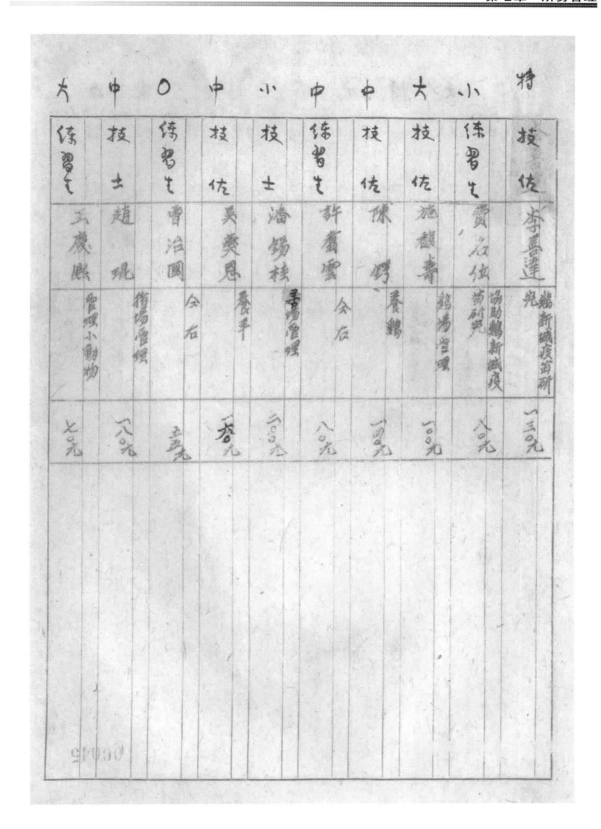

特	小	大	中	中	小	中	◯	中	大
技佐	练习生	技佐	技佐	练习生	技士	技佐	练习生	技士	练习生
李嘉達	費石佐	施想壽	陳 鱟	許薦雲	潘錫桄	吳燮恩	曹治國	趙瑰	王慶戲
兜鹏新城疫苗研	兜兜研究新城疫	鹏場管理	養鹏	仝右	鹏場管理	養平	仝右	指場管帳	管喂小動物
一三〇元	八〇元	一〇〇元	一〇〇元	八〇元	一〇〇元	香元	五五元	八〇元	七〇元

○	○	○	○	○	○	○	大	中	○
農工	技工	農工	技工	工友	農工	農工	農工	技工	技工
周富才	徐安磬	馬齊年	周伯獻	王培坤	陳克藩	陳克貞	曹秀巡	易賢良	顏培林
捜拉牧草	協助獸疫實驗及飼養工作	仝右	小動物飼養	仝右	仝右	清潔豬舍及飼養	仝右	仝右	羊場清潔飼戎
三五元	三元 33 病理	三五元	三四元	三四元	三四元	三四元	三五元	三四元	三四元

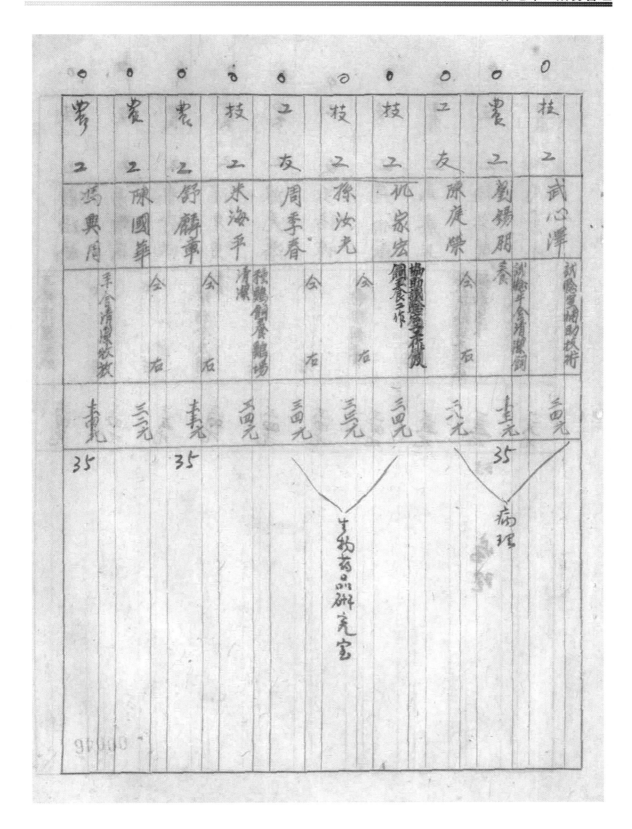

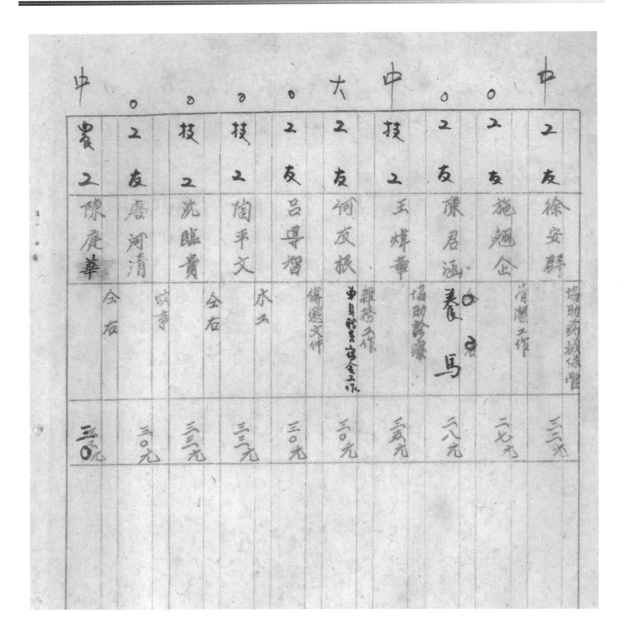

中	0	0	0	0	大	中	0	0	中
農工	工友	技工	技工	工友	工友	技工	工友	工友	工友
陳庭華	盧河清	沈臨賈	陶平文	呂導智	何友振	王煒章	陳君涵	施翅企	徐安群
仝右	炊事	仝右	水工	保護文件	群務工作 電月給三百金工作	協助診療	養馬	有潮工作	協助藥械保管
三0元	三0元	三三元	三三元	三0元	三0元	贰五元	二八元	二七元	三三元

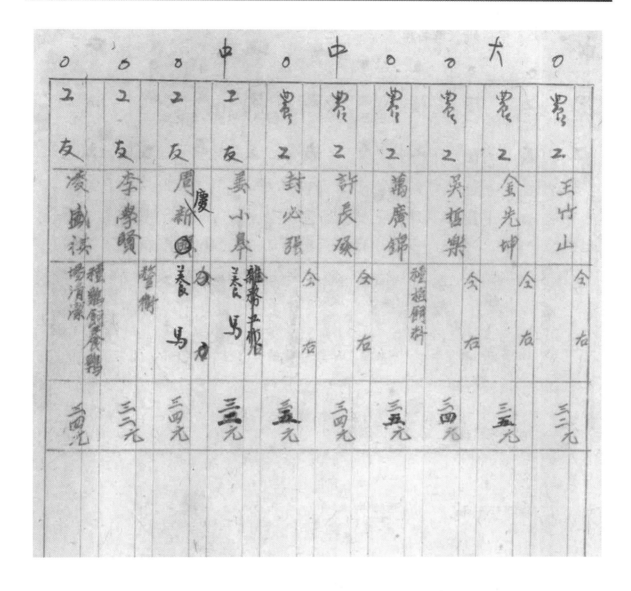

三、1953 年科研人员名单

畜牧兽医系

工程师	郑庆端 何正礼 吴继棠 方亥 徐汉详
技术员一级	李咨权
技术员二级	李瑞敏 李善达 冯振群 陈锷
技术员三级	工梦龄 王传华 舒畔菁
技术员四级	王庆熙
技术员五级	许寿云
助理技术员一级	顾蕴璞 胡家骥
助理技术员二级	刘大伯
实习生	潘乃珍 刘宗荣 张枝候 邱立业 仇家宏
办事员	邢秀民

四、1962 年畜牧兽医系研究课题人员登记表（附图）

五、1966 年 2 月干部名单

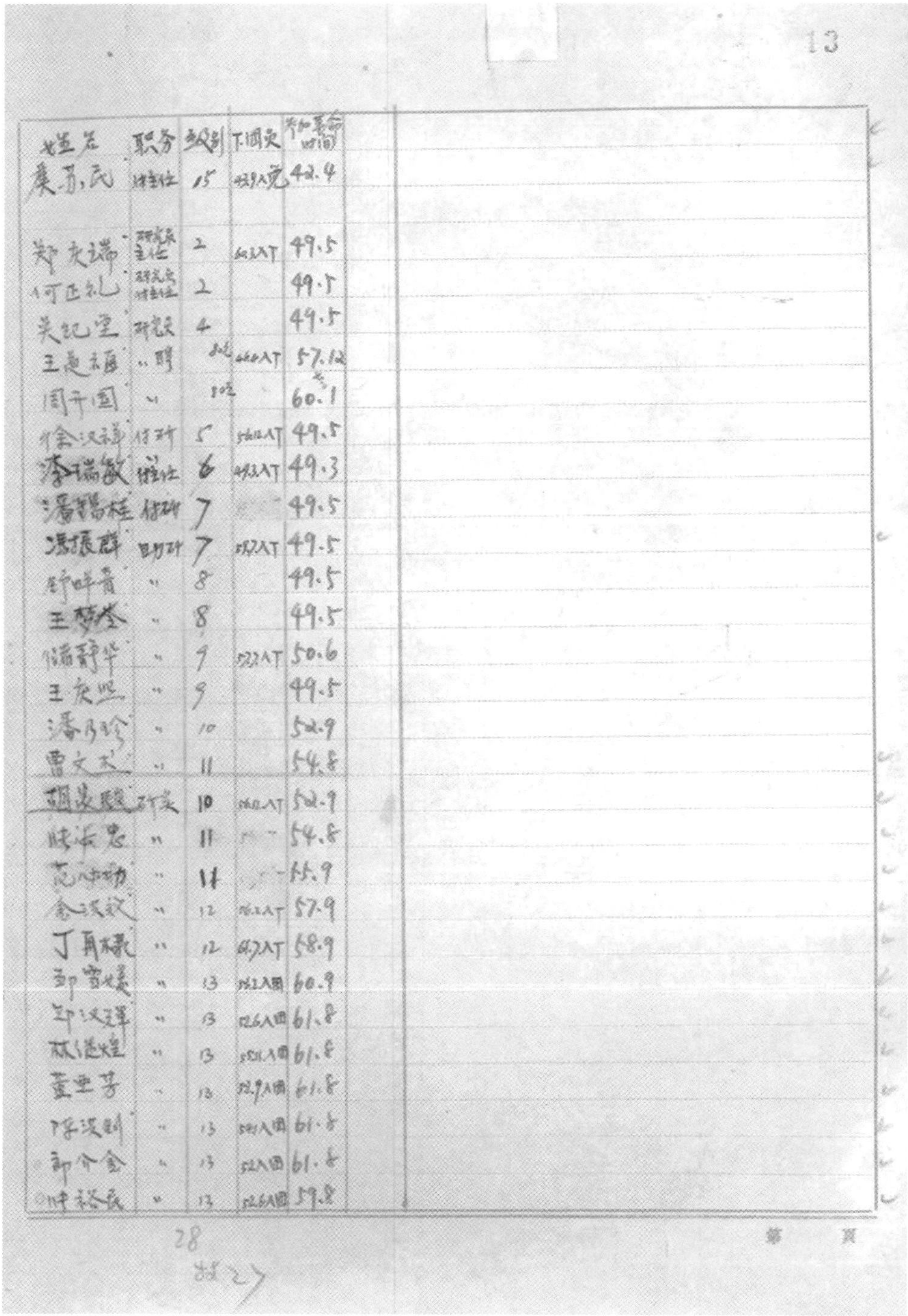

14

姓名	职务	级别	工时定	平均奏金(样时间)		
汜切幸	所亲	13	MAXX国	62.7		
王钧	"	13	SMXA国	64.8		
时静敏	"	13	42XAT	62.7		
邵国	"	13	6AXAT	61.9		
尼文明	"	13	XT	63.8		
端衍善	"	13		61.8		
哈加栗	"	13		62.8		
孙航琦	"	13		60.9		
宗大侠	阳级	破16	15AM国	59.8		

干 部 名 册

填报单位：省农科院　　　　　　　　　　　　　　77年12月31日

单位	职务	姓名	性别	籍贯	年龄	家庭出身	本人成份	入党时间	参加工作时间	现有文化程度	工资级别	民族	备注
畜牧兽医室	主任	武志祥	男	六合	1931.12	中农	革干	1953.12	1951.3	初中	行18	汉	
	付主任	黄天希	"	邗县	1921.12	贫农	农民	1939.6	1939.2	"	14	"	
	书记	魏静波	"	河北武运	1939.7	上中农		1960.7	1966.8	小	16	"	
	研究员	何步如	"	平阳	1908.1	"	职员	1949.12		大学	2		
	"	郑永端	"	福建仙游	1909.10	中农	"	1960.3	1949.5		2		
	付研究员	徐汉萍	"	崇明	1915.2	小土地		1956.8	1949.5	大专	研5研7		
	付	潘义樑	"	南京	1916.8	职员			1949.7	大学	研7		
	助理研究员	周开回	"	邳县	1910.9	中农	农民		1960.1	初中	80元		
	"	刘鱼福	"	沭阳	1919.5	贫农	自由职业	1946.4	1957.12	"	80元		
	技术员	陈老森	"	浙江文城	1933.12	中农	学生		1960.1	大学技	12		
	"	杭家若	"	启东	1926.10	"	工人		1960.7	初中	11		

干 部 名 册

填报单位：省农科院　　　　　　　　　　　　　　77年12月31日

单位	职务	姓名	性别	籍贯	年龄	家庭出身	本人成份	入党时间	参加工作时间	现有文化程度	工资级别	民族	备注
畜牧兽医室	研究员	葛云山	男	南通	1936.1	中农	学生	1960.2	1958.9	大专	研12	汉	
	助研	林继煌	"	闽候	1935.11	贫			1961.8	"	研12		
	助研	金洪教	"	浙江温誉	1933.3	小土地		1956.2	1957.9	"	14		
	助研	范文明	"	长汀	1937.8	贫农		1859.12	1962.10	"	12		
	助研	范必助	"	1931.1	中农		1958.10	1955.8		10			
		毛洪光	"	丹阳	1937.4	贫农		1960.1	1964.10		12		
	助研	褚竹青	"	山东寿县	1936.3	工人			1961.9		12		
		谷和第	"	丹阳	1900.9	中农			1962.10		12		
	助研	董亚芳	女	苏州	1938.5	小业			1961.8	"	12		
	助研	丁再棣	"	无锡	1934.10	贫		1961.3	1958.9		12		
	"	沈幼章	"	宜兴	1938.10	小土地			1962.10	"	12		

六、1977 干部名单、1979 年工人名单

职 工 名 册

000033

姓 名	部 别	职务	性别	民族	出生年月	家庭成分	本人成分	政治情况 入党	政治情况 入团	何时参加工作	工资级别	文化程度	籍贯	备 注
刘家全	√		男	汉	1908	贫农	工人			1949.4	6.5	小学	淮阴	44岁
管桂英	√		女		1941.2	工人	学生			1963.4		中二	山东	38岁
吕震华	√				1945.12	职员				1963.4	20	科	福建	34岁
丁祖芬	√		男		1922.12	小业主	工人			1954.6	在中 40.05	高小	淮阴	56岁
许连坤	√				1932.2	贫农		59.8		1956.4	在5 44.30		泗洪	46岁
李喜珠	√				1923.9					1956.8		初中	连水	42岁
叶爱如	√		女		1936.1					1958.4		高小	南京	44岁
姜美珍	√				1944.2	工人	学生			1963.6	在2	高中	扬州	36岁
曾北仪	√		男		1926.12	贫农	工人			1961.6	在5 44.30	初中		60岁
张瑞义	√				1944.8	贫	学生			1963.6	在	高中	淮阴	36岁

413.04

职 工 名 册

000034

姓 名	部 别	职务	性别	民族	出生年月	家庭成分	本人成分	政治情况 入党	政治情况 入团	何时参加工作	工资级别	文化程度	籍贯	备 注
孙富华			男	汉	1913.7	资本家	店员			1963.5	技5	小	江苏	
张鸿堂	√				1930.1	贫农	工人			1959.4	在5 42.90	小学	淮阴	60岁
沈延云	√				1944.10		学生			1963.6	7级	初中	扬州	41岁
王协荣	√				1930.6		工人			1959.5	在业 40.09	高小	扬州	41岁
凌连凤	√				1923.3					1958.4	在5	初中	江苏	44岁
李萍萍			女		1936.6	贫农	学生			1962.21				去教育
李水名	√		男	回	1923.5	小贫				1963.6		高中	宿迁	
刘青华	√		女	汉	1940.8	贫农	工人			1960	在5 40.04	小学	淮阴	40岁
丁宝善	√		男		1940.9					1962.6	在6	无线		
李香枝					1933.2		工人			1958.6				

296.1

职工名册

000035

姓名	部别	职务	性别	民族	出生年月	家庭成分	本人成分	政治情况 入党	政治情况 入团	何时参加工作	工资级别	文化程度	籍贯	备注
陆放华	✓		男	汉	1935.8	贫农	工人			1965.6		小学	河北	
龙野虹	✓		女		1946.6	革干	学生			1963.4		大学		
蔡健	✓		男		1945.10	贫农				1969.3		高中		
董小华	✓		女		1949.6	下中				1966.9		初中		
王守琴	✓				1947.7	工人				1965.3				
许晓倩	✓				1966.7					1966.5		高中		
曾鸣玲	✓				1967.12	地主				1965.		中技		
郭美珍	✓				1969.9	中农				1970.6		初中		
张美丽	✓				1968.1	工人				1970.1		高中		
周翠芳	✓				1945.2	地主				1965.9		中		

10

372.98

35

干部名册

填报单位：　　　　　　　　　　　　　　　　　　　　　　　　　　　年　月　日

单位	职务	姓名	性别	民族	年龄	政治情况 入党年月	政治情况 是否团员	家庭出身	本人成份	工作年月	现有文化程度	工资级别	籍贯	备注
牧运		闫枢	男	汉	1928.2	1947.1		地主	学生	1947.10	师范	行17	河北海旋	
	✓ 书记	王永忠	"	"	1936.8			中农	"	1960.10	大学	校12	青坛	
	✓	黄幸克								62				
	✓	谢拉敏	"	"							中师			
	✓ 技术员	徐海供									技14			
	✓ "	苏德锋									技14			
	✓ "	谷兆春									技14			
	✓ "	江秀金									技14			
	✓ "	周之纸									技14			
	✓	谈振银												

注：1. 下放干部要注明何时下放，原单位是"行政机关"还是"企事业单位"。
　　2. "职务"一项，应填明行政和技术职务。
　　3. 军代表和非在职干部应在备注栏内说明。

职 工 名 册

000036

姓名	部别	职务	性别	民族	出生年月	家庭成分	本人成分	政治情况入党	入团	何时参加工作	工资级别	文化程度	籍贯	备注
蔡兴芝	√		女	汉	1940.2	贫农	工人	72		1955.7		初中	上合	邗巳
谭昌明	√		男		1923.9					1961.5		小学	江浦	50年
刘茂林	√				1938.7					1961.6		初中	胡答	丝色
孙期	√				1961.5	小职员	学生			1968.10			镇江	邗色
胡金根	√				1965.8	教师				1961.7	第3		以粒	南色 阴1色
陆琴荣	√		女		1965.12	小业主				1961.4	第		无乡	36年 阴1色
杨蜀生			男		1951.8	贫农	工人			1947.		小学	江宁	
吴同太	√				1923.8	中农				1968.7		初小	西阳	邗巳
胡德明					1960.	贫农	学生			1975.		初中	四川	
朱佳华	√		女		1965.2	工人				1966.	第3		丝城	36年

8

322.42

36

职 工 名 册

000037

姓名	部别	职务	性别	民族	出生年月	家庭成分	本人成分	政治情况入党	入团	何时参加工作	工资级别	文化程度	籍贯	备注
杨美莉	√		女	汉	1949.2	革2业	学生			1966.2	第3	初中	丰县	石年
李北发	√		男		1948.4	贫农	农民	19		1965.8	第3	小学	宝应	丝年
夏春申	√				1933.9	平农	学生			1949.12	21.5	大专	靖江	58年
刁明忠	√				1932.	贫农	工人			1968.4	农5 20	文盲	靖江	44年
王春香	√		女		1956.	工人	学生			1989.6	临3 28	初中	南京	28年
吴端记	√		男		1969.2	贫农	学生			1939.6		初中	邗江县	岁年

6

231.02

37

70+1

干 部 花 名 册

姓　名	单　位	职务	性别	民族	出生年月	文化程度		政治情况	参加革命工作时间	本人成份	家庭出身	专业技术职称	工资级别	备註
						学历	现有							
黄天希	校医门诊	党支部书记	男	汉	1921.12	初中		志1939.6	1939.2	农民	贫农		行14	邳县 134.2
魏静波	"	"	"		1929.7	高小		1947.3	1946.8	"	上中农		行15	沁沈沱 120.8
郑庆瑞	"	所长	"		1909.10	大学		1960.3	1949.5	职员	中农	研究员	研2	206.9
何乙孔	"	付所长			1908.				1949.12		上中农		研2	于 283.5
焦永勃	"	"			1926.3	初中		1947.12	1946.6	农民	中农		行7	山东莱芜 86.2
董飞宇		行政			1939.5			1960.7	1958.3	学生	中农		行20	70
陈淑琴			女		1933.10			1952.12			中农		行22	浙江 54.8
董云山	(兼)		男		1936.1	大学		1960.2	1958.9		中农	助研	研10	76.2
陈哲					1936.9	"			1960.12		贫农		行21	福建长乐 61.
陈惠卿			女		1936.11	大专			1960.8		小手工业	工程师	技13	福建长汀 44.2

10

干 部 花 名 册

姓　名	单　位	职务	性别	民族	出生年月	文化程度		政治情况	参加革命工作时间	本人成份	家庭出身	专业技术职称	工资级别	备註
						学历	现有							
徐清遐			女	汉	1941.3	中校			1961.9	学生	地主	技术员	技14	高邮 47.5
杨锐			"		1950.3	大专		志1972	1974.		职员		技14	湖北 47.5
刘明智			男		1949.12	"			1978.6		"		技14	南京 47.5
陈家斌					1945.3	大专			1968.7		贫农	技术员	技12	南京 63.5
诸锡祥	兼	班任			1916.8			民盟 1947.5		职员	职员	付研	研6	106.9
褚行善					1934.3				1961.9	学生	工人	助研	研12	山东海阳 61.
舒畔青			女		1916.12				1960.8		职员	职员	研8	成都 104.5
迟锡元			男		1938.12	中专		志1960.2	1959.7	学生	贫农	技术员	技14	武进 49.5
顾方刘					1937.7	大学			1959.12		职员		行21	城加定 63.2
王金善					1949.12	大专		志1978.6	1979.5		贫农		技14	仪征 47.5

10

干 部 花 名 册

姓名	单位	职务	性别	民族	出生年月	文化程度 学历	文化程度 现有	政治情况	参加革命工作时间	本人成份	家庭出身	专业技术职称	工资级别	备註
蒋进明			男	汉	1935.12		大学		1958.9	学生	小土地	助研	研11	64 478
王庆吧（兑）		休社任	"	"	1925.5		高中		1949.4	职员	中农	"	研8	河南 104.—
王永忠			"	"	1936.8		大学		1960.10	学生	中农	技	技12	金坛 61.5
沈幼章			女	"	1938.10		"		1962.10	"	工商小土地		研12	其 61.5
朱蓮佳			"	"	1936.11		"		1959.9	工人		技师	技12	其 61.— 时15
涂朱辈			男	"	1940.9		"		1962.10	"	中农	助研	技12	丹阳 61.5
范少勃（男）		组			1931.11	老1978.10			1955.8		中农		研9	福建 长江 86.3
胡家凤					1928.6	1957.12			1952.9		商		研9	浙江绍兴 88.1
鲁孝光					1938.5				1962.9		自由职		研11	浙江慈溪 61.5
洪祥银					1937.10				1962.7		市贫	技师	技12	南京 61.5 时1.37

干 部 花 名 册

姓名	单位	职务	性别	民族	出生年月	文化程度 学历	文化程度 现有	政治情况	参加革命工作时间	本人成份	家庭出身	专业技术职称	工资级别	备註
曹文生（总）		组任	男	汉	1930.9		大学		1954.8	学生	职员	助研	研10	江 78.—
昌晓智			"		1934.11				1960.1	"	商	"	技21	杭苏 61.—
毛承玉			女	汉	1936.2				1958.9	"	职员		研12	彩乡 61.5
黄素琴			"		1938.12				1964.9	"	中农	技术员	技12	" 61.5 240.3
徐胡哲			男		1949.12		大专		1978.1		资		技4	浙江余姚 47.5
谢立敏			"		1944.9		大学		1968.10		职员	技术员	技10	杭州 42.7
徐汉祥（男）		组任	"		1915.2	老1958.8	大学		1949.5	职员	小土地	研究员	研4	崇明 204.4
潘莲珍			女		1935.6		大专		1952.10	学生	地主	助研	研9	金坛 88.1
徐吉勃			男		1933.6		大学		1950.1		商	技师	技10	南京 88.5
王宝生			"		1949.9	老1979.8	大学		1978.1		中农		技14	江都 47.5

干 部 花 名 册

姓　名	单位	职务	性别	民族	出生年月	文化程度学历	现有	政治情况	参加革命工作时间	本人成份	家庭出身	专业技术职称	工资级别	备註
胡秀芳			女	汉	1944.12		大专		1961.8	学生	商	技术员	技14	山东 48.3
戴祖海			男		1953.10		大专		1978.5	"	资农		技14	太仓 43.5
花文明 (海如)			"		1937.8	大学		党1959.12	1962.10	"		助研	研12	福建长乐 61.-
周元根			"		1940.11	中技			1961.9	"		技术员	技14	太仓 43.5
林建煌			"		1935.11	大学			1961.8	"	资	助研	研12	闽侯 61.-
许诺			"		1934.7				1959.	"			研12	浙江余姚 61.-
李毓敏			"		1924.12				1950.7	"	以		中技6	浙江□□ 101.-
王新			女		1931.	大专			1954.	"		工程师	卫技13	河北 69.-
金读敢 (会)		副主任	男		1933.3	大学		党1956.2	1957.9	"	小土地	助研	研10	浙江温岭
左送光			"		1937.4			1960.1	1963.10	"	资农		研12	江阴 61.-

9

0030

干 部 花 名 册

姓　名	单位	职务	性别	民族	出生年月	文化程度学历	现有	政治情况	参加革命工作时间	本人成份	家庭出身	专业技术职称	工资级别	备註
谭静华			女	汉	1926.4	大学		党1956.7	1950.6	学生	地主	助研	研8	金坛 103.-
张大隆			男		1942.5				1964.8	"	职员	技术员	技12	靖江 61.-
张菊英			女		1940.1	中专			1963.3	"	小农		技14	武进 49.-
蒋友铢			男		1954.10	大专		团71.5	1978.5	"	贫		技14	太仓 43.5
荣祖荣		班			1910.3	大学			1949.4	职员	工商小土地	研究员	研4	武进 203.4
丁身绿 (沁)			女		1934.8			党1961.7	1958.9	学生	资	助研	研11	上海 67.8
吴叔荣			"		1937.11				1949.	"	商	"	研中	常州 67.8
荣春华			男		1933.9	大专			1949.12	"	市贫	技师	行18	杭州 61.9
陆昌华			"		1942.7				1963.4	"	资家	助技	技14	浙江 47.5
章运生			"		1925.3			团73.5	1978.5	"	资农		技14	江都 43.5

10

0031

217

干 部 花 名 册

姓 名	单位	职务	性别	民族	出生年月	文化程度		政治情况	参加革命工作时间	本人成份	家庭出身	专业技术职称	工资级别	备註
						学历	现有							
董亚芳(总高)			女	汉	1938.5	大学			1961.8	学生	自由职业	助研	研12	萍乡 61.-
徐志辉		生物防治	男	〃	1939.8				1961.7	〃	小土地	高级兽医师	技12	江阴
沈惠芬			女	〃	1936.11						小商		行22	江阴 56.-
忱豪先			男	〃	1926.10	初中			1949.4	工人	中农	技术师	技10	靖江 89.8
江至全		副场长	〃		1938.8	中技			1961.9	学生	上中农	技术员	技13	太昌 54.2
诺师珍			女		1934.1	初中			1951.7			职员	卫技	苏州 55.4
王道福(中)		组长	男		1919.5			党1946.4	1952.12	自由职业	繁农	聘研	技四	98.6
周开国			〃		1910.9				1960.1	农民	中农	〃		邳昌 93.6
茅德辉			〃		1938.11	中技		党1961.3	1961.9	学生	〃	技术员	技14	兴化 47.5
蒋北春			〃		1940.1			党1953.6	1961.9		下中农	〃	技14	宜兴 47.5

干 部 花 名 册

姓 名	单位	职务	性别	民族	出生年月	文化程度		政治情况	参加革命工作时间	本人成份	家庭出身	专业技术职称	工资级别	备註
						学历	现有							
裴德顺(A)			男	汉	1942.2	大专			1963.9	学生	淇民	技术员	技13	南京 54.2
吕敏明			男	〃					〃		〃			
吕秀珍			女	汉		中技				学生	小教	十级	7级	

七、1991 年全体职工名单

干　部　名　册

姓名	行政职务	专业职务		性别	出生年月	现有文化程度	参加工作时间	入党（团）时间	工资		籍贯	民族	何时何校何专业毕业
		职务	评定时间						基础职务	工龄			
毛洪光	所长	副研究员		男	1937.05	大学	1963.10	党59.12 团60.01			丹阳		1963.10 南京农学院 兽医 5年
林遂煌	副所长	副研究员		男	1935.11	大学	1961.08	党1985.08			闽侯		1961.07 南京农学院 兽医 5年
蒋北春	副所长	畜牧兽医师		男	1940.04	中专	1961.09	党1973.06			太兴		1961.08 泰州畜牧兽医学校 高牧兽医 3年
侯继波		助理研究员		男	1960.05	研究生	1982.08	团1975.09			山东夏津		1986.08 江苏省农业科学院 兽医 3年
金淡效	组长	副研究员		男	1933.05	大学	1957.9	1956.02			浙江温岭		1957.09 南京农学院 兽医 4年
张菊英		兽医师		女	1940.01	中专	1962.08				武进		1962.07 青海湟源畜牧兽医学校 高牧兽医 3年
张则斌		技术员		男	1964.01	大专	1986.07				江浦		1986.07 南京农学院 生物制品 3年
吕伟		研究实习员		男	1961.11	大学	1982.07	团1976.12			阜宁		1982.07 江苏农学院 兽医 4年
花文明		副研究员		男	1937.08	大学	1962.10	党1959.12			福建长汀		1962.08 南京农学院 兽医 5年
徐文勤		副研究员		男	1932.06	大专	1950.01				南京		1951.03 华东军区兽医学校 兽医 2年

干　部　名　册

姓名	行政职务	专业职务		性别	出生年月	现有文化程度	参加工作时间	入党（团）时间	工资		籍贯	民族	何时何校何专业毕业
		职务	评定时间						基础职务	工龄			
罗承禄				男	1969.10	研究生	1989.07	团1979.05			四川南溪		1989.07 江苏省农业科学院 西兽医 3年
吴连根		高级师		男	1937.04	大学	1962.10	党1969.10			皖当涂		1962.08 安徽农学院 畜牧 4年
邵陆荣		研究实习员		男	1964.02	大学	1984.08	团1980.01			无锡		1984.07 北京农业大学 动物生理生化 4年
包承玉	研究组组长	副研究员		女	1936.02	大学	1958.09				无锡		1958.09 山东农学院 畜牧 4年
徐之昌		助理研究员		男	1957.11	研究生	1984.12				湖北洪湖		1984.12 江苏省农业科学院 兽医 3年
何孔旺		研究实习员		男	1962.07	研究生	1987.08	党1984.04			皖枞阳		1987.08 江苏省农业科学院 兽医 3年
吕立新		技术员		男	1968.03	大专	1986.07				南京		1986.07 南京农业大学 生物制品 2年
邵国青		研究实习员		男	1964.03	研究生	1988.09	团1980.06			建湖		1988.09 江苏省农业科学院 兽医 3年
李保金		技术员		男	1966.03	中专	1988.07	团1983.12			泰兴		1988.07 泰州畜牧兽医学校 高牧兽医 3年
董永煌		研究实习员		男	1963.09	大学	1984.08	团1979.12			无锡		1984.07 南京农学院 畜牧 4年

干 部 名 册

姓名	行政职务	专业职务		性别	出生年月	现有文化程度	参加工作时间	入党(团)时间	工资		籍贯	民族	何时何校何专业毕业
		职务	评定时间						基础职务	工龄			
张顺珍		助理研究员		女	1958.04	大学	1975.05				安徽桐城		1982.01 安徽农学院 畜牧兽医 4年
林志宏		研究实习员		男	1962.01	研究生	1987.08	党1986.05			河南开封		1987.07 西北农业大学 动物基性 3年
赵伟		研究实习员		男	1963.08	大学	1986.07	团1979.05			无锡		1986.07 南京农业大学 畜牧 4年
朱君辉		助理研究员		女	1961.09	研究生	1982.08	团1977.04			福建武平		1986.08 江苏省农业科学院 兽医 3年
洪振银		牧医师		男	1937.10	大学	1962.07	民盟88.8			南京		1962.07 南京农学院 畜牧 4年
江金益		研究实习员		男	1963.02	研究生	1987.07	团1979.05			福建同安		1987.07 北京农业大学 动物繁殖 3年
鲁慧卿		助理研究		女	1936.11	大专	1960.08				福建长汀		1960.08 扬州师范学院 生物 2年
黄熙		研究实习员		男	1963.05	研究生	1988.07	党1988.06			南通		1988.07 江苏农学院 畜牧 3年
陆福军		研究实习员		男	1944.04	大专	1964.11				南京		1977.08 徐州五七农业大学 畜牧兽医 2年
王雅琴				女	1955.09	初中	1972.10				南京		

干 部 名 册

姓名	行政职务	专业职务		性别	出生年月	现有文化程度	参加工作时间	入党(团)时间	工资		籍贯	民族	何时何校何专业毕业
		职务	评定时间						基础职务	工龄			
徐政明	(行政)校办	农艺师		男	1938.12	中专	1958.08	党1979.02			溧阳		1958.09 南京农业机械化学校 农业机械化 3年
黄春先	研究组组长	副研究员		男	1938.05	大学	1962.09				宜溪		1962.08 复旦大学 动物 4年
徐晓波		研究实习员		男	1964.12	大学	1986.07	团1979.02			镇江		1986.07 江苏农学院 畜牧 4年
唐绍奇		研究实习员		女	1948.04	大学	1963.09				安徽巢县		1963.09 南京农学院 园艺 4年
范必勤	研究组组长	研究员		男	1931.11	大学	1955.08	党1978.10			福建长汀		1955.07 南京大学 动物 4年
褚祈普		副研究员		男	1934.03	大学	1961.09	民盟87.10			山东峄县		1961.09 南京农学院 畜牧 4年
孙逸林		研究实习员		男	1963.07	大学	1985.07	团1980.06			江阴		1985.07 南京农业大学 畜牧 4年
胡秋根				男	1962.02	研究生	1989.08	团1978.01			黄岩		1989.07 江苏省农业科学院 畜牧 3年
陈鸣凤		高级农师		女	1941.03	中专	1961.08	党85.01			高邮		1961.08 泰州高级兽医学校 畜牧兽医 3年
吴晋贤		畜牧兽医师		男	1933.09	大专	1949.12	民建86.3			杭州		1951.12 华东兽医学校 兽医 3年

干　部　名　册

姓名	行政职务	专业职务		性别	出生年月	现有文化程度	参加工作时间	入党(团)时间	工资		籍贯	民族	何时何校何专业毕业
		职务	评定时间						基础职务	工龄			
苏德辉	副所长	兽医师		男	1938.11	中专	1961.08	党 1961.03			兴化		1961.08 泰州畜牧兽医学校 畜牧兽医 3年
谢高敏		助理研究员		男	1944.09	大专	1967.07				杭州		1968.09 南京农业专科学校 农学 3年
胡秀芬		兽医师		女	1944.12	大专	1961.08				南京		1961.08 徐州农业专科学校 畜牧兽医 3年
刘明智		助理研究员		男	1949.12	大专	1968.11				南京		1978.07 江苏农学院 畜牧 3年
沈坑		畜牧兽医师		男	1938.12	中专	1959.07	党 1960.02			武进		1959.06 青海畜源畜牧学校 动物公育养 3年
冷承英	研究组组长	副研究员		男	1940.09	大学	1962.10	民盟 85.7			丹阳		1962.08 南京农学院 畜牧 4年
沈幼章	副所长	副研究员		女	1938.10	大学	1962.10	民盟 87.11			宜兴		1962.09 南京师学院 畜牧 4年
何家惠		助理研究员		女	1948.01	大专	1968.08	党 1972.09			仪征		1977.01 江苏农学院 畜牧 3年
吴迷苏		副研		女	1937.11	大学	1959.12				崇州		1959.12 南京农学院 兽医 4年
叶浩	研究组组长	副研究员		男	1934.07	大学	1959.12	九三			浙 余姚		1959.12 南京农学院 兽医 4年

干　部　名　册

姓名	行政职务	专业职务		性别	出生年月	现有文化程度	参加工作时间	入党(团)时间	工资		籍贯	民族	何时何校何专业毕业
		职务	评定时间						基础职务	工龄			
周元根	正科级场长	畜牧兽医师		男	1940.11	中专	1961.08				泰县		1961.08 泰州畜牧兽医学校 畜牧兽医 3年
马建就		研究实习员		男	1958.01	研究生	1984.12				浙 东阳		1984.12 江苏省农业科学院 兽医 3年
江守余		兽医师		男	1938.08	中专	1961.08				泰县		1961.08 泰州畜牧兽医师学校 畜牧兽医 3年
王启明		助理研究员		男	1942.02	大学	1968.07	民盟 85.9			浙 温岭		1968.11 新疆八一农学院 兽医 5年
沈惠芬		畜牧兽医师		女	1938.11	大学	1959.12				江阴		1959.12 南京农学院 兽医 4年
董玉芳	研究组组长	副研究员		女	1938.05	大学	1961.08	党 1986.03			苏州		1961.08 南京农学院 兽医 5年
张振华		研究实习员		男	1964.06	大学	1986.08	党 1986.06			丹阳		1986.07 江苏农学院 畜牧 4年
纪杰元		助理研究员		男	1957.08	研究生	1984.12	党			皖 怀宁		1984.12 江苏省农业科学院 兽医微生物 3年
黄素芬		助理研究员		女	1938.12	大学	1964.9				无锡		1964.09 南京农学院 畜牧 4年
丁再棣		副研究员		女	1934.8	大学	1958.08	党 1961.07			无锡		1958.08 南京农学院 兽医 4年

干 部 名 册

姓名	行政职务	专业职务		性别	出生年月	现有文化程度	参加工作时间	入党（团）时间	工资		籍贯	民族	何时何校何专业毕业
		职务	评定时间						基础职务	工龄			
郭明章		研究实习员		男	1965.03	研究生	1987.08	团 1986.07			四川青神		1987.08 江苏省农业科学院 畜牧 3年
孙有胜		研究实习员		男	1963.02	研究生	1988.08	团 1977.07			仪征		1988.07 南京农业大学 动物遗传育种 3年
蒿云山	研究室 主任	研究员		男	1936.04	大学	1958.09	党 1960.02			南通		1958.08 北京农业大学 畜牧 4年
王斌		研究实习员		男	1963.08	研究生	1983.07	团 1979.05			无锡		1987.07 西北农学院 动物生理学 3年
陈家武		助理研究员		男	1945.03	大学	1967.07	民盟 81.6.			南京		1967.07 南京农学院 畜牧 4年
荣运生		助理研究员		男	1955.03	大专	1978.07				江都		1978.06 江苏农学院 畜牧兽医 3年
刘铁铮	副所长	助理研究员		男	1946.10	研究生	1968.07				宜兴		1976.08 南京农学院 动物繁殖 3年
钟声		助理研究员		男	1953.12	中专		党 1972.01			黑龙江五常县		1976.08 黑龙江省双城农业学校 畜牧 2年
钱健飞				男	1965.4	研究生	1979.8	党 1989.3			奉浦		1986.7 南京农业大学 畜牧 3年
孙小凤元	技术员			男	1962.	中专	1980.7	团 1980.7			江都		1980.6 江苏农学院 畜牧兽医 2年
周敏				女	1965.	大学	1988.	团					1987.07 南京农业大学
袁忠				男	1968.	大专	1991.4	团					
汪河海 王书珉				男	1963.9	研究生	1989.08	团 1984.				汉	1991.07 江苏农学院 畜牧

八、1998年畜牧兽医研究所职工名单

序号	姓名	性别	出生日期	籍贯	学历	学位	政治面貌	职务	职称
1	蒋兆春	男	1940.2	江苏泰兴	中专		中共党员	副所长主持工作	副研
2	胡来根	男	1962.2	安徽贵池	研究生	硕士	中共党员	副所长	助研
3	王书林	男	1949.7	江苏溧阳	大专		中共党员	行政秘书	助研
4	张芸	女	1960.11	北京	高中		中共党员	业务秘书	研实
5	袁忠	男	1968.7	江苏宜兴	大专				研实
6	谢云敏	男	1944.1	浙江杭州	大专				助研
7	沈进兴	男	1944.12	上海	初中				高级工
8	高兴顺	男	1945.8	江苏南京	高中				高级工
9	王春香	女	1956.3	江苏南京	高中				高级工
10	吴玲	女	1953.4	江苏武进	中专				高级工
11	左菲菲	女	1972.3	江苏南京	高中				初级工
12	梁国民	男	1952.10	江苏宜兴	初中		中共党员		
13	顾巧香	女	1948.11	江苏南京	初中				初级工
14	孙秀英	女	1948.11	江苏南京	小学				初级工
15	吴继红	女	1963.3	江苏南京	高中				中级工
16	李兆发	男	1945.4	江苏宝应	小学		中共党员		高级工
17	徐长明	男	1939.1	江苏溧阳	中专		中共党员	行政秘书	副研
18	陆福军	男	1944.4	江苏南京	大专				助研
19	孙佩元	男	1962.2	江苏洪泽	大专				研实
20	陈家斌	男	1945.3	江苏南京	大学			省学会秘书长	副研
21	王瑛	女	1960.8	江苏金坛	高中			正科	会计
22	王淮琴	女	1955.9	河北清苑	初中		中共党员	科员	会计
23	王奇芳	女	1965.3	安徽泾县	大专				会计
24	顾行影	女	1945.3	江苏无锡	大学				助研
25	李永志	男	1942.5	江苏南京	高中				高级工
26	奚澄江	男	1942.6	江苏武进	高中				高级工
27	纪开林	男	1963.5	江苏洪泽	高中				中级工

（续表）

序号	姓名	性别	出生日期	籍贯	学历	学位	政治面貌	职务	职称
28	张泽华	男	1953.1	江苏南京	初中				高级工
29	李存	男	1964.1	江苏江浦	初中				中级工
30	宋谦	男	1963.9	江苏南京	高中				中级工
31	邵春荣	男	1964.3	江苏无锡	大学				副研
32	李宝泉	男	1966.3	江苏泰兴	中专				研实
33	金学康	男	1947.11	江苏灌云	初中				高级工
34	冷和荣	男	1939.9	江苏丹阳	大学		民盟		副研
35	沈曼华	女	1948.10	江苏	高中				高级工
36	江学余	男	1938.9	江苏泰县	中专				助研
37	周元根	男	1939.11	江苏泰县	中专				副研
38	吕立新	男	1968.3	江苏南京	大专				助研
39	王平生	男	1955.9	江苏溧水	初中				高级工
40	袁根娣	女	1956.9	江苏南京	初中				
41	丁桂林	男	1952.8	江苏宿迁	初中				
42	苏德辉	男	1938.11	江苏兴化	中专		中共党员		副研
43	赵永前	男	1973.7	江苏东台	大学		中共党员		研实
44	董晨红	女	1966.3	江苏南京	高中				中级工
45	钱建飞	男	1963.4	上海青浦	研究生	博士	中共党员		副研
46	邵国青	男	1964.3	江苏建湖	研究生	博士			助研
47	凌雯	女	1969.3	江苏金坛	研究生	硕士	中共党员		研实
48	罗模容	女	1965.5	四川荣昌	高中				
49	罗函禄	男	1964.10	四川南充	研究生	硕士	九三		副研
50	李银	男	1968.11	内蒙古	研究生	硕士	中共党员		助研
51	张则斌	男	1966.1	江苏南京	大专				助研
52	刘玉卓	女	1967.9	黑龙江	大学				研实
53	瞿永前	男	1966.9	淮安	大学				研实
54	高成华	女	1960.1	安徽	高中				高级工
55	刘茂祥	男	1963.7	南京	高中				高级工
56	郭美玲	女	1949.7	江苏如皋	初中				高级工

（续表）

序号	姓名	性别	出生日期	籍贯	学历	学位	政治面貌	职务	职称
57	夏庆凤	女	1960.1	安徽凤阳	初中				中级工
58	葛继金	男	1949.7	江苏淮阴	初中				高级工
59	刘建萍	女	1965.9	湖南	初中				中级工
60	沈江萍	女	1965.4	江苏武进	高中				中级工
61	唐余华	女	1956.1	山东邹县	初中				高级工
62	何家惠	女	1948.7	江苏南京	大学		中共党员	支部副书记	副研
63	侯继波	男	1960.5	山东夏津	研究生	博士			副研
64	王继春	男	1975.1	江苏六合	大学				研实
65	徐筠遐	女	1941.3	江苏高邮	中专		中共党员		副研
66	刘冬霞	女	1966.12	江苏南京	高中				中级工
67	何孔旺	男	1963.7	安徽枞阳	研究生	硕士	中共党员		副研
68	倪艳秀	女	1970.9	浙江金华	硕士	硕士			研实
69	黄宝顺	男	1959.12	江苏南京	高中				高级工
70	董亚芳	女	1938.5	上海	大学		中共党员	室主任	研究员
71	王启明	男	1942.2	浙江	大学		民盟	室主任	副研
72	薛家宾	男	1958.2	江苏宝应	大学		中共党员		副研
73	徐为中	男	1973.3	江苏建湖	大学		中共党员		研实
74	刘明智	男	1949.12	江苏南京	大学				副研
75	朱泽远	男	1971.8	四川	研究生	硕士	中共党员		研实
76	申爱华	女	1969.2	四川姜堰	大学				研实
77	董小华	女	1949.6	江苏南京	初中				高级工
78	黄夺先	男	1938.5	浙江慈溪	大学			室主任	研究员
79	赵伟	男	1963.2	江苏无锡	大学				副研
80	钟声	男	1953.12	黑龙江	中专		中共党员		助研
81	钱勇	男	1974.11	江苏淮安	大学		中共党员		研实
82	范必勤	男	1931.11	福建长汀	大学		中共党员	室主任	研究员
83	汪河海	男	1963.9	江西	研究生	硕士			助研
84	王晓丽	女	1974.3	山东文登	大学				研实
85	纪小平	男	1959.10	江苏淮安	高中				高级工

（续表）

序号	姓名	性别	出生日期	籍贯	学历	学位	政治面貌	职务	职称
86	张振华	男	1964.6	江苏丹阳	大学		中共党员		副研
87	沈幼章	女	1938.7	江苏宜兴	大学		民盟		研究员
88	翟频	女	1970.10	江苏东台	大学				研实
89	傅泽红	女	1969.1	福建	大学				研实
90	梁美丽	女	1948.3	江苏南京	高中				高级工
91	牛小固	女	1952.3	安徽	小学				高级工
92	孙期	男	1941.4	江苏镇江	初中				高级工
93	葛云山	男	1936.1	江苏南通	大学		中共党员		研究员
94	徐小波	男	1962.12	江苏丹阳	大学				助研
95	邢光东	男	1966.1	江苏高淳	研究生	硕士			研实
96	师蔚群	女	1973.9	江苏丰县	大学		中共党员		研实
97	马健能	男	1958.1	浙江	研究生	硕士			研实
98	徐之昌	男	1957.11	湖北洪湖	研究生	硕士			助研
99	吕伟	男	1958.6	江苏	大学				研实
100	常运生	男	1955.3	江苏江都	大学				助研
101	林志宏	男	1962.1	河南	研究生	硕士	中共党员		助研
102	王斌	男	1963.8	江苏无锡	研究生	硕士			助研
103	江金益	男	1963.1	福建	研究生	硕士			助研
104	孙有平	男	1963.2	江苏仪征	研究生	硕士			助研
105	周党花	女	1959.1	河南	高中				工人
106	郭明璋	男	1965.3	四川青神	研究生	硕士			助研
107	刘铁铮	男	1946.10	江苏宜兴	研究生	硕士			副研
108	朱建辉	女	1961.9	福建	研究生	硕士			副研
109	张顺珍	女	1958.4	安徽	大学				副研
110	江杰元	男	1957.8	安徽	研究生	硕士	中共党员		副研
111	王公金	男	1954.4	徐州	研究生	博士	中共党员		副研

九、2005 年兽医研究所职工名单

2005 年 11 月兽医所恢复非盈利研究所职工名单

序号	姓名	性别	出生日期	籍贯	学历	学位	政治面貌	职务	职称	来所时间
1	何孔旺	男	1963.7	安徽安庆	研究生	硕士	中共党员	副所长主持工作兼人兽共患病组组长	研究员	1987 年 8 月
2	叶荣玲	女	1954.7	江苏徐州			中共党员	支部书记兼行政副所长	副研究员	2005 年 10 月
3	肖 琦	女	1980.11	辽宁丹东	本科	硕士	中共党员	办公室秘书	助研	2003 年 8 月
4	左菲菲	女	1971.3	江苏南京	高中		群众		高级工	
5	倪艳秀	女	1970.9	浙江金华	研究生	硕士	群众	人兽共患病项目组副组长	副研究员	1997 年 8 月
6	冉茂菊	女	1957.1	四川	研究生	博士	中共党员		副研究员	
7	吕立新	男	1968.3	江苏宜兴	本科	学士	群众		副研究员	1986 年 7 月
8	俞正玉	男	1978.1	江苏高淳	本科	学士	团员		助研	2001 年 6 月
9	周 萍	女	1968.6	江苏南京	初中		群众		初级工	1996 年 9 月
10	李善军	男	1963.9	江苏盱眙	小学		群众		饲养员	2000 年 4 月
11	朱 轶	女	1976.12	江苏南京	高中		群众		/	1997 年 12 月
12	温立斌	男	1967.7	河北宣化	研究生	博士	群众	博士后	研究员	2005 年 9 月
13	张雪寒	女	1977.6	河北高碑店市	研究生	博士	中共党员		助研	2003 年 7 月
14	郭容利	女	1974.1	湖北	本科	硕士	中共党员		助研	2001 年 5 月
15	沈江萍	女	1965.4	江苏武进	高中		群众		技师	1982 年 12 月
16	邵国青	男	1964.3	江苏建湖	研究生	博士	中共党员	项目组长	研究员	1988 年 8 月
17	孙佩元	男	1962.2	江苏洪泽	大学				助研	1990 年 1 月
18	纪开林	男	1963.5	江苏南京	高中		群众		技师	1982 年 3 月
19	刘茂军	男	1977.12	山西阳曲	研究生	硕士	中共党员		研究员	2003 年 10 月
20	刘冬霞	女	1966.12	江苏南京	高中		群众		技师	1982 年 12 月
21	吴叙苏								副研究员	返聘
22	王继春	男	1975.1	江苏南京	研究生		中共党员		研究员	1997 年 6 月
23	张 芸	女	1960.11	北京	本科		中共党员	正科级	研实	1981 年 4 月
24	李 银	男	1966.10	内蒙古赤峰	研究生	博士	中共党员	项目组长	研究员	1994 年 8 月
25	刘宇卓	女	1967.9	黑龙江依安	本科	硕士	群众		副研究员	1996 年 10 月
26	吴继红	女							高级工	

（续表）

序号	姓名	性别	出生日期	籍贯	学历	学位	政治面貌	职务	职称	来所时间
27	梁国民	男		江苏宜兴			中共党员		高级工	
28	李井英	女	1968.4	内蒙古赤峰	初中		群众		饲养员	2002 年 9 月
29	张敬峰	男	1982.12	安徽巢湖	本科	硕士	中共党员		助研	2001 年 7 月
30	张则斌	男	1966.1	江苏南京	本科	学士	群众	办公室主任	副研究员	1986 年 7 月
31	王 芳	女	1972.6	新疆伊犁	研究生	博士	中共党员	研究室主任	研究员	2002 年 10 月
32	徐为中	男	1973.3	江苏建湖	研究生	硕士	中共党员		副研究员	1996 年 8 月
33	王平生	男	1955.9	江苏溧水	初中		群众		高级工	1980 年 12 月
34	高成华	女								
35	刘茂祥	男	1963.7	江苏南京	高中		群众		高级工	1981 年 4 月
36	王晓丽	女	1974.3	山东文登	本科	硕士	群众		副研究员	1997 年 8 月
37	诸玉梅	女	1978.6	江苏南京	中专		群众		研实	1999 年 8 月
38	夏兴霞	女	1978.12	江苏宝应	本科	硕士	中共党员		助研	2001 年 6 月
39	董晨红	女	1966.3	江苏南京	高中		群众		技师	1986 年 4 月
40	戴鼎震	男	1963 年	江苏江都	研究生	博士	中共党员	项目组组长	研究员	1999 年
41	侯继波	男	1960.5	山东德州	研究生	博士	中共党员	调院科研处处长，（2007 年开始筹建国药中心）	研究员	1986 年 8 月
42	何家惠	女	1948.7	江苏南京	本科	学士	中共党员		研究员	返聘
43	于 漾	男	1980.6	辽宁阜新	本科	学士	中共党员		助研	2003 年 8 月
44	王守琴	女	1947.9 汉	江苏南京	初中		群众			2008 返聘
45	王 丰	男	1963.10	山东滨州	本科	学士	群众		高级会计师	1992 年 3 月
46	张小飞	男	1962.8	安徽安庆	研究生	硕士	中共党员	副总经理，支部书记	研究员	2007 年 8 月
47	薛家宾	男	1958.2	江苏宝应	本科	学士	中共党员	总工程师	研究员	1995 年 1 月
48	胡来根	男	1962.2	安徽	研究生	硕士	中共党员	副总经理（正处级）	副研究员	1984 年 8 月
49	赵永前	男			研究生	硕士	中共党员	销售部经理		

十、2015 年畜牧研究所、兽医研究所职工名单

畜牧研究所职工名单

序号	姓名	性别	出生年月	籍贯	学历	学位	政治面貌	职务	职称	来所工作时间
1	何孔旺	男	1963.07.09	安徽枞阳	研究生	博士	中共党员	所长	研究员	1987.08
2	火金琍	女	1973.05.29	江苏南京	党校研究生		中共党员	副所长	助研	1991.08，2015.04 进所
3	顾洪如	男	1963.09.16	江苏盐城	本科	学士	中共党员	书记	研究员	1983.07
4	杨杰	男	1972.09.04	安徽蒙城	本科	推广硕士	中共党员	研究室副主任	副研	1998.08，1998.12 进编
5	张霞	女	1976.04.01	河南新乡	研究生	博士	群众		副研	2006.12，2009.10 进编
6	李晟	女	1982.02.21	江苏滨海	成教大学		中共党员		助研	2004.08，2009.07 进编
7	邵乐	男	1981.12.25	江苏南京	本科	学士	中共党员		助研	2005.07，2009.07 进院
8	秦枫	男	1984.01.14	江苏沭阳	研究生	博士	中共党员		助研	2011.08
9	李健	男	1980.11.09	江苏南京	研究生	硕士	中共党员		助研	2003.08—2004.07 2009.08 进院
10	潘孝青	男	1983.05.04	江苏句容	研究生	硕士	中共党员		助研	2009.08
11	钟小仙	女	1968.08.09	浙江余姚	研究生	博士	民盟	研究室副主任	研究员	1990.08—1992.08 1995.12 进院
12	张建丽	女	1979.02.09	江苏东台	本科	学士	中共党员		助研	2003.08，2006.09 进编
13	吴娟子	女	1977.10.24	湖北京山	研究生	博士	群众		副研	2008.10，2010.09 进院
14	钱晨	男	1984.06.11	江苏扬州	研究生	博士	中共党员		助研	2013.11
15	刘智微	女	1986.11.22	内蒙古赤峰	研究生	硕士				2012.05.10
16	潘玉梅	女	1970.07.27	江苏南京	初中		群众		技师	1990.08
17	丁成龙	男	1969.11.10	江苏滨海	研究生	博士	中共党员	研究室主任	研究员	1992.08
18	程云辉	男	1973.10.09	江苏丹阳	本科	学士	中共党员		副研	1998.08
19	许能祥	男	1976.05.19	江苏句容	研究生	硕士	中共党员		助研	2000.07—2006.08 2009.08 进编
20	董臣飞	女	1981.04.26	山东平度	研究生	博士			副研	2011.09.21，2013.08 进编
21	张文洁	女	1986.01.27	山东荷泽	研究生	硕士				2013.05.31
22	刘蓓一	女	1984.06.03	江苏武进	研究生	博士	中共党员		助研	2013.11
23	宦海琳	女	1981.08.23	江苏江都	研究生	硕士	中共党员		副研	2006.07
24	徐小波	男	1964.12.31	江苏丹阳	本科	学士	群众		副研	1986.07
25	徐小明	男	1959.10.19	江苏泰州	高中		中共党员		技师	1977.10
26	曹少先	男	1970.05.28	湖南双峰	研究生	博士	中共党员	研究室副主任（主持）	研究员	1994.07—1997.08 2000.08—2001.08 2004.08—2005.09，2005.09 进院

（续表）

序号	姓名	性别	出生年月	籍贯	学历	学位	政治面貌	职务	职称	来所工作时间
27	张俊	女	1982.01.28	江苏南京	本科		中共党员		助研	2004.07，2007.08 进编
28	邢光东	男	1966.01.14	江苏高淳	研究生	博士	中共党员		副研	1987.08—1993.08 1996.08 进院
29	孟春花	女	1979.03.12	山东单县	研究生	博士	中共党员		副研	2008.08
30	王慧利	男	1981.03.18	山东潍坊	研究生	博士	中共党员		副研	2010.08
31	钱勇	男	1974.11.21	江苏淮安	本科	学士	中共党员		研究员	1997.08
32	李隐侠	女	1979.08.27	河南固始	研究生	博士	中共党员		副研	2010.07，2013.07 进院
33	任守文	男	1962.12.18	安徽霍邱	研究生	硕士	中共党员	研究室副主任	研究员	1987.09—1984.07，1987.09—2002.10，2002.10 进院
34	方晓敏	女	1975.09.17	河南信阳	研究生	博士	群众		副研	2006.07，2008.10 进编
35	李碧侠	女	1979.01.22	江苏泗阳	研究生	硕士	中共党员		副研	2003.08
36	王学敏	男	1978.03.10	安徽太湖	研究生	硕士	群众		助研	2005.07
37	付言峰	男	1982.10.08	山东聊城	研究生	博士	中共党员		副研	2011.07
38	赵为民	男	1983.11.21	湖北钟祥	研究生	博士		助研		2013.08
39	涂枫	男	1989.08.25	江苏南京	本科		中共党员			2011.06
40	施振旦	男	1964.12.06	江苏武进	研究生	博士	致公党员	副所长兼研究室主任	研究员	1993.05，2011.08 引进
41	应诗家	男	1984.02.09	安徽巢湖	研究生	博士	中共党员		助研	2012.08
42	李辉	男	1982.10.17	山东惠民	研究生	博士	中共党员		副研	2012.08
43	闫俊书	女	1981.01.24	内蒙古赤峰	研究生	博士	中共党员		副研	2009.08
44	于建宁	女	1980.06.01	山东烟台	研究生	博士	中共党员		副研	2008.08
45	陈哲	男	1982.08.15	山东宁阳	研究生	博士	中共党员		副研	2011.08
46	陈蓉	女	1985.07.29	江苏淮安	研究生	博士	中共党员		助研	2013.07
47	雷明明	女	1977.09.29	湖北赤壁	研究生	博士	中共党员		副研	2007.07，2014.11 进院
48	戴子淳	男	1990.04.28	江苏南京	研究生	硕士				2015.07.31
49	赵伟	男	1963.02.05	江苏无锡	本科	学士	群众	科技服务部主任	研究员	1986.07
50	林勇	男	1982.06.16	江苏江阴	研究生	硕士	中共党员		助研	2008.08
51	周维仁	男	1964.07	江苏兴化	研究生	博士	九三学社		研究员	1984.08—1987.12 1990.12 进院
52	师蔚群	女	1973.09.15	江苏丰县	本科	学士	中共党员		副研	1997.08
53	翟频	女	1970.10.30	江苏东台	本科	学士	群众		副研	1993.08

2015 年兽医研究所职工名单

序号	姓名	性别	出生日期	籍贯	学历	学位	政治面貌	职务	职称	来所时间
1	侯继波	男	1960.5	山东德州	研究生	博士	中共党员	所长/国药中心常务副主任	研究员	1986 年 8 月
2	邵国青	男	1964.3	江苏建湖	研究生	博士	中共党员	副所长/研究室主任（兼）	研究员	1988 年 8 月
3	陈国平	男	1962.11	山东临沂	党校大学		中共党员	书记/副所长	副研究员	2015 年 5 月
4	肖 琦	女	1980.11	辽宁丹东	本科	硕士	中共党员	科管科长	助研	2003 年 8 月
5	张则斌	男	1966.1	江苏南京	本科	学士	群众	办公室主任	副研究员	1986 年 7 月
6	左菲菲	女	1971.3	江苏南京	高中		群众		高级工	
7	刘茂祥	男	1963.7	江苏南京	高中		群众		高级工	1981 年 4 月
8	纪开林	男	1963.5	江苏南京	高中		群众		技师	1982 年 3 月
9	张 芸	女	1960.11	北京	本科		中共党员	正科	研实	1981 年 4 月
10	杜 俊	男	1944.12		山西朔州	初中				2006 年 9 月
11	李 彬	男	1981.7	河北武安	研究生	博士	中共党员		副研究员	2009 年 7 月
12	胡屹屹	男	1981.1	北京	研究生	博士	中共党员		副研究员	2009 年 8 月
13	谭业平	男	1980.11	山东莱阳	研究生	博士	中共党员		副研究员	2010 年 8 月
14	倪艳秀	女	1970.9	浙江金华	研究生	博士	群众	研究室副主任	研究员	1997 年 8 月
15	温立斌	男	1967.7	河北宣化	研究生	博士	群众	研究室副主任	研究员	2005 年 9 月
16	张雪寒	女	1977.6	河北	研究生	博士	中共党员		副研究员	2003 年 7 月
17	祝昊丹	女	1983.3	黑龙江	研究生	博士	中共党员		助研	2014 年 5 月
18	范宝超	男	1986.4	山东乐陵	研究生	博士	中共党员		助研	2015 年 8 月
19	刘传敏	男	1982.12	南京六合	研究生	博士	中共党员		助研	2014 年 8 月
20	郝洪平	男	1986.1	山东济南	研究生	博士	中共党员		助研	2015 年 8 月
21	郁达威	女	1988.2	江苏南京	研究生	硕士	中共党员		/	2013 年 8 月
22	郭容利	女	1974.1	湖北	本科	硕士	中共党员		副研究员	2001 年 5 月
23	何孔旺	男	1963.7	安徽安庆	研究生	硕士	中共党员	研究室主任	研究员	1987 年 8 月
24	汪 伟	男	1988.3	安徽庐江	研究生	硕士	中共党员		研实	2012 年 7 月
25	周俊明	男	1983.11	江苏东台	研究生	硕士	中共党员		助研	2008 年 7 月
26	王小敏	女	1983.3	江苏盐城	研究生	硕士	中共党员		助研	2009 年 7 月
27	吕立新	男	1968.3	江苏宜兴	本科	学士	群众		副研究员	1986 年 7 月
28	胡肆农	男	1969.5	江苏南京	本科	学士	九三学社		研究员	2010 年 12 月
29	茅爱华	男	1986.2	江苏启东	本科	学士	共青团员		研实	2007 年 9 月
30	俞正玉	男	1978.1	江苏高淳	本科	学士	中共党员		助研	2001 年 6 月
31	李善军	男	1963.9	江苏盱眙	小学		群众		/	2000 年 4 月
32	朱 轶	女	1976.12	江苏南京	高中		群众		/	1997 年 12 月

（续表）

序号	姓名	性别	出生日期	籍贯	学历	学位	政治面貌	职务	职称	来所时间
33	周 萍	女	1968.6	江苏南京	初中		群众		高级工	1996 年 9 月
34	沈江萍	女	1965.4	江苏武进	高中		群众		技师	1982 年 12 月
35	陆昌华	男	1942.7						研究员	2009 年 3 月
36	冯志新	男	1979.12	江苏无锡	研究生	博士	中共党员	研究室副主任	副研究员	2007 年 8 月
37	熊祺琰	女	1982.5	江西临川	研究生	博士	群众		副研究员	2009 年 7 月
38	白方方	女	1982.7	河南巩义	研究生	博士	中共党员		副研究员	2010 年 8 月
39	张珍珍	女	1986.2	江苏南通	研究生	博士	中共党员		助研	2015 年 8 月
40	华利忠	男	1982.1	江苏无锡	研究生	博士	中共党员		助研	2011 年 4 月
41	杨若松	男	1980.8	河北涿鹿	研究生	博士	民盟		助研	在读博士后
42	Hassan Ali	男	1978	苏丹	研究生	博士			助研	在读博士后
43	王 佳	男	1987.1	江苏常州	研究生	硕士	中共党员		/	2013 年 8 月
44	倪 博	女	1988.1	江苏南京	研究生	硕士	中共党员		/	2013 年 6 月
45	刘茂军	男	1977.12	山西阳曲	研究生	硕士	中共党员	研究室副主任	研究员	2003 年 10 月
46	王海燕	女	1983.1	江苏大丰	研究生	硕士	中共党员		助研	2008 年 8 月
47	武昱孜	女	1984.12	山西太谷	研究生	硕士	中共党员		助研	2010 年 8 月
48	白 昀	男	1980.11	陕西华阴	研究生	硕士	中共党员		助研	2008 年 8 月
49	张磊	男	1989.4	山西长治	研究生	硕士	中共党员			2016 年 4 月
50	夏金蓉	女	1975.2		本科	学士			/	2015 年 1 月
51	甘 源	男	1984.4	湖北荆州	本科	学士	共青团员		研实	2007 年 8 月
52	韦艳娜	女	1986.12	广西河池市	本科	学士	中共党员		研实	2010 年 8 月
53	徐飞扬	男	1989.9	云南泸西	本科	学士	中共党员		研实	2013 年 6 月
54	刘蓓蓓	女	1989.6	江苏丰县	大专		预备党员		/	2013 年 8 月
55	王 丽	女	1990.6	江苏江都	大专		共青团员		/	2009 年 8 月
56	吴叙苏								副研究员	返聘
57	叶荣玲	女	1954.7	江苏徐州	本科		中共党员		副研究员	2005 年 10 月
58	刘冬霞	女	1966.12	江苏南京	高中		群众		技师	1982 年 12 月
59	马庆红	女	1990.12	江苏海安	大专		中共党员		研实	2010 年 8 月
60	袁厅	男	1991.4	江苏宿迁	大专					2016 年 4 月
61	吴猛	男	1989.2	江苏徐州	大专					2016 年 4 月
62	杨天松	男	1955.4	湖北荆州						2015 年 5 月 返聘饲养动物
63	张艳	女	1955.11	湖北荆州						2015 年 5 月 返聘饲养动物
64	赵冬敏	女	1982.11	山东兖州	研究生	博士	中共党员		副研究员	2010 年 8 月

（续表）

序号	姓名	性别	出生日期	籍贯	学历	学位	政治面貌	职务	职称	来所时间
65	韩凯凯	男	1983.9	河南新乡	研究生	博士	中共党员		副研究员	2011年8月
66	潘群兴	女	1979.1	安徽安庆	研究生	博士	中共党员		副研究员	2008年8月
67	李银	男	1966.1	内蒙古赤峰	研究生	博士	中共党员	研究室副主任	研究员	1994年8月
68	王永山	男	1963.6	山东诸城	研究生	博士	中共党员	研究室主任	研究员	2007年2月
69	刘青涛	男	1981.3	山东惠民	研究生	博士	群众		助研	2014年8月
70	毕可然	女	1978.4	内蒙古赤峰	研究生	博士	中共党员		助研	2015年7月
71	杨婧	女	1988.12	安徽淮北	研究生	硕士	中共党员		/	2013年8月
72	王晓丽	女	1974.3	山东文登	本科	硕士	群众		副研究员	1997年8月
73	刘宇卓	女	1967.9	黑龙江依安	本科	硕士	群众		研究员	1996年10月
74	毕振威	男	1985.1	山东文登	研究生	硕士	中共党员		研实	2012年8月
75	黄欣梅	女	1981.11	福建南安	研究生	硕士	中共党员		助研	2009年9月
76	欧阳伟	男	1983.8	湖南	研究生	硕士	共青团员		助研	2009年7月
77	夏兴霞	女	1978.12	江苏宝应	本科	硕士	中共党员		助研	2001年6月
78	李井英	女	1968.4	内蒙古赤峰	初中		群众		/	2002年9月
79	董晨红	女	1966.3	江苏南京	高中		群众		技师	1986年4月
80	诸玉梅	女	1978.6	江苏南京	中专		群众		研实	1999年8月
81	李文良	男	1984.1	河南开封	研究生	博士	中共党员		副研究员	2011年9月
82	王芳	女	1972.6	新疆伊犁	研究生	博士	中共党员	研究室主任	研究员	2002年10月
83	江杰元	男	1957.8	安徽	研究生	博士	群众		研究员	1982年2月
84	宋艳华	女	1985.7	山东聊城	研究生	博士	中共党员		助研	2012年8月
85	刘星	男	1988.6	南京高淳	研究生	博士	中共党员		助研	2015年8月
86	李基棕	男	1986.11	湖南通道	研究生	博士	中共党员		助研	2015年9月
87	仇汝龙	男	1988.9	山东济宁	研究生	硕士	共青团员		/	2014年10月
88	郝飞	男	1988.8	江苏如皋	研究生	硕士	中共党员		/	2014年9月
89	徐为中	男	1973.3	江苏建湖	研究生	硕士	中共党员		副研究员	1996年8月
90	杨蕾蕾	女	1984.7	山东临沂	研究生	硕士	中共党员		研实	2012年9月
91	范志宇	男	1982.4	山西太谷	研究生	硕士	中共党员		助研	2007年8月
92	胡波	男	1982.12	江苏南京	研究生	硕士	中共党员		助研	2008年8月
93	毛立	男	1985.7	湖北荆州	研究生	硕士	共青团员		助研	2010年9月
94	魏后军	男	1986.3	江苏南京	本科	学士	共青团员		研实	2009年8月
95	赵娟	女	1984.5	江苏连云港	高中		共青团员		/	2007年11月

（续表）

序号	姓名	性别	出生日期	籍贯	学历	学位	政治面貌	职务	职称	来所时间
96	张纹纹	女	1990.1	江苏如皋	大专		共青团员		/	2012 年 11 月
97	王平生	男	1955.9	江苏溧水	初中		群众		高级工	1980 年 12 月
98	唐应华	男	1981.5	湖南东安	研究生	博士	中共党员	研究室副主任	副研究员	2008 年 8 月
99	刘娅梅	女	1980.5	四川	研究生	博士	群众		副研究员	2011 年 8 月
100	郑其升	男	1979.6	山东	研究生	博士	群众	研究室副主任	副研究员	2007 年 8 月
101	王继春	男	1975.1	江苏南京	研究生	博士	中共党员	研究室主任	研究员	1997 年 6 月
102	李鹏成	男	1981.9	山西吕梁	研究生	博士	中共党员		助研	2011 年 8 月
103	王志胜	男	1982.12	山东济南	研究生	博士	中共党员		助研	2012 年 8 月
104	陆吉虎	男	1972.1	江苏赣榆	研究生	硕士	群众		助研	2009 年 8 月
105	张雪花	女	1982.12	山东郓城	研究生	硕士	中共党员		助研	2010 年 8 月
106	陈 瑾	女	1983.5	黑龙江齐齐哈尔	研究生	硕士	中共党员		助研	2008 年 8 月
107	于晓明	男	1985.2	山东文登	研究生	硕士	中共党员			2012 年 8 月
108	乔绪稳	女	1988.3	江苏徐州	研究生	硕士	中共党员			2013 年 8 月
109	张浩明	男	1983.9	江苏泰兴	研究生	硕士	中共党员			2013 年 8 月
110	许梦微	女	1988.9	江西	本科	学士	中共党员		研实	2011 年 8 月
111	杨 利	女	1985.4	重庆潼南	本科	学士	中共党员			2014 年 8 月
112	吴 楠	男	1991.7	安徽安庆	本科	学士	共青团员			2014 年 8 月
113	侯立婷	女	1990.1	山东夏津	大专		共青团员			2012 年 8 月
114	乔永峰	男	1990.11	山西太原	本科		共青团员			2013 年 8 月
115	冯 磊	男	1979.9	江苏南通	研究生	博士	中共党员	研究室副主任	副研究员	2012 年 8 月
116	卢 宇	男	1978.1	江苏睢宁	研究生	博士	中共党员	研究室副主任	副研究员	2008 年 8 月
117	华 涛	男	1981.6	江苏连云港	研究生	博士	中共党员		助研	2013 年 8 月
118	邓碧华	男	1981.11	江苏无锡	研究生	硕士	群众		副研究员	2006 年 8 月
119	吕 芳	女	1983.7	江苏南京	研究生	硕士	中共党员		助研	2008 年 8 月
120	徐 海	男	1982.7	江苏邗江	研究生	硕士	中共党员		助研	2008 年 8 月
121	吴培培	女	1982.12	江苏海安	研究生	硕士	中共党员		助研	2008 年 8 月
122	张金秋	女	1982.9	河南南召	研究生	硕士	中共党员		助研	2007 年 8 月
123	陈 丽	女	1979.12	河南唐河县	研究生	硕士	群众		助研	2012 年 8 月
124	王义伟	男	1987.4	山东夏津	研究生	硕士	共青团员			2013 年 8 月
125	赵艳红	女	1987.3	江苏滨海	研究生	硕士	中共党员			2013 年 8 月
126	徐 悦		1986.8	江苏徐州	研究生	硕士	共青团员			2013 年 8 月
127	鲍 熹	男	1989.8	江苏南京	本科	学士	共青团员		/	2012 年 8 月

（续表）

序号	姓名	性别	出生日期	籍贯	学历	学位	政治面貌	职务	职称	来所时间
128	程海卫	男	1988.1	河南博爱	研究生	博士	中共党员		助研	2015 年 8 月
129	梅 梅	女	1982.1	江苏东台	研究生	博士	中共党员		助研	2015 年 8 月
130	张元鹏	男	1982.2	山东临沂	研究生	博士	中共党员			2015 年 8 月
131	揭鸿英	女	1978.9	福建明溪	研究生	硕士	群众		助研	2008 年 8 月
132	唐 波	男	1982.3	江苏海安	研究生	硕士	中共党员		助研	2008 年 8 月
133	毕志香	女	1979.2	山东诸城	研究生	硕士	群众		助研	2013 年 8 月
134	常 晨		1987.12	江苏南京	研究生	硕士	中共党员			2013 年 8 月
135	王 丰	男	1963.1	山东滨州	本科	学士	群众		高级会计师	1992 年 3 月
136	何家惠	女	1948.7	江苏南京	本科	学士	中共党员		研究员	1983 年 9 月
137	张道华	男	1962.12	湖南汉寿	本科	学士	群众	研究室主任	研究员	2009 年 8 月
138	马鹤毓	女	1986.8	吉林	本科	学士	共青团员		研实	2009 年 8 月
139	朱亚露	女	1987.1	江苏如东	本科	学士	中共党员		研实	2011 年 8 月
140	于 漾	男	1980.6	辽宁阜新	本科	学士	中共党员	研究室副主任	助研	2003 年 8 月
141	赵 阳	男	1990.4	江苏宿迁	本科	学士	共青团员			2014 年 8 月
142	陈刚军	男	1958.11	湖北武穴	小学		群众		/	2008 年 8 月
143	陈晓萍	女	1963.6	江苏南京	高中		群众			2008 年 8 月
144	胡淑琴	女	1956.2	湖北武穴	高中		群众			2008 年 8 月
145	陆秀清	女	1959.3	江苏南京	初中		群众			2014 返聘
146	王守琴	女	1947.9	江苏南京	初中		群众			2008 返聘
147	张敬峰	男	1982.12	安徽巢湖	本科	硕士	中共党员		助研	2001 年 7 月
148	孙华伟	男	1981.9	河南沈丘	研究生	硕士	共青团员		助研	2013 年 12 月
149	张晓曦	女	1994.2	江苏南京	本科	学士	共青团员		/	2015 年 6 月
150	胡来根	男	1962.2	安徽	研究生	硕士	中共党员	正处级	副研究员	1984 年 8 月
151	张小飞	男	1962.8	安徽安庆	研究生	硕士	中共党员	董事长/支部书记	研究员	2007 年 8 月
152	薛家宾	男	1958.2	江苏宝应	本科	学士	中共党员	总工程师	研究员	1995 年 1 月
153	解建平	女	1969.8	河北保定	本科	学士	群众		高级畜牧师	2010 年 4 月
154	袁 朗	男	1986.2	江苏徐州	本科	学士	共青团员		研实	2010 年 8 月
155	王灯兰	女	1965.1	江苏盱眙	小学		群众		/	2010 年 4 月

第四节　退休人员名单

退休人员名单（截至 2015.10）

序号	姓名	性别	出生年月	政治面貌	职称	职级	退休单位
1	包承玉	女	1937.2		副研		畜牧兽医所
2	曹鸿玲	女	1939.12		中级工		畜牧兽医所
3	陈家斌	男	1945.3		副研		畜牧兽医所
4	储静华	女	1926.4	党员	副研		畜牧兽医所
5	褚衍普	男	1934.3		副研		畜牧兽医所
6	丁再棣	女	1934.1	党员	正研		畜牧兽医所
7	丁祖考	男	1932.12		高级工		畜牧兽医所
8	董桂英	女	1941.1		高级工		畜牧兽医所
9	董小华	女	1949.6		高级工		畜牧兽医所
10	董亚芳	女	1938.5	党员	正研		畜牧兽医所
11	樊素琴	女	1944.7		高级工		畜牧兽医所
12	范必勤	男	1931.11	党员	正研		畜牧兽医所
13	范文明	男	1937.8	党员	正研		畜牧兽医所
14	高成华	女	1960.10		技师		兽医所
15	高兴顺	男	1945.8		技师		畜牧兽医所
16	葛云山	男	1936.1	党员	正研		畜牧兽医所
17	顾巧香	女	1948.11		高级工		畜牧兽医所
18	顾行影	女	1945.2		助研		畜牧兽医所
19	郭美玲	女	1949.7		高级工		畜牧兽医所
20	郭月英	女	1934.4		中级工		畜牧兽医所
21	何家惠	女	1948.7	党员	正研	正处	畜牧兽医所
22	洪振银	男	1937.9		副研		畜牧兽医所
23	胡秀芳	女	1940.11		助研		畜牧兽医所
24	黄夺先	男	1938.5		正研		畜牧兽医所
25	计浩	男	1935.8		副研		畜牧兽医所
26	纪孝萍	女	1959.10		技师		畜牧兽医所
27	江学余	男	1938.8		助研		畜牧兽医所
28	蒋兆春	男	1940.2	党员	副研	正处	畜牧兽医所
29	金洪效	男	1933.8	党员	正研		畜牧兽医所
30	金学康	男	1947.11		高级工		畜牧兽医所
31	阚正平	女	1954.12		技师		畜牧兽医所

（续表）

序号	姓名	性别	出生年月	政治面貌	职称	职级	退休单位
32	冷和荣	男	1939.9		副研		畜牧兽医所
33	李桂英	女	1953.2		高级工		畜牧兽医所
34	李永志	男	1942.5		高级工		畜牧兽医所
35	李兆发	男	1945.4	党员	高级工		畜牧兽医所
36	梁国民	男	1952.10	党员	技师		兽医所
37	梁美丽	女	1948.3		高级工		畜牧兽医所
38	凌盛旗	男	1922.3		高级工		畜牧兽医所
39	刘发奎	男	1929.2		高级工		畜牧兽医所
40	刘建萍	女	1965.9		技师		畜牧兽医所
41	刘铁铮	男	1946.10		正研		畜牧兽医所
42	刘秀华	女	1940.6		高级工		畜牧兽医所
43	陆福军	男	1944.4		助研		畜牧兽医所
44	陆琴英	女	1945.12		高级工		畜牧兽医所
45	罗模容	女	1965.5		中级工		六合基地
46	牛小固	女	1952.3		高级工		畜牧兽医所
47	钱桂华	女	1943.11		中级工		畜牧兽医所
48	冉茂菊	女	1957.1	党员	副研		畜牧兽医所
49	沈惠芬	女	1936.11		副研		畜牧兽医所
50	沈江萍	女	1965.4		技师		兽医所
51	沈金兴	男	1944.1		高级工		畜牧兽医所
52	沈曼华	女	1948.1		高级工		畜牧兽医所
53	沈幼章	女	1938.8		正研		畜牧兽医所
54	石爱华	女	1943.12		高级工		畜牧兽医所
55	苏德辉	男	1938.11	党员	副研		畜牧兽医所
56	苏兴兰	女	1942.1	党员	高级工		畜牧兽医所
57	孙期	男	1941.4		高级工		畜牧兽医所
58	唐绍珍	女	1938.4				畜牧兽医所
59	唐余华	女	1956.1		技师		畜牧兽医所
60	王春香	女	1956.3		技师		畜牧兽医所
61	王公金	男	1954.4	党员	研究员		畜牧所
62	王淮琴	女	1955.9	党员		科员	明天农牧
63	王平生	男	1955.9		三级技工		兽医所
64	王启明	男	1942.2		副研		畜牧兽医所

（续表）

序号	姓名	性别	出生年月	政治面貌	职称	职级	退休单位
65	王庆熙	男	1925.7		副研		畜牧兽医所
66	王守琴	女	1947.9		高级工		畜牧兽医所
67	王书林	男	1949.7	党员	副研		畜牧兽医所
68	王 馨	女	1931		助研		畜牧兽医所
69	吴继红	女	1962.3		高级工		兽医所
70	吴连根	男	1937.1	党员	副研		畜牧兽医所
71	吴 玲	女	1953.4		高级工		畜牧兽医所
72	吴叙苏	女	1937.11		副研		畜牧兽医所
73	奚澄江	男	1942.6		高级工		畜牧兽医所
74	奚晋费	男	1933.9		副研		畜牧兽医所
75	夏庆凤	女	1960.1		高级工		畜牧兽医所
76	谢云敏	男	1944.6		助研		畜牧兽医所
77	熊慧卿	女	1936.11		助研		畜牧兽医所
78	徐长明	男	1939.1	党员	副研		畜牧兽医所
79	徐筠遐	女	1941.3	党员	副研		畜牧兽医所
80	许蓁云	男	1928.3	党员	副研		畜牧兽医所
81	叶爱红	女	1936.1		高级工		畜牧兽医所
82	叶荣玲	女	1954.7	党员	副研	正处级	畜牧兽医所
83	袁根弟	女	1956.9		高级工		畜牧兽医所
84	张菊英	女	1940.1		助研		畜牧兽医所
85	张泽华	男	1953.10		技师		畜牧兽医所
86	钟 声	男	1953.12	党员	研究员		畜牧所
87	周翠芳	女	1944.1		高级工		畜牧兽医所
88	周桂华	女	1957.9	党员		正处	畜牧所
89	周元根	男	1941.11		副研		畜牧兽医所
90	邹祖华	男	1951.2	党员	研究员		天邦公司

附图　历史瞬间——部分照片集锦

第一部分　历史渊源

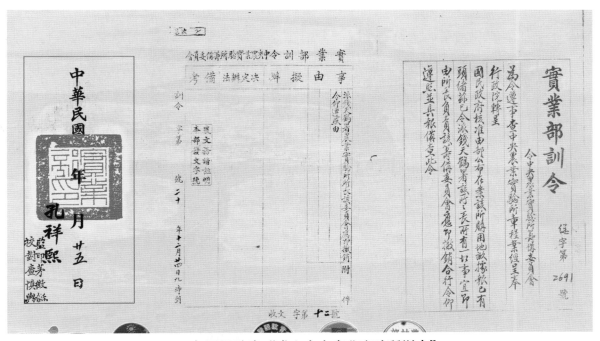

1931 年国民政府"成立中央农业实验所训令"

农林部中央畜牧实验所乳牛房奠基
纪念碑石

1932 年上海血清制造所部分工作人员（左五为程绍迥）

239

1943年9月在四川荣昌中畜所召开第一次全国畜牧检讨会议（前排左四为蔡无忌，右二为程绍迥）

四川省家畜保育所工作人员

（前排左五为程绍迥）

我国最早的畜牧兽医刊物

1950年华东区农林水利部畜牧实验所、兽疫防治处全体职工欢送北上工作同志

第二部分　峥嵘岁月

猪丹毒氢氧化铝灭活菌苗制造培养基的生产过程

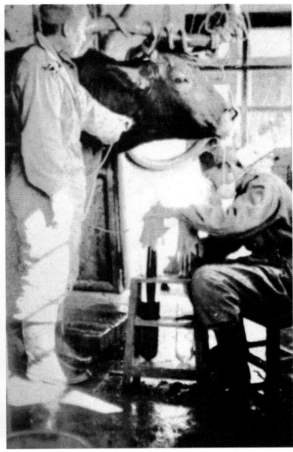

猪丹毒氢氧化铝灭活菌苗分装、消毒灭菌　　20世纪50年代初，南京血清厂职工采集牛血清

第三部分　科学春天

时任畜牧兽医研究所长郑庆端
研究员（左一）对年轻科研
人员指导工作

何正礼研究员（后排右二）与兔病研究组成员

时任畜牧兽医研究所副所长徐汉祥研究员
（右三）在阿尔巴尼亚培训国外畜牧兽医人员

徐汉祥研究员（后排右三）与禽病研究组成员

何正礼研究员（右三）与时任畜牧兽医研究所副所长林继煌（左二）
出席南京兽医生物药品制造厂疫苗楼落成典礼

第四部分　领军人物

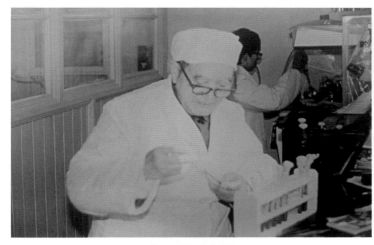

何正礼研究员

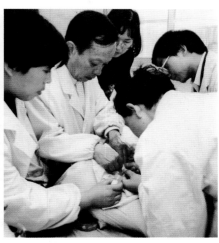

1990 年范必勤研究员（左二）

1984 年葛云山研究员

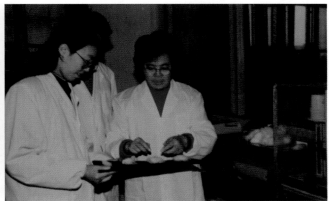

沈幼章研究员（右一）

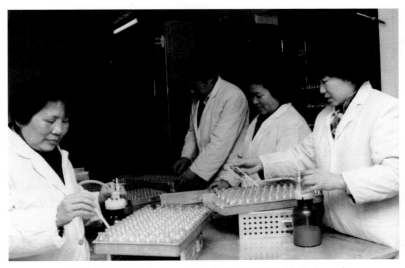

丁再棣研究员（右一）和何家惠研究员（左一）

邵国青研究员

第五部分　学术交流

江苏省家兔科学研究经验交流会代表留影

20世纪90年代中期，董亚芳研究员（左一）、蒋兆春副研究员（左三）在滨海县科技服务培训班讲课

1995年畜牧兽医所在南京主办第二届亚洲动物生物技术会议（第一排左六为大会理事长范必勤）

江苏省中兽医工作会议留念

第六部分 春华秋实

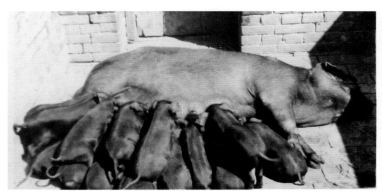

新淮猪培育 1978 年获全国科技大会奖

猪瘟、猪丹毒、猪肺疫三联弱毒冻干苗，耕牛血吸虫的诊断和治疗 1978 年获全国科学大会奖

葛云山研究员获国家科技进步二等奖奖章、共和国创业功勋人物称号

猪链球菌病研究及防控技术获 2007 年度国家科学技术进步二等奖

猪支原体肺炎疫苗的研制与综合防控技术的集成应用 2011 年荣获中国农业科技奖

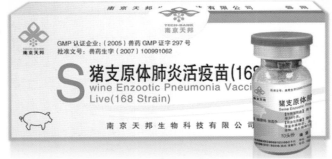

猪支原体肺炎活疫苗（168 株）2007 年获国家新兽药证书

国家兽用生物制品工程技术研究中心获 2014 年度全国专业技术
人才先进集体奖

猪支原体肺炎活疫苗获
2015 年度国家技术发明二等奖

第七部分　科研平台

江苏省农业科学院兽医研究所科研大楼

江苏省农业科学院畜牧研究所科研大楼

国家兽用生物制品工程技术研究中心科研大楼

动物实验中心

第八部分 团队建设

1990 年畜牧兽医所全体女职工

2008 年秋兽医所全体职工

2015 年夏畜牧所全体职工

2015 年夏兽医所、国家兽用生物制品工程技术研究中心全体员工

2015年国家兽用生物制品工程技术研究中心全体职工

2008年纪念改革开放30周年歌咏比赛兽医所
获院第一名

江苏省农业科学院老科技工作者协会畜牧
兽医组老专家

第九部分　领导关心

1993年时任江苏省农业科学院院长谢麒麟（右一），
副院长阮德成（右三）向董亚芳研究员（左一）
颁发全国"三八"红旗手奖状

1998年时任江苏省农业科学院院长王荣
（左一）参观SPF兔场

2011年1月江苏省副省长黄莉新（后排左八）与时任中国农业科学院院长翟虎渠（后排左七）
参加南京兽用生物制品研究中心签字仪式

2011年10月国家兽用制品工程技术研究中心技术委员会

2011年8月国家兽用制品工程技术研究中心产业战略联盟委员会

2005年12月18日时任江苏省委书记李源潮
（右二）视察省农业科学院六合基地

2006年6月6日副省长黄莉新（右二）与
时任江苏省农林厅厅长刘立仁（右三）
视察动物科学基地

2006年7月12日时任江苏省委副书记张连珍（右二）视察动物科学基地

2007年8月12日省扶贫工作领导小组副组长王宏明（左三）视察灌云岗北肉牛养殖基地

2008年11月26日副省长黄莉新（左二）视察滨海林下生态鸡养殖示范基地

2012年2月13日江苏省副省长徐鸣（右四）视察畜牧所

2015年2月10日时任江苏省委书记罗志军（左二）视察阜宁发酵床养猪基地和生态猪研发中心

2015年11月6日江苏省畜牧兽医学会成立60周年庆典
江苏省农业科学院副院长周建农（左五）出席会议